克服忧虑 第二版

认知行为自助手册

Overcoming Worry and Generalised Anxiety Disorder

A self-help guide using Cognitive Behavioural Techniques (2nd Edition)

[英] 凯文·莫里斯 马克·弗里斯顿 著
Kevin Meares & Mark Freeston
扈喜林 译

上海社会科学院出版社
SHANGHAI ACADEMY OF SOCIAL SCIENCES PRESS

目录

Contents

序言：为什么要使用认知行为疗法

本书用以帮助你克服忧虑问题的方法属于“认知行为”的范畴。简要介绍一下这种“干预”的历史可能有助于你克服忧虑，增加你的信心。20 世纪五六十年代出现了一系列治疗方法，总称为“行为疗法”。这些治疗方法有两个基本特点。首先，它们通过解决症状本身，而不是解决形成这些症状的根源（过去，人们一般将注意力放在精神分析，这是弗洛伊德及其同事创立的方法），来消除这些症状（比如焦虑）。第二，这些方法是建立在科学基础之上的，是心理学家从有关新事物认识机制的新发现中获得的，而且研究人员用科学方法对这些方法进行了检测。行为疗法治疗效果最为理想的领域最初是对焦虑障碍的治疗，尤其是特定恐惧症（比如对动物或高度的极度恐惧）、广场恐惧症。这两类恐惧症用传统的心理疗法很难治疗。

人们对行为疗法最初的热情消退之后，对它的诟病日益增加。其中有很多原因。一个重要的原因是，行为疗法无法解决很多病人都体验到的内心的想法和念头，这对于精神痛苦明显很重要。尤其是，事实证明，行为疗法不适合治疗抑郁。20 世纪 60 年代末和 70 年代初期出现了一种被称为“认知疗法”的抑郁治疗方法。这一新生事物的先驱者是精神病学家阿伦 · T. 贝克（Aaron T. Beck）教授。

他创立的抑郁理论强调抑郁症患者抑郁的认知风格，而且，在这一理论的基础之上，他发现了一种新的治疗方法。可以毫不夸张地说，贝克的研究成果改变了心理疗法的性质，它不仅针对有关抑郁的治疗，而且针对各种各样的心理问题。

贝克发现的这套方法融合了行为治疗师先前发现的方法，开创了一种被称为“认知行为疗法”（简称 CBT）的治疗方法。这种疗法经过了最严格的科学检验。检验证明，它对于相当大比例的焦虑案例效果显著。但是，最新情况表明，思维混乱的具体模式与多种心理问题有关，而不仅和抑郁有关，针对这些心理问题的认知行为治疗效果很好。因此，针对各种焦虑障碍，比如，惊恐障碍、广泛性焦虑障碍、特定恐怖症、社交恐怖症、强迫障碍、疑病症（健康焦虑），以及诸如毒瘾、包括暴食症在内的进食障碍等其他不适，出现了各种高效的认知行为疗法。实际上，实践证明，认知行为疗法的应用范围超过了狭窄的心理障碍。这种疗法还可以高效地用于提升信心，帮助解决体重问题，改善夫妻的婚姻问题，帮助人们戒烟，解决酗酒问题。就这本自助手册来说，它介绍了过去几年里出现的各种帮助人们克服令人痛苦的忧虑问题的高效 CBT 技术。这本自助手册详细分析了忧虑的性质，与容忍不确定性相关的各种问题，以及克服相关困难的具体方法。

要使用 CBT 方法，首先要意识到我们的思维、感受和行为方式之间存在着密切的关系，改变看待自己、我们的体验和周围世界的方式可以改变我们的感知方式，扩展我们的能力。因此，例如，帮助抑郁的人发现和挑战他们头脑中自动产生的抑郁念头，我们就可以发现走出抑郁念头和情绪的恶性循环。类似地，一系列复杂的想法和感受驱动了习惯性的行为反应。从本书中，我们可以看到，CBT 通过控制行为、思维和感受，可以弱化这些习惯性的行为反应，让我们获得一种不同的生活方式。

虽然目前有很多针对各种病症和问题的 CBT 治疗手段，但是这些治疗手段的适用范围是有局限的。人们在自己使用这些治疗手段时，往往会不自觉地让自己的情况更加恶化。在过去的 20 年里，认知行为治疗行业的治疗师们已经针对这一问题采取了措施。他们的做法是，将具体的行之有效的认知行为疗法的原则和方法用于解决具体问题，将这些原则和方法写成自助手册，供人们阅读和自我治疗。这些手册介绍了系统的治疗方案，人们可以循序渐进地用它们来解决自己的问题。这样，经过实践证明的认知行为治疗方法就可以最大限度地服务于大众。

自助手册不能代替治疗师的工作。很多在情绪和行为方面存在问题的人还需要专业治疗师的帮助。另外，虽然认知行为疗法是一种适用广泛、有效的疗法，但并非对所有人都有效，有些人可能需要寻求其他治疗手段。同时，虽然有关这些自助手册使用方面的研究还处于初期阶段，但是，到目前为止的研究证明，对于相当数量的人来说，这样的一本自助手册完全能够让他们自己解决问题，而无需求助于职业治疗师。可惜的是，很多人多年来一直在默默地忍受这种痛苦。有时候，他们在靠自己努力尝试解决问题之前，不愿意去寻求其他人的帮助；有时候，他们觉得难为情，或者觉得没面子，不愿意寻求帮助；有时候，虽然他们想办法求助他人，但是专业的帮助并非那么容易找到。对于这些人中的很多人来说，认知行为自助手册可以成为改善未来生活的重要渠道。

彼得 · J. 库珀教授

雷丁大学（University of Reading），2014 年

前言

这本书对我有用吗？

针对各种问题的自助书籍不计其数，因此首先需要弄清这本书是否对你有用。下面这几个简单的问题可以帮助你回答这个问题：

1. 是不是经常担忧？

是□　　否□

2. 是不是明明没有什么事情值得担忧，你还是觉得自己忧心忡忡？

是□　　否□

3. 是不是你日常生活中的小事会慢慢发展成为大事情？

是□　　否□

4. 你的忧虑一旦开始，是不是就很难停下来？

是□　　否□

5. 忧虑是不是让你很难享受生活?

是□　　否□

6. 朋友们或家人是不是经常说你担忧太多? 或者，他们是不是老是让你不要担心?

是□　　否□

如果上述问题中，至少有两到三个问题的回答是肯定的，那么，忧虑就对你的工作、生活以及社交产生了显著影响，或者给你带来了很大的痛苦。这本书就很可能适合你。

这本书如何能够帮助我?

这本书可以帮助你一步步地理解你的忧虑。如果我们能够帮助你了解是什么导致了你的忧虑，是什么让你无法停止忧虑，那么，就朝着帮助你克服忧虑迈出了一大步。在每一步，我们都会给忧虑示意图中引入一些新的看法。有了这些看法，你可以通过调查问卷、练习、任务来深入了解、挑战那些让你的忧虑很难停下来的消极习惯、信念。

本书共 19 章，大致可以分为三个部分。第 1—3 章作了一个铺垫：用一些案例故事介绍了日常忧虑和对于问题的忧虑，提出了有关忧虑的一些事实、数字，就怎样充分利用这本书给出了一些建议。第 4—7 章阐述了怎样利用认知行为疗法来认识忧虑，并着手描绘忧虑示意图。这一部分告诉我们怎样用新的方式，即置身其外，而不是深陷忧虑之中，来察觉忧虑情绪。通过这种方式来察觉忧虑情绪，你就可以学会思考自己想要做到什么程度，并给自己制定切合实际的目标。第8—18章解释了你需要认真体会以克服忧虑情绪的各个方面，即学会容忍不确定性（第8—11章），了解促使我们忧虑的想法（第12—13章），学会解决问题（第14—16章），学会怎样面对我们很想回避的想法或念头（第17—18章）。不要担心你不熟悉这些方面——我们深入地、详细地解释了上述各个方面。最后，我们将在第19章解决剩下的零散问题。

我们诚挚希望这本书能够帮助你。祝你好运。

凯文·莫里斯、马克·弗里斯顿

泰恩-威尔郡纽卡斯尔

第一版致谢词

我们要感谢在临床工作中遇到的遭受过度忧虑折磨的患者。他们作为一个整体的体验是本书最重要的资料来源。因为本书是一本自助手册，所以我们很少提及研究工作，但需要指出的是，我们的资料来自很多不留姓名的人们的慷慨相助。我们要感谢所有为本书成书贡献了知识的人们，从中我们汲取了很多养分。基于这一点，我们要感谢拉瓦尔大学（l'Université Laval）的研究计划，这一计划催生了广泛性焦虑障碍模型，最终奠定了本书的基础。我们尤其要感谢罗伯特·拉登策（Robert Ladouceur）、米歇尔·杜拉斯（Michel Dugas）、埃莉昂·莱热（Eliane Léger）。

我们还要感谢纽卡斯尔认知行为治疗中心的所有同事，感谢他们的幽默、支持和友谊，尤其要感谢斯蒂芬·巴顿（Stephen Barton）医生，感谢他在百忙之中向我们详谈了他的想法，尤其关于忧虑核心和目标制订一章。同时感谢安德鲁·威尔金森（Andrew Wilkinson）医生、特雷西·索恩（Tracy Thorne）医生、道格拉斯·梅斯（Douglas Maisey）博士、詹妮·雪伦（Jenny Shannon）、艾玛·汤姆斯（Emma Thomas）、卡罗尔·撒克里（Carol Thackery）、珍·莱恩（Jen Lane）博士，感谢他们对手稿提出的宝贵意见。感谢彼得·阿姆斯特朗（Peter Armstrong）多次抽出宝贵时间与我进行深入的讨论。感谢彼得·库珀（Peter Cooper）、弗里斯·桑德斯（Fritha Saunders）、汉娜·鲍斯奈尔（Hannah Boursnell）、伊丽莎白·斯通（Elizabeth Stone）提供了专家级的指导。感谢 Ellipsis Books 出版社的里基（Ricky）、德比（Debi）、伊恩（Ian），感谢他们的辛勤努力和付出。感谢卡伦·莱萨科沃斯卡（Karen Lysakowska）、安妮塔·阿林森（Anita Allinson）、乔·汤姆斯（Jo Thomas）、乔恩·查普曼（Jon Chapman）提出的宝贵意见。另外，我们还要感谢对本书成书提供了大量帮助的众多督导、受督导者、受训者和学生。

最后，我们要感谢我们的家人和朋友，感谢他们容忍我们在这段时间里没有陪伴和关心他们，容忍我们动辄加班加点的工作，忍受不可避免的担忧——既包括针对真实事件的忧虑，也包括针对假设事件的忧虑。

第二版致谢词

第一版付梓之后，很多人帮助我们完善看法、观点，鼓励我们出第二版。首先，感谢所有向我们提供了有关第一版的正式和非正式反馈，告诉我们第一版的诸多可取之处的人们。第二，感谢那些通过各种方式帮助我们完善这些看法和观点的人。这些人中有我的同事，既包括临床工作上的同事，也包括学术研究上的同事，他们质疑、挑战和延伸了我们的想法和模型。这些人有安德鲁·威尔金森（Andrew Wilkinson）博士、雅基·罗杰斯（Jacqui Rodgers）博士、休·利克姆（Sue Leekam）教授、特蕾莎·马里南（Theresa Marrinan）、乔伊·柏迪思（Gioia Bottesi）博士、尼克·克莱登（Nick Carleton）博士、肖恩·佩林（Sean Perrin）博士。纽卡斯尔大学的众多学生——既有研究生，也有本科生——阅读、评论、批评和研究了我们有关忧虑、对不确定性的不容忍的一些具体观点。最重要的是，他们还提供了新的视角和独到的见解。我们的同事再次给予了巨大支持，尤其是维维恩·特沃德尔（Vivien Twaddle）博士。最后，我还要再次感谢我的家人，感谢他们认识到这是我们工作中的一个重要部分，感谢他们一路上的支持。

第 1 章
忧虑的体验

什么是担忧?

我们体验到的担忧往往是有关将来可能发生的事情的一连串消极念头、印象、疑虑。实际上，人们忧虑的往往是“拐角处”的事情，也就是不久后要发生的事情，而不是眼前发生的事情。因此，在相当大程度上，人们担忧的不是结果**确定**的事情，而是结果**不确定**的事情。我们担忧一件事的时候，往往很快就会担忧与其没有多大关系的另外一件事。结果是，担忧者的脑海里像一阵旋风扫过一样，一个个不祥的念头不停地冒出来，感觉很多坏事情就要发生。这些本来不大可能发生，或者可能性很小的事情，一旦形成忧虑的“连环”或“螺旋”，人们就会觉得这些事情十有八九会发生。

一旦陷入这种旋风式思维，人们往往感觉自己“停不下来”。这种担忧似乎不由自主。如果想办法停下来或者想转移注意力，你会发现效果很不好，甚至会适得其反，加剧担忧心理。担忧者往往感到紧张、不安、恐慌，或者不确定性让他们感到无所适从、一筹莫展、束手无策。担忧者往往强烈地感觉到自己无法应对这个世界突然抛给他们的问题或形势。他们感到自卑，对自己的能力不自信。在这种“旋风”扫过之际，最显著的感受是焦虑，但是这种风暴缓解之后，担忧者的主要感受就变成了消沉和疲惫。

陷入这种旋风式思维的人往往还会表现出其他各种焦虑迹象。这些迹象或症状很像是过度担忧的产物。人们最常体验的症状往往是肌肉紧张、烦躁不安（很难放松）、疲惫、易怒、失眠、难以集中注意力。除了这些主要症状之外，人们还可能有其他体验，如，出汗、心慌、消化紊乱、头痛。这些强烈的身体感觉一旦出现，将会触发更多忧虑，而且担忧者还可能开始担忧由此导致的健康问题。竭力将忧虑从脑海里推出去而不去想它，只能起到短暂的作用，但是，这些真切的身体感觉会提醒担忧者那些他们竭力不去考虑的事情！这种忧虑旋风已经成为我们思维中的一部分，我们可能甚至注意不到它的出现，但是我们可以注意到自己的头疼、紧张或烦躁易怒。

忧虑也可能在我们的意识之外盘旋，不断找到新的、虚构的焦点。这种情况发生时，忧虑中那些经常重复出现、往往令人害怕的事情会强迫我们将这些事情埋入我们意识底层。这样，忧虑就成为一种含糊、朦胧的体验，它经常被呈现自大脑迷雾中令人痛苦的清晰念头所打断。虽然我们会极力将这些可怕念头推回意识深处，但是这会让我们更加忧虑。忧虑思绪就像是旋风一样，移动速度很快，我们可能很快就没有了方向。有时候，这种体验将现实和忧虑混在一起，令人困惑不解。大脑的高速运转让我们产生这样的印象——我们的想法或念头混乱不堪、缺乏条理。这种混乱的感觉更加让我们感到，我们的思维已经失控，思维的失控感让我们更加忧虑。

担忧有点像是在游乐场打地鼠。游戏者用木棒击打不停地从洞里冒出头来的塑料玩偶，这种玩偶一般做成老鼠或鼹鼠的样子。游戏者每次打一个从洞里冒出头来的地鼠时，就有另一只地鼠从另一个洞里冒出头来。你在举棒打这一只时，马上又有另一只出现。就这样循环反复。玩这种“游戏”，游戏者是不可能赢的：地鼠永远是胜利者。如果你看过别人打地鼠的样子，你就会发现他们是多么郁闷和紧张。

我们的忧虑思绪往往出现在夜里或凌晨，或者是在“一个人想事情”的其他时候。我们往往将自己的忧虑深藏于内心，好像忧虑是一件很私人的事情，即使是关系亲密的朋友也可能觉察不出我们内心的忧虑。即使我们承认担心孩子或自己的财务问题，我们也很少将心里痛苦的体验过程说出来。这种内心体验会极大影响我们与其他人的交流。例如，我们内心的担忧会促使我们“过度保护”：比如，我们会不停地追问我们关心的家人，结果让对方觉得我们管得太多或者过于唠叨。我们有时会避开让我们忧虑的人或者事件。有时候，心中的忧虑思绪会促使我们从身边的人那里寻求安慰——用委婉或直接的方式从别人那里“验证”我们的恐惧情绪的合理性。如果我们向其他人倾吐自己的忧虑，唯一的原因可能是这件事超出了我们的承受能力，即使这个时候，我们也会担心增加了对方的负担或给对方添麻烦。更为常见的是，我们担心对方会怎么看我们，担心对方会觉得我们很古怪、脆弱、愚蠢，甚至精神有问题。

担忧者还往往将全部心思放在**可能**发生的事情上，就像生活在未来一样。例如，在和朋友见面畅聊的时候，他们脑子里想的是下周是否还能抽时间见到对方。在和朋友们一起看球赛的时候，他们想的不是如何享受看球的乐趣，而是想球赛结束之后是否还能赶上回家的公交车。这种生活方式对是否能够简单地生活在当下、享受眼前快乐影响极大。不管在什么情况下，忧虑都会将他们“流放”到一个令他们紧张，而且往往是暗淡的、令人焦虑的未来里。

同样，也可以将担忧比作是沙漠里的海市蜃楼。在经典的“连环画册”里，我们可以看到这样的情节：一个人艰难地爬行于沙漠中，寻找水源时，突然看到前面不远处有一片绿洲。他信以为真，以为马上就可以得救了。他喜出望外，一想到水就感到嗓子里更加干渴难忍。这时候，可能也有片刻时间，他怀疑眼前看到的东西是不是真的存在，但是，因为性命攸关，他就打消了这个不好的念头。以为那片绿洲近在咫尺，他奋力地跑过去，一头扎进那片水域。可是，天啊，那片绿洲却在数百里之外。眼前的海市蜃楼消失了，他抓到的只是沙子。

这与担忧的相似之处在哪里？海市蜃楼和担忧都是真实存在的：海市蜃楼不是幻觉，它确实存在——我们可以用相机将它拍下来，但是它是被扭曲的，是现实的“弯曲”版。同样，在忧虑形成过程中，它是被扭曲的，是一种**真实的错觉**。我们的忧虑看上去**很真实**，而且**理由充足**。甚至，即使我们对它有所怀疑，它也会用各种方式扭曲、歪曲与我们密切相关的各种重要事情，比如亲人的死亡、对于这些亲人很重要的事情、无能的感觉。就像沙漠里干渴难忍的人看到虚幻的绿洲就会奔过去一样，担忧者也以为他们担心的事情是真实存在的，并采取相应行动。例如，乔斯（见下文中的案例故事）担心他离婚后，儿女们会怎样面对他的新恋情。他的担心似乎很有道理，因为他肯定儿女们无法面对他的新恋情，最终会不再理睬他。于是，虽然没有任何证据显示他们对他心怀不满，但他还是竭力通过给儿女们买礼物的方式来赢得他们对他的好感。和海市蜃楼一样，他的担忧似乎是真实的，对于未来会与孩子们关系不好的担忧让他不寒而栗。这促使他绞尽脑汁，竭力阻止这件事的发生。但是，他的应对行为并不是建立在事实上，而是建立在忧虑情绪上，因为他没有证据证明这些事情真的会发生。

忧虑情绪过去之后，担忧者往往感觉疲惫不堪、情绪低落。奋力与这种体验“斗争”之后，接下来，我们会盘点一下形势。往往在这个时候，我们才开始感到精疲力竭。也只有这个时候，我们才会思考这种旋风式思维对我们生活的影响。这种疲惫既体现在情绪上，也体现在身体上。平时，我们的大脑一般会消耗身体能量供应的20%，因此，如果你奇怪忧虑为什么让你如此疲惫不堪，那么想一想便知：忧虑让我们消耗的能量要比平时多，因为思维活动也需要能量。想象你在担忧的时候，你不停地在一个仓鼠转轮里跑动——那会让人多么疲惫？这种消沉还来自我们内心对自己忧虑情绪的看法。旋风式忧虑过去之后，担忧者往往在精神上“责打”自己。他们会责备自己把宝贵时间浪费在了担忧上。或者，当忧虑阻碍解决问题或妨碍他们做重要事情时，这会让他们感觉自己没用，因而情绪低落，自责不已。

了解忧虑——将它比做车流

克服忧虑的一个重要步骤是深入了解什么是忧虑，它为什么会缠着我们。在给职业医护人员讲解有关忧虑的问题时，我们发现，将忧虑看作是马路上的车流有助于他们理解忧虑。这一比喻将贯穿本书始终。

学会管理忧虑就像是管理高峰期的车流一样。设想一下，假如让你负责管理某个大城市的交通问题，你会怎么做？你是每到高峰期就去马路上指挥车辆？还是把精力都放在每辆车或每个司机身上，逐一告诉他们该怎样开车？还是想办法了解造成交通拥堵或让拥堵更为严重的所有原因？你是否会想办法引入新的法律或规则，改变人们的开车习惯？你是否会首先了解问题出在哪里，然后想办法监测车流，了解拥堵问题出现的时间、地点，以及什么原因导致了这些问题？这样，你还可以了解到具体是哪种车辆导致了哪些具体问题。

前面说过，担忧是内心一连串迅速失控的想法、影像。让自己的忧虑思绪停下来，重点解决中间的某个具体问题，是一件很困难的事情，因为你一旦将前面一件让你忧虑的事情放过去了，另一件让你忧虑的事情就会紧咬着前一件事情的尾巴出现。想一想，如果将每辆车拦下来，一个一个地纠正每个司机的问题，这会出现什么情况？这能解决问题吗？还是会让问题更加严重？假如面前有数千辆小汽车、大巴车和卡车，这个办法能否解决问题很值得怀疑。

要想深入了解和改变交通状况，首先必须意识到，将所有注意力放在纠正每辆小汽车、大巴车或卡车的行车问题上，是无法解决问题的。我们必须知道影响交通状况的因素有哪些，比如，是哪些车辆（是大巴车还是小轿车）、司机根深蒂固的信念（例如，开车比坐公交省事得多），以及其他因素，如学生上下学、朝九晚五的上下班时间、天气、道路施工、节假日等。这样做，我们就能逐步了解车流的高峰时间和低谷时间。关键的一条是，不能将全部精力放在纠正每一辆车上。解决忧虑问题也是如此。像马路上的车流一样，要想克服忧虑，我们必须关注“忧虑流”，以及影响它的因素，而不是将精力放在每个让你焦虑的事情（每辆车）上。

影响车流的因素

忍受不确定性。不确定性是任何出行方式都具有的一种内在因素，包括没有预见到的延迟、故障、意外、堵车、爆胎、路面异物，等等。遇上堵车或者路况不好的时候，如下大雨，这些因素和其他因素就会结合在一起，让不确定性变得更大，让路上的时间更难以预测。在现代社会里，如果我们想一路上心平气和，就必须忍受驾车出行存在的不确定性。虽然卫星导航和无线广播会告诉我们路况信息，但是驾车从一个地方到另一个地方需要花多长时间仍旧很难预料。关键是我们必须学会忍受不确定性。

有关驾车的规则。影响交通状况的其他因素是存在于驾驶员内心的、左右其行为的一些常见的规则。例如，**如果随着大家的速度走，我就不大会发生意外**。在这种想法的驱使下，驾驶员就会随着大家的速度走，虽然实际情况是，如果降低速度的话，安全性会更大一些。**绝对不能迟到**。如果有这种想法，驾驶员因为路面施工耽误了一部分时间之后，就会想尽办法通过超速来赶时间。驾车时，如果你觉得**谁也不能超我的车，或者谁也不能临时并线开到我的车前面**。这种想法会让你遇到这种情况时怒气上升。在很大程度上，这些常见的规则对路面交通的影响和天气、施工对交通的影响一样大。因此，要想管理好路面交通，必须弄清带来问题的是哪些规则，并有针对性地进行调整。

车辆的种类。在管理路面交通过程中，还要琢磨车辆的种类。管理不同种类的车辆需要不同的管理方式——比如，让大巴车走大巴车道、让卡车降低行驶速度、上坡时让低速车辆走专门车道。

解决交通问题方面的各种消极态度和回避。在着手解决交通管理问题的时候，我们可能会消极地认为交通问题不可能彻底解决。我们可能对任何解决方案都不抱希望，我们可能因为交通问题牵扯的方面太多、太复杂而望而却步。这种态度对解决交通管理问题没有任何助益，只会增加我们的挫败感，让我们沮丧失望，不去做任何尝试。到后来，我们会干脆**不去想这件事**，或者回避会让我们想到交通管理问题的任何事物——我们就**像鸵鸟那样将脑袋埋在沙子里**。

应该如何认识忧虑？

忧虑的特点。首先，和路上的车流一样，要想克服忧虑，我们必须深入理解“忧虑流”，以及影响它的因素，而不是将精力放在每个让你焦虑的事情上。每次交通拥堵都需要引起我们的注意，但是要解决这一问题，就必须将精力放在其他地方，而不仅只注意往来的车辆。对于忧虑，道理也是如此：忧虑的一些产物似乎需要我们集中精力去应对，比如易怒、睡眠问题、注意力问题，等等——但实际上，我们更应该将注意力投入到问题的根源，以及那些“要求”我们担忧的方面。

忧虑，和交通管理问题一样，不是凭空出现的，虽然我们经常感觉很多交通管理问题不经意间就出现了。要克服忧虑，你必须清楚地知道它是在什么时候，如何发展成为忧虑旋风的。

如果主路上发生拥堵，主路上的车辆就改变车道，进入主路两边的便道或近道，这样做的后果往往是拥堵越来越严重。这些主路两旁的便道往往要么完全不适合你的目的地，要么让你不得不无端地绕出好远。和主路上的车流一样，忧虑也会扩展，改变主题，让我们偏离最初触发忧虑的念头或问题。在本书第 4、5 章里，你将学会怎样深入了解触发忧虑的因素，以及忧虑的形成过程。

忍受不确定性。我们必须学会面对驾车出行所固有的不确定性。很多担忧者觉得某些形势让他们难以忍受，往往尽可能地避免不确定性。他们有很多理由认为不确定性会是一种让他们感到有压力，不利于健康的体验，应该尽可能地避免。我们往往将忧虑用作解决生活中所有不确定性的战略，即使忧虑不适合解决眼前的问题或事件，也是如此。要想克服忧虑，就必须学会高效地应对不确定的形势，采取切实有效的办法，而不是一味担忧。关于怎样应对不确定性，详见第 8—11 章。

有关忧虑的规则。就像司机内心的一些规则和假设会影响驾驶行为和马路上的车流速度一样，担忧者也有一些会影响担忧倾向的规则和信念。例如，**如果我为家人担忧，就说明我关心他们**，或者，**如果我担忧的话，就能够及早发现问题**。这些规则或信念会支持你的担忧行为，并使之继续。要想改变你的担忧行为，就必须试着打破这些规则。关于这些规则和假设，我们将在第 7、12、13 章里详细阐述。

在纠正交通管理问题过程中，我们可能会经常做一些似乎能够立竿见影，但是长久来看只能让形势变得更糟的事情。例如，拓宽道路，虽然一段时间内有助于改善拥堵现象，但是随着车辆的增加，这种优势很快就丧失了。还有，抄近道虽然能避开某个拥挤的路口，但是很快，你会和其他和你一样抄近道的车辆堵在一起。忧虑也是一样，我们经常用看似高明的战略来管理忧虑。可惜的是，这些战略往往会“回火”，让你忧虑得更厉害。因此，我们必须帮助你认识到自己是怎样管理忧虑的，看一看这是不是加剧你忧虑的原因之一。本书先后介绍了一些没有助益的忧虑管理战略。

不同种类的忧虑。这和不同种类的车辆需要不同的管理战略完全一样。一般来说，忧虑有两大类，对于已经发生的事情的忧虑（**针对真实事件的忧虑**）、对于尚未发生的事情的忧虑（**针对假设性事件的忧虑**）。这同样提醒我们，要想克服忧虑，必须深入了解让我们深陷其中的是哪一种忧虑。我们忧虑的是已经发生的真实事件，还是现在尚未发生的未来事件？在后面第 5 章中关于怎样辨别这两种忧虑的篇幅中，我们会再详述两种忧虑之间的区别。现在，只需知道的是，忧虑大致分为两种。

解决问题的各种消极态度和回避。要想着手解决交通拥堵问题，我们必须深入了解这个问题。担忧者往往用消极的态度来看待问题。这方面的典型做法是，他们把问题看得很可怕。他们对自己处理这些问题的能力没有信心，即使是在全力解决问题的过程中，他们也对结果持悲观态度。因此，如果要我们帮助你克服忧虑，就必须调整你看待问题的态度，提醒你自己完全有能力解决问题。关于解决问题的详细内容，参见第 14—16 章。

担忧者往往会回避可能触发忧虑的形势，或往往想方设法将忧虑排斥在思绪之外。和很多其他事情一样，如果你不去直面忧虑，它还会回来“纠缠”你，因为没有彻底做完的事情常常会跳入我们的脑海里。关于怎样直面恐惧心理，详见第 17—18 章。

“度量”变化。我们需要密切注意我们在尽力改变形势的过程中出现的情况。本书里大量的量表、调查问卷和方法将帮助你做到这一点。

小节。最终，要想改变交通拥堵状况，我们就必须用另一条车道或道路来分流车辆。因此，解决这个不能依靠短期战略。忧虑问题也是一样：遇到让你担忧的问题，就要去想其他更好的解决办法，不要让忧虑“上路”。

有关忧虑的故事

接下来的几个故事讲述了过度担忧对生活的巨大影响。这些故事描述了担忧者的思维方式，忧虑的一些结果，以及忧虑背后的主题。看下面的故事时，你不妨做一些标注，问自己一些问题。练习 1.1 可以给你提供一些帮助（参见第 15—16 页）。

- 这个故事中的某个方面是不是让我想到了自己？如果答案是肯定的，具体是哪个方面？
- 感觉哪个故事对我触动最大，为什么？
- 我读这些故事的时候，脑海里想的是什么？
- 这几个故事之间的联系是什么？

这些故事取材于我们职业生涯中向我们求助过的人们。故事中的人物也不是以一个人为原型，而是综合了多人的情况，为的是向大家介绍我们在诊治过程中接触的一些典型情况。

艾莉森：将近50岁的艾莉森和三个子女生活在一起。她一想到自己的血压就浑身紧张，忧心忡忡。她喜欢当前的工作，但是这份工作让她很紧张，经常感到力不从心。她最近被提升为高级行政主管，领导一个小团队，这个团队由几个能力很强的成员组成。她发现自己总是不放心将工作交给几名下属去做。她不是怀疑这些下属的工作能力，只是觉得**即使工作能力强的人也可能犯错误**。自己做的工作，她都要核对好几遍。一封电子邮件，如果不检查好几遍，决不发出去。每到星期五的晚上，她尤其忧虑重重，往往忍不住大周末还要往办公室跑一趟，确保门窗都锁好了。

最近，她想买一个数码相机，好在庆祝儿子21岁生日时派上用场，可是她定不下来该选哪个品牌的哪一款。她走遍了每个经销店，店老板的建议各不相同。她担心的是：**如果决策失误怎么办？如果买得不好，我可能看不懂使用说明。如果买了相机，拍照片的时候，人们觉得我唐突而生气怎么办**。就这样，她担心的事情没完没了。最后，她心烦意乱，六神无主，只好放弃了买相机的打算。后来，她沮丧不已，感觉自己被忧虑击败了。她经常给下班后的丈夫打电话，为的是确认丈夫正在回家的路上，担心丈夫和孩子们不能准时到家。当忧虑控制了她的思绪时，她的心里就会无端地浮现出一幕幕恐怖的情景。她性格很好，家人和朋友们都很喜欢她，但是他们受不了她成天问这问那、操心他们的安全问题。每次确认对方没事，她才放心。虽然她因此身心俱疲，但是人们并不领情。孩子们嫌她管得太多，丈夫觉得她成天不是唠叨他，就是要求他做家里的顶梁柱。

乔斯：乔斯离婚了，带着两个孩子，一个 10 岁，一个 12 岁。他新交了一个叫简的女朋友，对方年龄比他略小，想要和他结婚。他的工作很稳定，但是人们常说世事难料（how things might change）的这种传言让他紧张不安，不知所从。经受了一次离婚的打击，他对自己失去了信心，担心自己无力应付繁忙的工作、孩子和新的感情。简与他的孩子相处得非常好，但是他担心简像他前妻一样和他分手。他心里惴惴不安，和孩子说话时动不动就发脾气。他总是胡思乱想将来会怎么样。他想到的都是一件件坏事情：**如果孩子们不能正确看待父母亲的离婚怎么办？他们的学习成绩可能会下降，可能会沾染上毒品，最终被关进监狱。他们会恨我，再也不和我说话。到时候，简会和我分手。我会丢掉工作……**让他担忧的事情不断地冒出来，使他心烦意乱、焦躁不安。虽然乔斯也知道，这“只不过”是他担心的事情而已，但有时候他感觉这些事情真的会发生，这让他担心自己会不会疯掉。他觉得很为难，因为他觉得，如果不为孩子想那么多，他就不是一个好父亲。他知道，如果他为孩子付出太多，就会惯坏孩子，但是他控制不住自己。他过去从来没有这么焦虑过：在先前的婚姻里，他的生活安排得条理分明，他很清楚自己每一步要做什么。现在，离婚彻底让他乱了方寸，心里一下子没有了底。未来的生活充满了不确定性，这让他恼恨不已。

亚历克斯：亚历克斯今年23岁。他总是非常紧张，坐卧难安。他总是冲动地作决定，这些决定有的还可以，但大多数决定结果很不理想。他因此入不敷出：他买了他根本用不着的保修服务，买手机时绑定了价格高昂的移动套餐。每次做决定时，他都选择立刻采取行动，而不愿意忍受让他几近崩溃的不确定感。他工作能力强，上班从来不迟到，但在上班路上，他总是担心会迟到：**要是迟到了怎么办？我就会错过晨会，并丢掉工作**。他的这种焦虑触发了更多的担忧。于是，他开始担忧会错过下车站点。他本来在车上都会听MP3，但是因为担心错过下车站点，他会摘下耳机来听。他频繁核对车票，确保自己没上错车，虽然他心里清楚自己没坐错车。等抵达公司的时候，他已经精疲力竭了。整个一天里，这种忧虑时刻伴随着他，随着他进入办公室，参加会议，接打电话，吃午饭，中间休息。他回避了提升机会，因为他觉得自己应付不了新职位带来的挑战。最近，他开始担心恐怖袭击，推迟了和朋友们的度假安排，因为他担心机场不安全。同时，他担心如果遇袭受重伤或被烧伤的话就会一命呜呼。他厌恶自己为什么会忧虑成这样，但同时，他觉得这些担心可以让他提早发现危险，及时解决问题，防患于未然。

马娅：马娅15岁，和母亲、弟弟生活在一起。她聪颖上进，如果心无旁骛，学习成绩本可以搞得很好。但是她总是担心学不好，担心和同学相处不好。她说自己是一个完美主义者，并想尽各种办法让自己担忧的事情不要成为现实。她为人很不错，总是尽力帮助别人。她和朋友们讲了她担心的事情，但同时，她害怕如果她经常和朋友们说这些事，他们会不喜欢听。她困惑且孤独。因为担忧，她会在考试之前很早就开始计划和安排学习。她说，这种担忧可以激励她。但是，因为在担忧上花的精力大大超过了在学习上花的精力，所以，虽然朋友们说她在学习上投入了很多时间，但她总觉得学习效果不好。因为不想太扎眼，所以每次外出前，她都要给朋友们发短信，确保自己穿着“正确”。即使出门在外，她也是忧心忡忡，担心选错与朋友们见面的地点，担心影响学习，担心朋友们会怎么看她，担心找不到回去的路。她的这些担忧让她无法享受和朋友们在一起的时光。

保罗：保罗最近因年满60岁而退休。他是一个成功的工程师，并且婚姻美满和谐。他做了明智的退休安排，拥有稳健的投资和不菲的退休金。他担忧的是自己是否选择了最佳的投资产品，最近总是拿他的投资与互联网上晒出来的投资相比。他的儿女已经长大成人，生儿育女。他经常能见到几个孙子和外孙，其他孩子因为家住得远，所以见不到。他一直身体挺好，但是自从退休之后，他开始专心考虑自己的健康。同时，他开始为家人操心，想办法让大家彼此更加亲密。每到夜晚，他的大把时间都在担心家人，担心自己的健康，担心收入，担心成为儿女的负担。他又加买了很多保险，覆盖了先前保险没有保障到的地方。他还担忧儿女们会不会相互帮助，操心孙辈的健康。虽然孙辈之间关系融洽，但是他担心目前的这种融洽关系能维持多久。他的忧虑就像是旋转木马上的木马一样，一个接着一个，将自己逼入了黑暗的角落。他好像已经控制不了这些忧虑。于是，他靠酒精来助眠。他将所有忧虑都自己扛着，怕给妻子带来心理负担，导致她生病。

忧虑的改善

从调查中得知，运用本书介绍的治疗方案之后，大约2/3的担忧者有了显著的改善，剩下的大约1/3也有某种程度的缓解。另外，这种效果是长期的，而且，加上周密的跟进方案，完全可以让忧虑成为历史，不再复发。虽然自助治疗不同于一对一治疗，但是我们接触到的所有人都认为，深入了解那些促使他们产生忧虑情绪，并让忧虑情绪持续的事情，对他们是有好处的。记住这一点。你是不是愿意尝试一下？本书将引导你密切关注你的忧虑，这可能会让你不舒服，但是只有了解忧虑，才能更好地克服忧虑。

练习1.1是让你深入思考忧虑的第一步。你在阅读上述故事的时候，你可能发现这些故事的某个地方对你触动很大。表1.1可以帮助你深入思考这个问题，思考如果这种状况缓解之后，你的生活会有什么样的变化。

练习1.1　回想

在笔记本上写下你针对这些问题的答案。

回想前文提到的几个案例故事：

- 哪个故事对你的触动最大？为什么？这几个故事的哪些方面让你想起了自己的经历？
- 这几个故事对你认识忧虑是否有所启示？如果答案是肯定的，这种启示是什么？

- 在读这几个故事的时候，你想到了什么？
- 这几个故事之间是否存在某些联系？你觉得这几个故事的主题或共同点是什么？
- 思考以上的回答，你有没有想让自己做某些改变的想法？
- 如果你确实针对上述回答提到的方面，让自己做了某些改变，那么这些改变可能会对你的生活产生哪些影响？你是否愿意在这方面投入时间？

完成下面的句子：

- 如果我的忧虑有所缓解，那么……
- 这意味着……
- 我可以……
- 我也许能……
- 我大概能……
- 我想去……

我们请治疗师之外的很多人阅读这些故事，问他们这几个故事之间的联系。你可能很想知道他们的回答。他们给出的回答有长有短，我们对他们回答的内容做了一点编辑，为的是让逻辑更为清晰。他们的回答是否对你有所启发？他们发现了哪些你没有注意到的东西？这些内容中有没有让你感觉触动很大的东西？也许此时你想再看一遍你的回答，做一些补充。现在，你的目标是不是有所改变？

表 1.1　对上述几个案例故事问题的回答

回答 1：

- 都想把所有事情置于绝对控制之下，但是根本做不到。
- 缺乏自信。
- 他们想的都是自己控制不了的事情，而不是自己能控制的事情。
- 不知道未来的方向在哪里（没有一个积极的目标）。
- 没有安全感（不敢坚持自己的看法）。
- 社交预期：以怎样的形象呈现在他人面前？（亚历克斯的梦想是当一个优秀的推销员，保罗和艾莉森必须抚养自己大家庭，马娅想要事事做到完美，等等）。
- 偏执。
- 担忧的范围不断增加（即一个引出另一个）。
- 不去解决根本问题，而是专注于管理（例如，用喝酒的方式帮助入睡，寻找不存在的东西）。
- 没有人满意，谁都不高兴。
- 损失：如果他们的忧虑成为现实的话，他们每个人都会有所损失（失去亲人、朋友或工作）。

回答 2：

- 做决定时的担忧或不放心似乎说明问题确实存在（不是投资、穿着、买东西，就是乘坐公交车……）
- 因此，也许是因为做决定时缺少自信，也许是因为自卑，或是感觉自己能力不够。
- 不论怎么努力，什么事情都做不好。

续表

• 有时候，这和经历的重大变化有关（例如，乔斯离婚、保罗退休），有时和日常生活压力有关（如马娅、艾莉森和乔斯的情况）。 • 生活中的大小变化（或对变化的恐惧）会引起情绪的巨大波动，这说明生活不是一帆风顺或一成不变的。他们的应对方式是将所有可能性都考虑到，确保不会发生任何意外。其实，没有人能做到这一点。 • 竭力控制事情的结果，最大限度地降低风险（例如，反复核对，不把工作交给他人去做）。 • 忧虑让所有人失去了活在当下的能力，虽然当时没有什么不好的苗头，他们担忧的是将来可能发生的事情。 • 他们开始时的价值观都很好或者很合理（例如，保罗关心、爱护家人；艾莉森关心朋友和家人，对工作要求很高；马娅“激励”自己好好学习；乔斯为儿女操心，想把工作做好）。可是后来“激励”他们的是恐惧，而不是积极的结果。他们的忧虑情绪很快“全面化”，迅速失控。 **回答 3：** • 寻找安慰。 • 对自己要求极高。 • 很难做决定。 • 从多个渠道搜寻信息。 • 对自己的这种做法不满意。 • 对别人的预期太低。 • 一连串消极念头让人觉得会发生“灾难”。 • 对不确定性的看法有问题。 • 好像活在未来，而不是当下。

续表

回答 4： • 控制不了喜欢担忧的性格。 • 忧虑和具体事情有关，其内容和经历、对未来的看法有关。 • 忧虑有积极和消极两个方面。 • 个人对忧虑的认知，以及这种认知可能对忧虑有促进作用。 • 一连串的“如果……怎么办”。 • 不喜欢含糊的结果。 • 感觉身上负担很重。

独自承受的负担

从前文可以看出，忧虑可能对生活造成广泛的，甚至破坏性的影响。忧虑是一种沉重的负担，就像是每天肩膀上扛着自己的整个世界。忧虑会消耗你的精力，让你紧张不安。它会影响我们的生活：它影响我们的日常计划，逼我们让步，顺从于它，强迫我们回避加剧忧虑的各种场合。对于一些人来说，忧虑会打乱职业规划，影响与亲友之间的感情，搁置人生目标。我们往往习惯于背负忧虑的重担，甚至忘掉了它对我们的生活造成了多大的冲击——它逐渐成为一种极具破坏力的习惯，让我们甚至慢慢对此习以为常。

明确我们的观点

嗯，这种事我们都会担心，这有什么啊？

他就是爱操心——他不操心就难受。

这些话是不是听上去很熟悉？担忧是正常的事情。我们都会担忧。但是，我们要明确几点。第一，我们不应该让过度担忧成为应对生活中的所有事件的下意识反应，也不应该让过度担忧成为一个人性格的一部分。第二，过度担忧不是什么神秘的东西：担忧的过程是可以弄明白的。我们可以了解忧虑，可以列出触发我们忧虑并让这些忧虑停不下来的因素。第三，对于那些受过度忧虑折磨的人来说，这些过程往往是在下意识的情况下发生的。第四，人们一旦了解了这些过程，就会改变自己的思维方式，积极应对让他们忧虑的形势，进而缓解忧虑。最后，要想改变习惯性的反应方式（即，担忧），我们必须尝试新事物，学会将注意力集中到让我们的忧虑停不下来的事物上，深入分析我们的忧虑体验。一旦了解了忧虑情绪产生和持续的原理，就可以改变我们的反应方式，然后反复**实践**这些反应过程，直到各种积极的反应模式深深地扎下根来。

你**有能力**克服忧虑；你**有能力**学会缓解忧虑；你**有能力**减轻肩上的忧虑负担。

休整时间

这本书里有很多“休整时间”。这是鼓励你养成暂时停下来、复习前面内容的习惯。根据自己的情况，在必要的时候及时复习。休整时间让你再接再厉，如果遇到了看不懂的地方，就停下来，想一想哪些东西你理解了，哪些东西你不理解。把理解的东西和不理解的东西都写下来。在继续往下读的过程中，如果有了新的领悟，你可以翻看前面你写下的内容。为了让自己深入理解，不妨将阅读速度放慢一点，如果有必要，可以重读前面相关内容。

这是第一个“休整时间”：

休整时间

现在停下来，想一想刚才看到的内容。可否总结一下你认可的主要看法？哪些内容让你印象深刻？不妨将这些内容写下来。如果有不明白的地方，也可以写下来。等到有时间深入消化这些内容，再回头来看。

到目前为止，本书的哪些内容让你印象深刻？

1.

2.

3.

第 2 章
如何使用这本书

我怎么知道给出的建议有效果?

英国国家健康临床优化研究院（National Institute for Health and Clinical Excellence，NICE）是一个独立组织，其目标是为英国民众提供指导来提高他们的健康水平、预防和治疗疾病。2004 年，NICE 发表了有关克服焦虑的指导建议书。该建议书提出，高度忧虑，医学名称为“广泛性焦虑障碍”（Generalized Anxiety Disorder，GAD），应该通过“认知行为疗法”（Cognitive Behavioural Therapy，CBT）进行治疗（有关 CBT 的更多内容，参见第 4 章）。NICE 还建议人们运用基于 CBT 理念的自助式方法。本书就是一本基于 CBT 理念的自助治疗手册。本书介绍的克服忧虑的方法和建议还基于最新的研究和从心理学角度对 GAD 或忧虑的最深入的认识。本书是由全球多个专门研究忧虑的专家团队共同合作产生的作品。其中部分专家具有将近 30 年的研究经验。

忧虑在普通大众中很普遍，因此并不是所有担忧的人都具有 GAD 的所有症状（关于 GAD 诊断和有关担忧的所有事实，参见第 3 章）。本书旨在为那些具有临床症状和那些感觉自己过度忧虑的人提供帮助。

怎样利用这本书

1. 虽然拿到这本书是克服忧虑的第一步，但是，正确运用书中的理念才是关键。这是显而易见的事情，但是从我们的亲身经历来看，很多人觉得**考虑**问题就是在**解决**问题。因此我们的第一条建议就是：拿到了这本书之后，一定要阅读这本书，并按照书里的建议去做。这本书将帮助你：积极投身于新的体验来克服你的忧虑；学会对自己的忧虑心怀好奇，并深入观察；深入了解你的忧虑情绪；改变自己的行为方式来克服忧虑。关键步骤是将你新的想法付诸实践，改变自己的行为方式，用不同的方式应对忧虑。

2. 不要非要一口气把这本书看完——挑其中一章或几页细读。如果你因为各种事情忧虑很重的话，你就很难静下心来看书。如果忧虑让你从一个念头或目标跳到下一个念头或目标，那你不妨不要试着一次把一章看完，而是给自己定一个小一点的目标。你可以问问自己：**在开始担忧之前我在做什么**（例如，看书）？然后继续做那件事。

3. 做笔记：阅读前，准备一支笔和一个笔记本。另外，阅读过程中，画图可能有助于你深入理解这本书。如果书是你自己的，你可以在书的空白处做标记，在重要的句子或段落下面划线。本书是一个工具，需要你经常使用，认真练习。

4. 能不能找一个人和你一起阅读本书？有些人用交流、讨论的方式学习，效果要比一个人静而思之效果更好。

5. 安排一些时间一个人阅读本书。一天或一周里能否安排一个比较安静的时间？能不能找到一个没人可以打扰的地方？也许可以带着这本书去咖啡厅！早上，下午，晚上，你哪个时间段看书效率最高？

6. 现在是不是你克服忧虑的最佳时间？如果现在恰逢你人生需要全力应对的重大事件，如孩子出生、自己结婚、刚找到新工作、刚获提升、搬家，那可能需要等生活稳定一些之后再尝试改变更为稳妥。但是，人生无时无刻都有挑战，经常遇到各种各样的重要事情，等待风平浪静的时候再改变自己恐怕也不是一个好办法，所以要警惕回避问题的倾向。你可以问问自己：**我是不是因为害怕结果才拖延开始的时间？我是不是在用“子虚乌有的困难或事情”给自己找借口？**如果你的某个朋友现在就想着手克服自己的忧虑，你会给他什么样的建议？

7. 写下你克服忧虑的所有有利条件和不利条件。看看你写下的所有条件，想一想这里面的平衡点在哪里？

药物治疗期间是否可以使用本书中提到的方法？

家庭医生和心理医生经常开一些药物，帮助患者治疗焦虑和忧虑。来我们诊所就诊的人中，很多人之前服过或正在服治疗心理问题的药。一般来说，即使服药期间，我们也给他们进行心理治疗，只是在制定治疗方案的时候要考虑所服药物的影响。因此，简而言之，即使在服药期间，也可以使用这本书中提到的方法。如果你不放心的话，可以和你的家庭医生或其他健康专业人士交流。不妨带上这本书给他或她看一看。你们双方可以一起确定一个最佳的治疗方案。

如果你服药已经有一段时间了，在你开始处理你的忧虑问题时，最好不要停药，直到情况有所改善。一旦忧虑情况有了改善，就可以请家庭医生调整你的药量。另一方面，如果你刚开始服药不久，这不是开始用本书中的方法处理你的忧虑的最佳时间。这里的关键是稳定。换句话说，最好不要同时拓宽马路、增加红绿灯、增加新车道、收取拥堵费、引入新的单行线系统。要一步一步来，一次解决一个问题。

有关GAD和药物治疗的详细信息，请登录英国国家健康临床优化研究院（NICE）网站（参见附录6）。

如果用本书的方法无法帮助你缓解忧虑情绪，请前往家庭医生那里就诊。

如何看待这本书

这本书讲的是教你如何改变行为方式。在学习新技巧或方法的过程中，感到紧张是正常的，因为我们往往担心变化。但是，这不是进步的标志，改善我们生活质量的新体验、新知识、新机会才是积极变化的真正标志。焦虑或紧张情绪将我们的注意力转移到令人担忧的事情上，这让我们心烦意乱，很难学习新东西。因此，**我们一定要让自己对新事物保持开放心态**。苏格兰化学家和物理学家詹姆士·迪尤尔（James Dewar）爵士说过，"我们的思维就像是降落伞，只有在张开的时候才能最大限度地发挥作用。"让思维"张开"的意思是积极倾听新的建议、观点，尝试新技巧，即使这让你感到焦虑也要如此。另一个让思维张开的办法是，深入观察你的忧虑情绪，注意它的动向，而不是陷入其中，就像是从车流中脱身出来，坐在桥上俯视下面的车流。"自我观察"可以让我们获得新的视角，进而帮助我们理解和克服忧虑。接下来，本书将帮助你深入地观察自己，深入了解你的忧虑。我们将帮助你深入理解你的忧虑，并运用练习、方法、实用建议，帮助你克服忧虑。

本书不提供“灵丹妙药”。记住——忧虑是正常的，我们每个人都会忧虑。因此，将一种正常的日常思维活动生硬地从生活中完全剥离出去是不可能的。我们可以做到的是，“调低你的忧虑阀门”，让自己的担忧少一点。本书将帮助你高效地应对忧虑情绪。一般来说，越是积极运用本书中方法，你的收获就越大。接下来的旅程需要你付出艰苦的努力，但是如果全力以赴的话，你至少能够深入了解忧虑情绪，如果效果理想的话，你就知道如何很好地驾驭自己的忧虑情绪。难道这不是你想达到的效果吗？

忧虑缓解之后

在临床工作中，我们发现，一些人在情况有所缓解、忧虑不再像先前那样严重困扰他们之后，就会因为过去深陷忧虑情绪而损失的大好光阴而懊悔不已，好像他们在为一段原本应该过得很快乐且没有任何忧虑的生活的失去而难过。忧虑对生活的侵蚀无处不在，忧虑得到缓解之后，我们就能更清楚地看到它对我们的影响。随着你逐渐接受你的过去，积极规划未来，这一阶段就会过去。如果你过去忧心很重，不想做任何改变，情况尤其如此。对过去忧虑时光的懊悔不是情况恶化的表现，而是不断进步的正常反应。

休整时间

现在停下来，想一想刚才看到的内容。可否总结一下你认可的主要看法？哪些内容让你印象深刻？不妨将这些内容写下来。如果有不明白的地方，也可以写下来。等到有时间深入消化这些内容，再回头来看。

到目前为止，本书的哪些内容让你印象深刻？

1.

2.

3.

第 3 章

日常忧虑和针对具体问题的忧虑

——介绍广泛性焦虑障碍

担忧是一种正常的过程

担忧是一种正常的过程。研究表明，不管担忧的程度轻重，让我们担忧的事情大同小异。我们担心家人、人际关系、工作、学习、健康、收入。对于那些过度担忧的人，主要问题不是他们的担忧对象——这对于我们大家来说是一样的——而是他们很容易就担忧起来。过度担忧的人和其他人之间存在着某些细微的差别。例如，过度忧虑的人会非常担忧一些小事情——错过公交车、汽车故障、迟到、忘记东西、帮同事买他们喜欢的三明治——这些很小的体验迅速叠加成灾难性的严重忧虑。一句瑞典谚语形象地说明了这个问题："忧虑让小东西产生一个大影子"。担忧者还倾向于担心遥远的或不大可能发生的事情：例如，自己的孩子还在用尿布，却在担心怎样哄孙子。母亲担心下雨会毁掉女儿的婚礼，虽然当前距离婚礼还有七个月时间。有人一月份在家里预订暑假机票时，担心航班被取消。有时候，人们担忧时心里并没有一个具体的威胁，只是有一种厄运就要降临的感觉。

针对“大事”的担忧

长期担忧或习惯性担忧的人必须学会只为“大事”担忧，这可能起到一些效果。针对大事的担忧有助于预先感知风险、解决问题、未雨绸缪，保护和关心自己或他人。针对这种大事情，担忧的消极方面——苦思冥想、无法自拔、肌肉紧张、失眠、焦虑——都可以接受了。这种担忧意味着我们在积极应对一个真实的、无法忽视或逃避的形势。一般来说，这是因为对我们很重要的人或事物在某种程度上受到了威胁。对于这种大事情，也许存在镇静、超然的应对方式，但是大多数人，即使是那些平时不爱担忧的人，在这种情况下也会担忧。肌肉紧张表示我们随时准备行动；苦思冥想意味着我们在全神贯注地权衡形势；失眠是因为我们知道这是当前最重要的事情。这种时候，我们很难集中精力做其他事情：这种针对大事的忧虑占用了我们全部的注意力。我们处于一种高度警觉的状态下，因此会感到坐立不安。保持警觉一方面意味着随时准备行动，但同时也意味着我们过度警觉和敏感，而过度警觉和敏感往往是烦躁易怒的代名词。

担忧者的问题是，他们将担忧看作是应对生活中所有大小事情的方式。用担忧的方式应对日常生活中的琐碎事情就像是用长柄大锤砸核桃。因此，担忧不适合解决那些不大可能发生的，以及那些距现在相当遥远我们无法施以任何影响的事情，或者当前不会真的发生或即将发生的事情。

大多数人在真正需要担忧时就会下意识地担忧，但可惜的是，人在担忧时，大脑就会亢奋，精力就分散，重复思考，效率低下。要克制忧虑，就必须让自己只在遇到大事时才担忧，而不是不管遇到什么事情都**不加区别**地担忧。克服忧虑的目标是达到这样一个层次：不再把忧虑看作是一种无处不在、代价高昂、令人疲惫的生活方式，而是将它看作是必要形势下的一种积极、专注、富有创造力、镇定的心理状态。我们想让你能够在正确的时候将忧虑运用于针对大事的短暂爆发，而不是在错误时间的长期折磨。

过度忧虑和日常忧虑之间的不同

总的来说，过度忧虑和日常忧虑之间的差异属于程度问题，而不存在质的差别。毫不令人意外的是，与日常担忧者不同，长期担忧者担忧的频率往往更高，每次担忧的时间更长，而且，他们往往觉得自己控制不了自己的忧虑情绪。但是，忧虑是日常体验。有时候，我们每个人都会觉得自己忧虑过重，或者感觉自己被忧虑攫住了。这意味着，日常忧虑和过度忧虑的行进轨道是一样的。我们可以将忧虑看作是存在于一个“连续统”或某个维度之上的事物。而且，不管你忧虑的程度如何，其背后的过程是一样的。这一看法也是认知行为疗法（CBT）的一个核心理念。认知行为疗法认为，心理问题是日常体验的夸张或极端版本。图 3.1 用“忧虑计”的形式来阐释忧虑。该图说明忧虑存在于标示着从“不忧虑”到“严重忧虑”的计量表或维度上。有时候，我们会体验到严重忧虑。我们的忧虑指针经常根据生活中遇到的事情和我们对它们的认知不断波动。例如，大多数人在重要的考试、面试或紧张的会议之前都有一个短暂的严重忧虑阶段（指针指向“红色”），而且晚上睡眠时断时续。在这些情况下，人生重大事件前后都会多次出现一阵阵的严重忧虑情绪。那些过度忧虑的人不仅面临大事时忧虑，遇到小事时也忧虑，而因为这些小事往往经常遇到，所以，他们的忧虑指针总是指向“红色”。如果他们发现自己的忧虑指针离开了红色（即，他们不忧虑），也会触发他们的忧虑，进而将自己的忧虑级别提高至红色区域。无需惊讶的是，担忧者同时还受忧虑的其他症状的困扰，比如坐立不安、暴躁易怒、睡眠困难、疲惫、肌肉紧张、很难集中注意力。

如果忧虑进入红色区域，并感到更加难以控制，且伴有其他焦虑症状，那么你就可能被诊断为广泛性焦虑障碍（GAD）。广泛性焦虑障碍具体症状见下一小节。

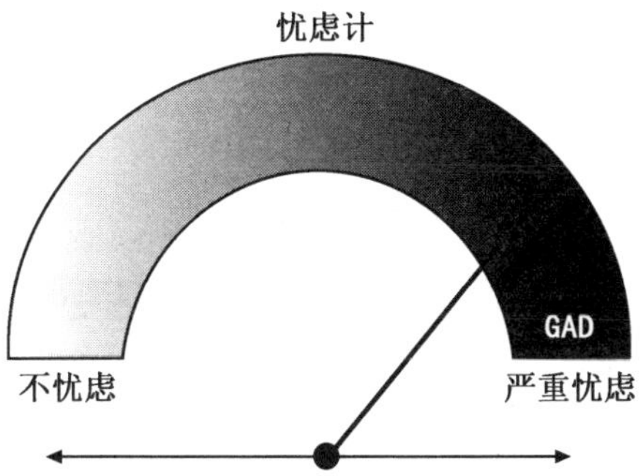

图 3.1 忧虑计

- 你平时的忧虑水平处于哪个区域？在相应地方用线段标出。
- 你希望自己平时的忧虑水平处于哪个区域？在相应地方用另一根线段标出。

切记，担忧是正常的，本书不是让你完全不再担忧，而是帮助你把忧虑阀门开得小一点。

广泛性焦虑障碍的诊断（GAD）

将忧虑这种问题归入心理疾病范围（诊断结果）既可以说有

用，也可以说完全没有用，这取决于你看问题的角度。关于这一诊断结果是否有用，也存在着很多争议和讨论。但是，就我们的临床经验来看，在大多数情况下，我们接诊的病人发现自己的问题有一个标签或名字之后，情况就会有所缓解，或者觉得这有助于他们病情的好转——主要原因是他们之前没有把自己的问题当回事，或更糟的是，医生认为他们没有问题。对于临床医生来说，一个诊断性的标签也许可以指导他们找到正确的治疗措施。综合看来，我们认为，有必要帮助你了解什么是广泛性焦虑障碍。下面，你会看到摘自《精神障碍诊断和统计指南》(*Diagnostic and Statistical Manual of Mental Disorders*，DSM-IV，1994，APA）的一段文字。这是一本针对心理健康从业人士的工具书：它列出了各类心理问题及其诊断标准。1994 年，美国精神病学协会（American Psychiatric Association）出版了这本书的最新版。更新的原因是为了让我们对这些心理问题的认识更加深入，能够更为准确地描述它们。

简而言之，如上所述，GAD 的关键特点是对很多事情过度忧虑，而且这种忧虑无法控制，同时伴有其他焦虑症状。认真阅读下面的诊断标准，看看哪些情况与你相吻合。

广泛性焦虑障碍的诊断标准

- 过度焦虑和担忧（对未来的焦虑性猜想），至少在过去的 6 个月内，发生这种焦虑和担忧的天数比不发生的天数要多。焦虑和担忧的对象涵盖很多事情（例如，工作表现或学习成绩）。
- 发现自己难以控制忧虑情绪。
- 这种焦虑和担忧至少与下面 6 个症状中的 3 个有关系（在过去的 6 个月内，一些症状的存在天数比不存在的天数多）。

- 坐立不安，如坐针毡
- 容易疲惫
- 很难集中注意力或者大脑经常感到一片空白
- 暴躁易怒
- 肌肉紧张
- 睡眠失调（很难入睡或保持持续睡眠状态，或者睡眠断断续续）

- 焦虑、担忧或身体症状导致了有临床意义的痛苦或社交、职业以及其他重要功能方面的损害。
- 这种障碍并非缘于外物（比如，毒品滥用、服药）或个人整体疾病状况（如，甲状腺机能亢进）导致的直接生理影响，也不缘于常见的医学疾病（例如，甲状腺机能亢进）。
- 这些困扰不能用其他精神障碍来更好地解释。

资料来源：《精神障碍诊断和统计手册》（*Diagnostic and Statistical Manual of Mental Disorders*），第 5 版，弗吉尼亚阿灵顿，美国精神病学协会，2013。

当然，你可能并不符合 GAD 的诊断标准，但仍然忧心很重。例如，研究发现，并不是所有过度忧虑的人都会在相应时间内出现 6 个症状中的 3 个。实际上，通过分析调查问卷数据和随机观察就诊病人这两种方式进行的研究表明，相当大一部分具有典型心理问题特征（比如，过度忧虑，觉得自己的忧虑经常失控）的担忧者并没有相关的躯体症状。据一些人说，虽然他们担忧的频率并不高，但是一旦担忧起来，忧虑程度就很严重，有时候会一连忧虑好几天。另外，忧虑情况可能会随着时间的推移发生改变，比如，在一个星期或一个月内，某种症状，如失眠，占据主导地位，而接下来的一个星期或一个月里，另一种症状，如易怒，可能更为显著。

在长期担忧者的所有相关症状中，相较于其他所有症状，肌肉紧张是 GAD 最为明确的特征，可能是目前来说过度忧虑最为独特的标志。但是，随着忧虑程度的下降，并不是每个担忧者的肌肉紧张症状都会有所缓解。因此，并不能完全可靠地用这一症状来判断某个人是不是担忧者。担忧者说自己在担忧时，会出现很多其他躯体症状（见下表）。虽然这些症状与 GAD 存在某些联系，而且有时颇为常见，但是它们不能作为诊断依据。

与 GAD 有关联的其他常见躯体症状

- 肠胃不适
- 紧张焦虑
- 心慌
- 头痛
- 发抖
- 出汗
- 口干
- 恶心
- 吞咽困难
- 尿频
- 腹泻
- 轻微颤抖

与 GAD 相关联的其他常见体验

- 感觉没有人理睬自己
- 感觉被孤立
- 感觉孤独
- 无法集中精力
- 感觉紧张不安
- 酗酒
- 咬指甲
- 感觉厄运要降临
- 走来走去

虽然正式的诊断标准会起到一些帮助，但实质上只不过是一个指导——很多忧虑体验达到极度痛苦或焦虑程度的人用这些诊断框架是诊断不出来的。

总结框

GAD ＝广泛性焦虑障碍（Generalized Anxiety Disorder）

GAD ＝针对一些形势或事件过度的、无法控制的忧虑

忧虑和其他心理问题

焦虑问题喜欢“集体行动”。大多数患有 GAD 的人至少伴随有另外一种心理问题，因此“纯粹”的 GAD 很少见。就像盐是烹饪菜肴中最为常见的用料一样，忧虑也是其他心理问题中最为常见的额外成分。伴随忧虑的最常见的问题是抑郁障碍，70% 的 GAD 患者说他们自身存在抑郁问题。很多患有 GAD 的人同时也困扰于如社交恐惧、心跳过速、健康方面的焦虑问题。

与 GAD 同时存在的其他焦虑问题

这里有三种共存方式。第一种方式中 GAD 是主要问题或初始问题，其他焦虑问题是次生问题。第二种方式正好相反，GAD 产生于其他初始的焦虑问题。第三种方式很难讲哪个问题是初始问题，哪个问题是次生问题。在回想你的困难时，一定要了解这一点，因为这可以让你知道应该先解决哪个问题。关于这个问题，我们将在后面深入阐述。

我们先说第一个问题。对于很多人来说，中度至重度 GAD 很可能伴随轻微或中度的焦虑问题，如社交恐惧（害怕其他人对自己有不好的看法）或特定恐惧（如害怕蜘蛛、狗、高度）。在成功治疗 GAD 过程中，这些次生问题很可能会自动改善。因此，一个简单的现象是：如果 GAD 是主要问题，那么解决掉这个问题之后，其他问题很可能会自动消失。但是，对于一些担忧者来说，这些次生问题需要单独解决。

在第二种方式中，GAD 是一种次生问题。在这种情况下，需要首先解决其他问题。例如，如果初始问题是中度到重度的强迫障碍、创伤后应激障碍、惊恐障碍、广场恐怖症、社交恐怖症，我们就必须先解决这些初始问题。(“克服”系列中有很多针对这些问题的自助手册。) 值得一提的是，在解决这些初始问题的过程中，有些 GAD 病人可能会感觉自己的忧虑问题有所加重。但是，这就像是退潮时才会看到看清楚水中的某个物体一样。退潮前，你只能看到它的一部分，但是随着潮水退去，你看到的越来越多，它也就显得越来越大。因此，在很多情况下，我们**感觉**自己的忧虑好像越来越严重，但**实际上**并非如此。当然，一旦第一个问题解决之后，我们就会将注意力转到 GAD 上。

第三种共存方式是两个问题都不像是主要问题。在这种情况下，两个问题的分量是相等的，我们必须确定先解决哪一个问题。我们可以先解决比较容易解决的问题，或者先解决一个问题，看看这个问题对第二个问题有什么影响。

如果你觉得无从下手，那就去找家庭医生，和对方深入交流一下你的问题。

抑郁和 GAD

中度到重度的 GAD 中有抑郁症状很正常。当抑郁是次生问题时，它的典型症状是疲惫和情绪低落，而不是临床抑郁。忧虑会使人极其疲惫。记得上一次面试的情况吗？面试前你忧虑重重。20—30 分钟的面试结束之后，你感到身心疲惫。忧虑使你丧失了关注点、动力或能量，也会让你感到无精打采。我们在设法区分伴随 GAD 的典型抑郁症状与临床抑郁时，就必须深入分析可能与 GAD 不一致的一些具体的抑郁症状。例如，具有临床抑郁特征的个人可能会难过或哭泣、兴趣广泛丧失、体重增加或减少、食欲发生显著变化、过度兴奋或过度低落（underactivity）、自卑、负罪感重，并产生自杀念头。

抑郁的另一个特点是——“思虑反刍”，忧虑也是如此。牛在反刍食物的时候，实质上是在再次咀嚼先前吃下的草。（这个过程叫做“反刍”，这个词就是这么来的。）简单地说，思虑反刍就是一遍又一遍地重复**过去**的事件或消极体验，而忧虑更多针对的是尚未发生，但看似可能发生或将要发生的**未来**事件或事物。思虑的“反刍”和低落的情绪、抑郁、焦虑性担忧密切相关。经常担忧的人似乎也经常“反刍”过去的事情。他们似乎在担忧和思虑反刍之间摇摆不定，一会儿后悔过去的事情，一会儿操心这些事情对将来的影响。他们在从一件事调到另一件事的过程中，那些标志性的情绪就会一次次从抑郁变为焦虑，然后再回到抑郁。思虑反刍和担忧就像是我们的思虑在洗衣机里不停地反复转动。其他念头，如，**我要疯掉了**或**以后我可能永远就是这样了**会加快两者的转动速度，或者干脆启动“甩干”程序。参见下图。

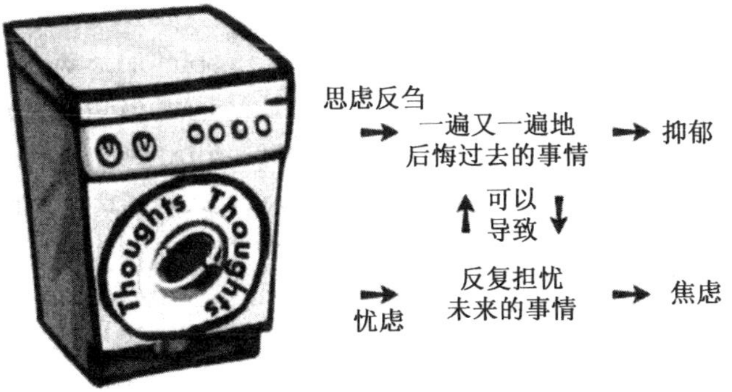

图 3.2 思虑反刍和担忧之间的关系

如果你感觉自己抑郁，但不确定你是正常的担忧，还是患上了抑郁症，那么我们建议你与你的家庭医生深入交流一下上述看法。

不管你的忧虑在忧虑计上属于哪个档次，我们都希望这本书对你有所帮助。简而言之，是否符合诊断标准并不影响你从本书中获得帮助。我们说到长期担忧者或严重担忧者的时候，指的是那些被忧虑严重影响了生活质量的人，而不管他们是否被诊断出患有GAD。

医疗界用DSM-5标准来诊断人们是否患有GAD。第40—41页是一个基于DSM-5的调查问卷。这一问卷可以帮助医生判断忧虑是否显著影响了被调查者的生活。请认真完成这份问卷。我们将在适当的时候讨论它所揭示的内容。

发现GAD有多难

发现问题性忧虑的主要困难之处在于医生可能无法在正确的时候提出正确的问题。这里有很多原因，但是最主要的原因是长期担忧者在面对重大应激性事件时（stressful life events）（例如，女儿结婚、工作上的最后期限、考试）更为忧虑。在面对这些压力的时候，担忧者的忧虑情绪更重，因而会出现焦虑症状（例如，肌肉紧张、睡眠障碍、注意力无法集中）。这些症状的增加最终会促使他们咨询家庭医生或其他专业人士。可惜的是，这种担忧往往被看作是很正常的事情，因为医生也会认为，面临这种压力大的事情，人人都会担忧。所以，临床上显著的忧虑往往就这样被忽视。如果作为核心问题的忧虑被忽视的话，那么，我们就无法发现这个人的所有问题，也就无法及时为他（或她）提供有针对性的帮助。这个人就会认为自己必须忍受它。他们有时候会责备自己操心太多，有时候也会将这种过度担忧看作是自己性格的一部分，觉得这完全是因为自己就是“一个爱操心的人”。前文提到过，担忧往往是一个“独自承受的问题”，担忧者就像是在负重前行。担忧者可能已经完全习惯了背负这份重担，但是这对他们生活质量的影响是巨大的。

更好地发现忧虑问题

记住本书前言中提出的那些问题。这些问题至关重要，我们用这些问题进行临床评估，帮助我们判断病人是否患有严重忧虑或具有 GAD 的特征。虽然在形成正式诊断结果时，不但需要考虑对这些问题的回答，还需要考虑诊断标准，但是这些问题开门见山，简单明了，可以帮助你评估忧虑是否显著影响了你的生活质量。现在，你不妨再回顾这些问题。

你可能需要让你的家庭医生或其他专业人士更深入地了解你的忧虑体验。下一页是一份由一些加拿大研究人员设计的调查问卷，其目的是迅速发现过度忧虑，帮助诊断 GAD。如果你想帮助医生了解自己的忧虑，可以拿给医生或其他专业人士看看。

需要牢记的是，精神卫生专业人员往往不会在深入调查之前草率地认可我们的感觉，说我们确实存在某种问题。他们对病人阐述的问题怀有一点疑虑，不过这可能对你有好处。他们可以帮助你以旁观者的角度，深入地分析你的情况，综合考虑造成你问题的所有方面。不要对此怀有排斥心理：一般说来，这些专业人士认为深入、周密的分析要优于虽然让你高兴但可能存在疏漏的应付。

担忧和焦虑调查问卷

在第 2—4 和第 6 个问题中，将与你最为相关的数字用圆圈圈起来。

1. 你平时担忧最多的是哪些方面？

a）　　　　　　　　d）

b）　　　　　　　　e）

c）　　　　　　　　f）

2. 你的担忧是不是过度或者是过于夸张了？

0	1	2	3	4	5	6	7	8
不过度				有些过度				完全过度

3. 在过去的 6 个月里，你被过度担忧困扰的天数有多少？

0	1	2	3	4	5	6	7	8
从来没有				有一半天数				每天

4. 你是否很难控制你的忧虑？例如，当你开始担忧某事的时候，你是不是很难停下来？

0	1	2	3	4	5	6	7	8
停下来很容易				有些难度				根本停不下来

5. 在过去的 6 个月里，你在担忧或焦虑时被下列感觉困扰的程度如何？

用下列数字给出每一种感觉的强烈程度：

0　1　2　3　4　5　6　7　8

没有感觉　　　　有中度感觉　　　　非常严重

____坐立不宁，如坐针毡

____容易疲惫

____很难集中注意力或者大脑经常感到一片空白

____暴躁易怒

____肌肉紧张

____睡眠障碍（难以入睡或保持持续睡眠状态，或者睡眠断断续续）

6. 担忧或焦虑对你的生活，如，工作、社交活动、家庭生活等，影响有多大？

0　1　2　3　4　5　6　7　8

完全没有影响　　　　中度影响　　　　严重影响

资料来源：©2006 Taylor & Francis Group LLC. M. J. Dugas，M. H. Freeston，C. Doucet，J. Rhéaume，M. Provencher，R. Ladouceur and F. Gagnon，Université Laval，Québec，1996.

如何分析担忧和焦虑调查问卷

这一调查问卷被广泛运用于研究领域。实践证明，它是一个判断一个人是否具有忧虑问题的好办法。可以看出，这一“担忧和焦虑调查问卷”用 0—8 这 9 个数字来表示强度的差别。如果你在大多数项目上的强度为 4 或 4 以上，那么这意味着你需要面对过度担忧问题。如果你大多数项目的强度在 2—3 之间，那么学习怎样调低你的忧虑阀门对你仍然有好处。

你在哪些问题上的数值最高？

你体验到的哪些焦虑症状最为严重？

简要了解你的担忧程度

下面是一个运用最为广泛的用来评估忧虑的调查问卷，名为"宾州忧虑调查问卷"。宾夕法尼亚州大学（Pennsylvania State University）教授汤姆·博尔科夫克（Tom Borkovec）和同事在 20 世纪 80 年代后期和 90 年代初设计了这一调查问卷。人们用这一调查问卷来衡量一个人的担忧倾向，还可以帮助你与其他过度担忧的人进行比较。你可以每隔一段时间填一次问卷，以此查看你的进步情况（比如，每两个星期填一次问卷：参见附录 4 表格）。

请阅读下面的说明——尤其要注意第 1、3、8、10、11 个问题是反向评级的。准备一个笔记本，记下你的回答。得分总和是多少？你在填写这张问卷时心里在想什么？将心里想到的内容也写下来。

得分一般在 16—80 之间。得分越高，你的担忧程度也就越高。GAD 患者的得分一般在 57 以上，因此，我们希望帮助你将你的得分降到这个数字以下。当然，将得分降低到 57 以下是一件令人振奋的事情。不过，有的人虽然得分低于 57，但仍然存在忧虑问题。

需要注意的是，一些项目的计分是反向的。针对这些项目，如果你给出的分数评级是5（即“很典型”），那么你在这个问题上的担忧程度为1，如果你给出的分数是4，那么你在这个问题上的担忧程度为2，3仍然是3，2就要变为4，1就要变为5。把这些评级“颠倒”过来，将新分数填上去，将先前的分数划掉。要计算你在忧虑程度上的总数，将下面所有横线上填写的分数加在一起即可。

宾州忧虑调查问卷

将最能反映下列项目中你的典型程度的数字写下来，填在每句话的前面。

1	2	3	4	5
一点也不典型		比较典型		很典型

1. ___ 如果我没有那么多时间把每件事情都做好的话，我就不担忧这些事（**反向**）。
2. ___ 我深陷忧虑之中。
3. ___ 我一般不发愁（**反向**）。
4. ___ 很多形势让我担忧。
5. ___ 我知道我不应该担忧，可是我就是忍不住。
6. ___ 身上有压力的时候，我就忧心忡忡。
7. ___ 我心里总是有担忧的事情。
8. ___ 我觉得让自己放下那些担忧的念头很容易（**反向**）。
9. ___ 一做完某件事，我就开始担忧需要做的其他事情。
10. ___ 我从来不担忧任何事情（**反向**）。

11. ___ 对于一件事情，如果我无力改变什么，我就听之任之了（反向）。

12. ___ 我从小到大一直爱担忧。

13. ___ 我发现我爱操心。

14. ___ 我一担忧起来，就停不下来。

15. ___ 我成天忧心忡忡。

16. ___ 项目完成之前，我一直放心不下。

资料来源：T. J. Meyer，M. L. Miller，R. L. Metzger and T. D. Borkovec，"Development and validation of the Penn State Worry Questionnaire"，Behavior Research and Therapy，28（1990）.

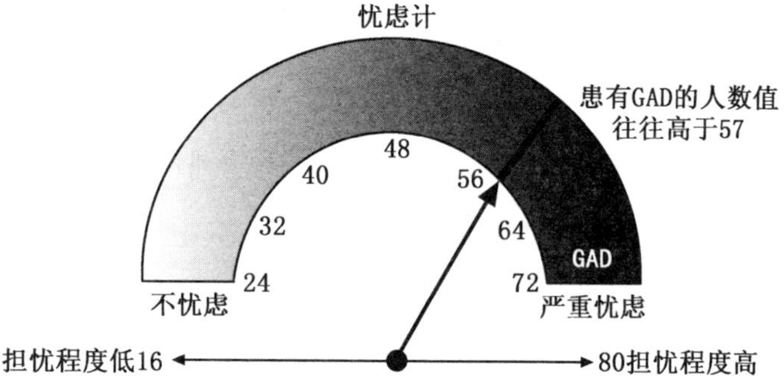

图 3.3 测量你的忧虑程度

恐惧和担忧——进化视角

恐惧和担忧可以帮助我们应对危险——恐惧帮助我们应对真实的、马上就要出现的危险，担忧让我们应对预料的或未来的危险。身体上的危险出现时，恐惧的短暂爆发和伴随而来的焦虑就会出现，通过三种主要机制帮助我们应对这一危险。这三种机制是战斗、逃跑和静止不动。这三种反应属于“硬连接”(hard-wired)反应，与我们进化早期形成的大脑构造密切相关（与爬行动物类似的那部分大脑或边缘系统）。当我们认为某个事件会威胁我们生命的时候，身体系统就会以不可思议的、往往我们察觉不到的速度做出反应。经过数百万年的进化，我们身体的各部分已经实现了“硬连接”，它们会迅速做出反应，应对这一威胁，保护最要紧的部分——我们自己和整个群体。在这种面临威胁的紧张时刻，我们大脑中较为的原始的那部分就会接替大脑其他部分的职责，立刻做出反应，下意识地保护我们。这时候，我们的行为反应在很大程度上取决于眼前的事件与大脑中的化学过程之间的互动情况。简单地说，面对危险形势时，肾上腺（就在肾脏上面）会在大脑相关部分的指令下迅速释放大量化学物质。这些化学物质叫做肾上腺素和去甲肾上腺素。这两种物质共同作用，让人体做好“拼命跑开”(逃)或“准备出手”(战)的准备。静止不动作为一种反应不大容易理解，但是它和战与逃这两种反应具有很多相似之处。这种反应也是在某些化学物质的影响下做出的，这些化学物质会影响我们的记忆力，以及我们对时间、地点和真实场景的认知。静止不动可能和某种解离有关。解离是人对难以承受的焦虑的一种反应，在解离条件下人会感觉“精神恍惚”或“身在别处”。这种静止不动的反应“让我们置身事外”，很像是眼前的现实让大脑难以接受，于是中断了它与肢体的联系。我们无法预测在某个形势下，人们会选择战、逃还是静止不动。这三种反应对于人类适应环境或进化都很重要，都可以救命。

例如，假如在北美很不幸地遭遇一只棕熊——一种中等大小的杂食动物。如果你用尽了能用的所有办法还是无济于事的话，我们的建议是和它拼命。对准它的鼻子给上一棍子就可以解决问题。但是，如果面对的是一只体型大很多的北美灰熊，那么最好的活命之道不是静止不动，而是倒地装死。这个办法不能保证你肯定能活下来，但是采取其他方式，如战斗、逃跑，几乎没有任何幸存的希望。实际上，确实有幸存者讲述当初他们运用这种方法逃过一劫，活了下来。如果你读本书时恰好是在北美远足，你需要知道的另外一件事是，这两种熊跑起来都相当快——所以不要逃跑。我们也不建议将这本书扔向它们，虽然部分原因是熊不识字，但另一部分原因是熊不会担忧，这种行为只能让它们更为愤怒！

我们为什么要预知危险，为什么要担忧？

如果恐惧是针对马上出现的危险而采取的应对行为，那么担忧就是应对在未来某个时间点上可能出现的危险的一种方式。换句话说，担忧就是提前做规划，好让自己不会遇上熊，或者，即使遇上，它也不会攻击你，或者，即使它攻击你，你也知道怎样逃生，即使以上这些都做不到，你也好知道依据那熊是棕熊还是灰熊，采取什么办法！

一些人类学家认为，语言的出现以及在复杂的社交群体中生活，是影响现代人脑（尤其是额叶）形成的两个主要因素。维护我们的社交群体和我们在这一群体中的地位由此成为我们生存的关键因素。同时，人类在进化自己解决问题的技巧，开发、培养思考和提前规划的能力。随着提前规划变得越来越重要，人们也学会了忍受不确定性。过去，至少有一些人考虑问题是比较长远的：**今年收成不好，如果粮食不够过冬怎么办？是不是可以拿牛和邻居换一些粮食？**在这种情况下，担忧是有用的，因为它让我们的祖先未雨绸缪，预先筹划下一步怎么办以及存在哪些结果和可能性。因此，我们在担忧的时候，大脑额叶会考虑各种可能性，寻找管理和预防现实的或可能发生的各种威胁的解决方案。所以说，考虑到我们在很大程度上属于社交型动物，在普通大众中，大约1/3的忧虑专注于人与人关系的破裂。并且，通过改进解决问题的技巧，我们竭力确保我们归属的社交群体，比如家庭、朋友或社交圈子，能够经受各种考验，一直存在下去。忧虑至少在现代人出现之后，就开始存在了。早在公元一世纪，忧虑似乎就开始对人们有了戏剧性的影响。罗马诗人奥维德（Ovid，公元前43年—公元17年）就告诉我们，"快乐属于打破禁锢头脑的锁链，永远不再忧虑的人"。

有关大脑的研究显示，人们在担忧的时候，大脑各部分血液流速会发生变化。一个美国研究团队发现，人们在正常的担忧时，额眶区（fronto-orbital）的血液流速加快，这说明与语言、综合信息、寻找解决方案密切相关的大脑活动有所增加。与较为原始的恐惧应对反应密切相关的边缘系统（limbic system）的活跃程度有所降低。由此看来，恐惧和忧虑虽然密切相关，但是两者功能不同，而且两者形成于人类进化的不同时期。恐惧应对系统很早就形成了。很多动物，甚至大脑重量很少的相当原始的动物也有恐惧应对系统。相对来说，忧虑系统的出现要晚很多，这需要具备随着语言、问题解决和规划能力的发展而形成的巨大的前脑。这一基础恐怕只有高级哺乳动物或最高级的灵长类动物才具备。即使同样拥有前脑，人类在这方面的进化程度也远远超过了上述动物。当忧虑系统很活跃，恐惧系统不活跃时，大脑就不会下达逃跑、战斗或静止不动的应对指令，而是会进入**"如果……怎么办?""那么，我怎么办?"**的模式。我们都需要这种能力，问题是我们需要具备多少这样的能力?

因此，担忧是人性的表现。但是过度担忧就是让自己成为超人——也就是说，要求自己能够预知、防范、处理、改进任何问题，任何事情在任何时间、任何地方出了问题之后都能迅速修补如初。什么样的超级英雄才能做到这一点？那需要具备什么样的超凡能力？你具备这种能力吗？

担忧的人有多少？

如果只有人类会忧虑，那么我们中间有多少人在过度忧虑，或者说能够诊断出忧虑问题？2000 年 3—9 月，进行英国心理疾病调查（National Psychiatric Morbidity Survey）的一些专业心理学家调查了生活在英国的 8000 个成年人。该调查的目的是为了了解英国人心理问题的普遍程度。该调查发现，每 1000 个成年人中有 44 人达到了 GAD 的诊断标准。在普遍程度上，GAD 仅次于焦虑和抑郁的综合症。实际上，GAD 比抑郁更为普遍。另外，很多国家的调查发现，一年里大约有 2%—4% 的人口具备足够诊断出 GAD 的症状，大约有 4%—7% 的人口在一生中的某个时候会患上 GAD。2%—4% 的比例看上去不算大，但是将这一数字用于 6000 万的英国人口，那么就有 120 万—240 万人可以被诊断出 GAD，也就是说，120 万—240 万人深受过度忧虑困扰。如果算上那些经常忧心忡忡但没有足够多症状被诊断成 GAD 的人，数字还会更大。保守地说，这相当于每 25 人里有一个 GAD 患者。下一次，坐在咖啡馆里，注意观察周围熙熙攘攘的世界，想一想这个统计出来的比例。你就会发现，过度忧虑的不止你一个人！

GAD 一般从什么时候开始？

忧虑可能出现在任何时候，这也适用于 GAD。如果生活压力很大，或者生活发生了重大变化，或者你的责任突然加大，我们就很容易忧虑。想想下面的例子。

阿比怀孕5个月了。在怀孕之前，她没有什么可担忧的。可是，怀孕之后，对腹中胎儿未来众多的不确定让她对丈夫和孩子忧心忡忡。她担心丈夫出车祸，撇下她和孩子。她开始频繁地给出门上班的丈夫打电话。尽量让丈夫少开车外出采购、接送孩子，确保他平安地抵达公司。她这么做是为了尽可能地控制不确定性，好随时知道他在哪里。一看到他吃不健康的食品，她就恼火，因为她认为，这会影响健康，导致猝死。她感觉自己紧张烦躁，坐卧不宁。为了消除生活中的各种不确定因素，她开始从网上查阅各种有关怀孕的资料。她查阅了大量资料，其中有些资料相互矛盾，这更增加了她的不确定感，让她更加忧虑。她担心早产，担心孩子发育不正常。她担心孩子是否聪明，担心自己无法给进入中学后的孩子辅导家庭作业。她不是担心孩子在学校犯了错被勒令退学，就是担心孩子在大学毕业里表现优异，长期不回家看她。这些担忧引发了更多的“如果……怎么办”，进而引发了其他更多的担忧。

研究表明，临床上显著的忧虑，大约有2/3都出现在一生中比较早的阶段，即11岁到二十几岁。人生的这个阶段很重要，它会为我们的未来发展打下基础。我们正值青少年时期，整个世界向我们敞开了大门。我们珍惜朋友，憧憬浪漫恋情。社会要求我们独立，为自己的行为承担更多责任。我们接着开始思考要做什么样的人，我们想要什么，怎样达到自己的目标。在从青春期向成年时期的初步过渡阶段，社会越来越要求我们独立完成这些事情。这是一个充满不确定性的时期。我们竭力在一个越来越复杂的世界里找到自己的一个落足点。对形势的毫无把控之感会让这一过渡难上加难。在这一人生的早期阶段，很多细微的影响叠加在一起，无需某件重大的人生事件或情感创伤，就会引起我们的忧虑。一些人们都要经历的很正常的成长障碍会给处于青春期的我们带来不一样的体验，并对我们产生了某些独特的影响。

忧虑的第二次集中出现是在一生中较晚的时期，即中年时期。一般来说，这个时期是我们人生很多方面都很稳定的时候。我们清楚自己能做什么，知道自己在这个世界上的位置。我们一般都有了一个长期从事的职业，有了稳定的家庭。那么，为什么这个时候还要忧虑呢？一个可能的原因是某个巨大的变故，比如丧亲、创伤或灾祸、生活方式的巨大改变，比如离婚或退休。这些因素会挑战现状，给我们带来疑惑和不确定性，点燃忧虑情绪。人到中年，可能出现下面的某件（往往是多件）事情。我们很可能要照料或操心自己年迈的父母。孩子不再生活在我们的眼皮底下，我们无法严加看管，因为他们要学会自立，自己闯荡，也许会栽跟头（而且还不止一次！）。即使年龄再大一些，但他们在二十几岁或三十岁之前可能仍然无法完全独立。同时，我们会发现，虽然自己还不能算是老，但已经不如先前那样年轻。现在，退休已经不再遥不可及，身体的一些经常出现的小毛病提醒我们即将步入老年。我们也许会发现单位的工作压力很大，因为我们的精力已经不同于以前。有时候工作经常让我们沮丧和紧张，因为我们看不到其他选择。我们一方面要为父母和孩子提供财力上的照顾，另一方面还要经营自己的生活，为自己的退休做打算。而同时，我们的伴侣、兄弟姐妹和朋友也同样面临着这些问题！人在中年，我们要为三代人操心，如果爷爷奶奶、姥姥姥爷仍然活着，或者你已经有了自己的孙辈的话，你操心的将不只是三代人！

总之，不管是在迈入成年的过程中，还是之后的中年时期，忧虑情绪**都可能**集中出现。但同时，需要知道的是，只要赶上“正确的”环境，忧虑可能出现在人生的任何一个时间点上。上面阿比的经历就是一个例子。

什么导致了 GAD？

首先，在我们面临现实中结局很不确定的形势时，担忧是一种正常的、有益的过程。但是，为什么人们动不动就过度忧虑，或者说为什么他们的忧虑计读数总是那么高?

引起 GAD 的确切原因，现在尚不清楚。导致这一问题的因素很多，其中包括生物学因素，如基因，或大脑中某些化学物质的水平。如果从生物学角度来看待 GAD 的话，我们就能够治疗 GAD，方法是通过药物改变大脑中这些化学物质的水平。虽然多角度分析问题总是有好处，但是鉴于本书重在从心理学角度分析问题，因此，我们下面将集中笔墨讨论导致过度忧虑的一些“心理学路径”（psychological pathways）。

根据我们的临床经验，很多原因都可以导致忧虑，但是我们人生早期的体验很重要。其中的原因很复杂。这里没有固定的模式，或恒定数量的影响因素。下面是一些可能会产生重要影响的因素。这些因素的排列顺序是随意的，并可能存在未列入的因素。

1. 从小到大，父母中有一个人喜欢担忧，不知不觉从他们那里“学会”了担忧。
2. 从小生活在一个不稳定或不确定性很强的家庭里，家里的某个人长期患病、失业或面临其他压力，而无力摆脱。
3. 某个重要人物告诉你你改变不了生活，你信以为真。
4. 年纪轻轻就承担了过多责任，因为该承担责任的那个人无力承担。

5. 大人的过度保护让你从来没有学会应对生活中的不确定性。
6. 生活在一个没有人操心的家里，只有你不得不操心。
7. 遇到问题时，没有人帮助你。
8. 你竭力弄清楚一个你无法弄清楚的事情，但没有人告诉你这一点。
9. 童年或青少年时期经历的某件事给你造成了创伤。
10. 意外事件夺去了一个至爱的人，如父亲或母亲。
11. 试图调和父母亲之间或父母亲与兄弟姐妹之间的冲突。
12. 受欺侮后想办法自己一个人解决。
13. 父母亲或监护人性格反复无常（粗心大意、爱骂人、性格强势、酗酒、暴力）。
14. 因为搬家、疾病、父母亲离婚、家人健康等原因导致“关键时刻”被取消或中断（如转学、“成人礼”）。

上述任何经历都会让人产生不确定感，感觉很可能会发生坏事情。这往往是因为对自己面对或处理日常问题的能力没有信心，而内心感觉自己应该能够做好这些事情——虽然大多数担忧者实际上能够将这些问题解决得很好。

有时候，担忧者因为过去的经历而对未来产生了某种恐惧。前面乔斯的故事就是一个例子（见第 12—13 页）。他之前的婚姻宣告失败，是因为一系列情况导致了婚姻的破裂。他担心类似的事情重演。这种担心让他非常留意新恋情中出现类似造成前一次婚姻失败的事件。用心理学术语说，他这是“过度警觉”（hypervigilant），或者说，他十分警惕之前失败婚姻和新恋情之间的任何类似事件。这会促使他想象可能发生于当前恋情中的相同事情，让他觉得新恋人和前妻没什么两样，而忽视了所有指向相反判断的信息。

练习 3.1　探究早期的影响因素

本练习的目的是帮助你思考你过去的经历对你的忧虑倾向产生了什么样的影响。同样，将你的回答记在笔记本上。

1. 如果你小时候或年轻时的生活中曾经存在不确定性，你当时是怎样面对这些不确定性的？你在管理这些不确定性过程中说了一些什么或做了一些什么？

2. 当时你害怕什么？当时给予你的保护是太多了，还是太少了？

3. 除了你，家里还有谁担忧？你的担忧是跟谁学的？

4. 关于担忧，你们家人经常说的话是什么？

5. 你被告知的该担忧的事情和不该担忧的事情各是什么？

6. 小时候或年轻时，你承担了哪些责任？你是否觉得自己的责任过重，但是勉强能坚持？

7. 关于你应对人生问题的能力方面，你从别人那里获得了什么信息？这个人是谁？

8. 你受赞扬是因为什么？受批评是因为什么？

9. 在你忧虑的时候，其他人是什么表现？你在忧虑的时候，你是怎样应对的？

10. 忧虑的时候你会想起过去的哪些事情？

11. 如果每次担忧时你都会深陷其中，那么，你第一次有这种感觉是在什么时候？

12. 你什么时候意识到自己爱担忧？当时是怎么回事？

CBT 怎样看待过去

导致人们忧虑的方式可能有很多，没有哪些情况肯定会导致忧虑。但是，在 CBT 实践中，我们经常想弄清楚，早期和后来成长过程中的经历对我们忧虑思维的形成有什么影响。比如，如果从小生活在不稳定的家庭里，我们可能就会这样想，**如果事先想到什么地方可能会出错，我就能提前预防**，或者**事前准确知道问题在哪里，就不会出现纰漏；如果事先把那些小隐患都处理了，什么问题都不会出现**；或者，**忧虑可以帮助我应对未来不确定的事情**。这些想法会指导我们，影响我们的行为方式。我们在第 7 章再深入讨论这一点。虽然了解这种思维方式来自哪里是一件有趣的事情，但是在 CBT 实践中，我们更感兴趣的是，这种思维方式是怎样让忧虑无休止地延续下去的。我们最关心的事情是，应该怎样解决问题。

正常的忧虑程度是什么样的？

这个问题很难回答——这就像问**人的正常体重**或**正常身高是多少**。同样，“正常的忧虑程度”因人而异。这并不意味着，连续好几个小时无法控制的忧虑对于任何人来说都是正常的，也不意味着天生具有忧虑倾向的人无法将忧虑阀门“调低”到日常水平。但是，一些研究为我们提供了一个有关正常忧虑范围的观点。20 世纪 90 年代初，伦敦精神病学研究所（Institute of Psychiatry）的弗兰克·塔利斯（Frank Tallis）和同事对 128 个学生进行了一项问卷调查。结果发现，几乎所有学生都说他们会感到担忧。大约 40% 的学生至少每天担忧一次，20% 的学生每 2—3 天担忧一次，大约 15% 的学生每月担忧一次。在每次担忧持续的时间方面，他们发现，大约25%的人说他们的担忧转瞬即逝，大约40%的人说他们忧虑的持续时间为10—60分钟，20%的人说他们的忧虑持续时间要超过1小时。忧虑情况最严重的学生后来可能诊断出了GAD。在这个数量的被调查者中（128人），可能有5个或5个以上的人患有GAD，10个或10个以上的人还会有一些其他的问题。这些学生说他们的忧虑更多发生于深夜或凌晨。当然，患有GAD的人担忧情况一般要比没有患这一病症的人严重。一项研究发现，GAD患者每天大约60%的时间都在忧虑中度过。有的GAD患者说他们每天早上醒来时忧虑，有的GAD患者说他们即使在睡着时也在忧虑，担忧的主题出现在睡梦中。另一方面，也有人说他们的忧虑就像是被放在后灶上文火慢炖的菜肴，一旦有什么情况发生，立刻猛火烧煮起来。

看待忧虑正常水平的另一个方法是，参考“宾州忧虑调查问卷”的平均忧虑数值是多少。你可能以为这个平均数值很低，大约在20—25之间。但是，这与真实数字相差甚远。这一调查问卷的平均数值大约是40（包括成年人、老年人、学生和其他群体）。这也提醒我们，忧虑是正常的，每个人都忧虑。

经常担忧的人似乎有一个“**忧虑盒子**”。不论问题多大或多小，这个盒子总是满满的。忧虑好像会自己膨胀，占满整个盒子，而不管这一忧虑最初有多小。实际上，如果没有事情可担忧的话，这种担心也会占满盒子……我是不是漏掉了什么……？《奇先生》（*Mr. Men*）、《妙小姐》（*Little Miss*）系列童书作者，即已故的罗杰·哈格里夫斯（Roger Hargreaves）用漂亮的图片描述了奇先生的性格特点（我们用这一人物来培训治疗师）。奇先生遇到一位本领高强的魔术师。魔术师让他说出他担心的所有事情。魔术师让这些事情都不会发生。奇先生快乐了一个星期。他不再愁眉苦脸，脸上有了笑容，睡眠也很好。

可是，一个星期之后，他去找那位魔术师，因为他又开始担忧了，这回让他担忧的是他现在不担忧了。

人们在担忧些什么？

患有 GAD 的人和没有患 GAD 的人担忧的事情是一样的，只是程度不同。因为我们在担忧的时候，数百件忧心的事情在大脑里闪过，同时因为我们很少停下来冷静观察或者走出这条忧虑之河，所以我们总是觉得我们的担忧没有什么固定模式或章法可循。但是，对担忧的人和很少担忧的人的研究发现，人们忧虑的事情主要集中于几个具体的主题上。这些主题包括社交、财务、工作、疾病、死亡，有人甚至为自己的担忧而担忧。这最后一个主题和你想象的一样，即，因为忧虑过重，担忧者会担忧这种担忧的结果。担忧者一般会觉得，这种忧虑会让自己疯掉，或者觉得不担忧是一个不好的兆头。

人们的所有忧虑有 1/3 集中在家庭关系和人际关系上。这种担忧往往专注于家人圈子、友谊和其他重要关系。这种担忧围绕的中心是真实或想象的事件，比如疾病、死亡或生活中的其他事件，如孩子离家生活、朋友搬家到另一个城市，以及任何可能打乱社交关系的事情。财务上的担忧往往围绕如果无法支付账单怎么办，如果资金紧张怎么办，如果利率提高导致月供款增加怎么办，等等。财务问题的影响往往集中在人际层面，因为担忧者担心朋友和其他人对自己的评价。他们可能担心怎样开口告诉孩子们家里支付不起学校组织的出行，担心怎样面对学校和其他家长。他们的忧虑还“投射”到未来，他们仿佛看到自己目前住的房子没有了，需要搬到更小的房子里去住，甚至露宿街头。关于疾病、死亡方面的忧虑，担忧者想的往往是无法忍受病痛，特别是威胁生命的疾病带来的疼痛和不适，甚至还会想到，如果自己不治而亡，好友或亲人会多么难过，以及谁来照顾自己的家人。

忧虑的主题一般和我们所处的人生阶段密切相关。例如，儿童的忧虑一般与丧失养育者、与权威人物的关系出现问题、受伤或生病等儿童期恐惧有关。十几岁时，我们担忧最多的是学业、身边的伙伴，以及怎样和他们融洽地相处。最近的一些研究表明，随着我们向成年迈近，我们开始思考和担忧浪漫关系、金钱以及未来等成年主题。在青年时期我们担忧教育、工作和寻找伴侣。成年时期我们担忧工作和财务方面的安全性、社会关系、是否组建家庭，以及我们的孩子和父母等主题。进入成年晚期后，我们开始担心自己的健康和离世。有趣的是，一些研究表明，75 岁以上的成年人呈现出忧虑减少的趋势（也许我们应该好好向 75 岁以上的老年人学习对生命的看法）。人生阶段和忧虑主题之间的关系给我们带来的一个问题是，我们往往误以为，特定人生阶段的忧虑是正常的。例如，哪个青少年不忧心和同伴的相处问题？另一个问题是，这些忧虑听起来完全合情合理，很可能成为现实，因为它和我们所处的人生阶段丝丝相扣，让我们很难觉察和质疑。

因此，虽然忧虑感觉就像是方向不定的旋风一样，但是还是有一些模式和节奏可循，因为它围绕很多主题进行，而这些主题正是我们在当时的人生阶段所重视的东西。

忧虑的种类

从广义上说，忧虑至少分为两种。我们所担忧的一些问题已经存在，这种忧虑叫**针对真实事件的忧虑**。另一种忧虑针对的是未来某个时间点**可能**存在的问题（虽然没有证据表明这些问题肯定会如期出现），这种忧虑被称为**针对假设性事件的忧虑**。第二种忧虑很可能根本不会像担忧者想象的那样出现，但它给人的感觉就像是可怕的白日梦。所忧虑的事情发生的“背景”往往是遥远的未来，这种事情一般不大可能发生。

例如，如果我担心手头正在做的一件事情做不好，那么这个问题确实存在，我的担忧属于**针对真实事件的忧虑**。但是，如果我身体没有任何不好的征兆，而我却担心自己患上癌症，那么我忧虑的这个问题目前并不存在，因此这属于**针对假设性事件的忧虑**。我们来考虑另一个例子：我的妻子遭遇车祸，我担心她受不了疼痛，这是**针对真实事件的忧虑**。另一方面，如果我的妻子并没有遭遇车祸，而我担心她**可能会**遇上车祸，那么，这属于**针对假设性事件的忧虑**，即第二种忧虑。我们会在后文再讨论这之间的区别。

休整时间

现在停下来，想一想刚才看到的内容。可否总结一下你认可的主要看法？哪些内容让你印象深刻？不妨将这些内容写下来。如果有不明白的地方，也可以写下来。等到有时间深入消化这些内容，再回头来看。

到目前为止，本书的哪些内容让你印象深刻？

1.

2.

3.

第 4 章

什么是 CBT？

CBT 中的“C”指的是“cognitive”（认知）。认知实际上指的是我们思考什么，以及怎样思考。它包括我们的大脑能做的所有事情，比如做计划、解决问题、做决定、下结论。但是，一般情况下，认知行为疗法最关心的是大脑中的各种看法、想法、观点（即认知）——就是一个人所思所想。CBT 中的“B”指的是“behavior”（行为），包括行为、行动、我们做的所有事情和我们避免做的事情。它包括各种细微的行为，如目光关注的地方、站立的姿势，以及较为明显的行为，如我们常会回避某些地方。CBT 的一个核心看法是，我们看待一个事件或形势的视角或看法对我们的情绪和行动影响极大。换句话说，我们对一个事件的看法对于我们理解自己的情绪和行动至关重要。戴夫・韦斯特布鲁克（Dave Westbrook）是一位在牛津大学工作的临床心理学家。他发现了一种可以清晰解释这种原则的方法。下面的这些示意图就是根据他的理念改绘的。我们来考虑这种“常识”模型。在该模型中，事件直接导致情绪。例如，如果某人失业了，你一般会觉得他的（或她的）情绪肯定不好。

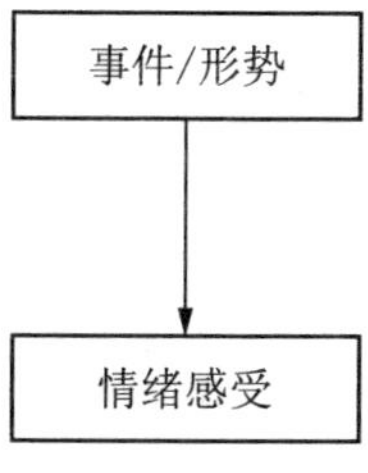

图 4.1 “常识”模型

但是，我们也知道，同样的事件对于不同的人可能会产生不同的情绪。例如，同样是失业，有的人焦虑，有的人生气，但有人会感到解脱（见下文）。我们该怎样解释这一点。这一点对于我们认识有关上述常识模型有什么启示？

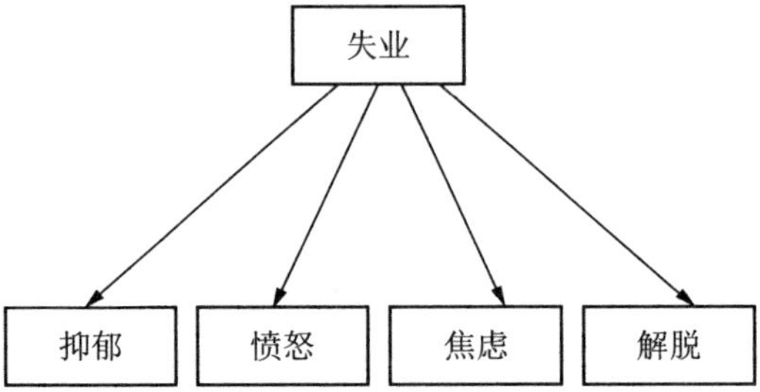

图 4.2　扩展后的“常识”模型

首先，它告诉我们，我们不能自以为知道他人对其经历的某件事的感受。其次，这说明，我们必须深入了解事情发生时，他们是怎么想的。我们可以这样问，**你在有这种感受的时候，你心里是怎么想的**？下面是一个认知模型的示意图。这张图增加了思考或“认知”元素。你能理解这张图吗？这一点很关键。你不妨停下来，深入地想一想：回想一下过去某次感受非常强烈的时候（比如，非常生气、焦虑、内疚或抑郁的时候），你问问自己：**在出现这种感受之前，心里在想什么**？或者，**当时心里的哪些想法让我产生了如此强烈的感受**？

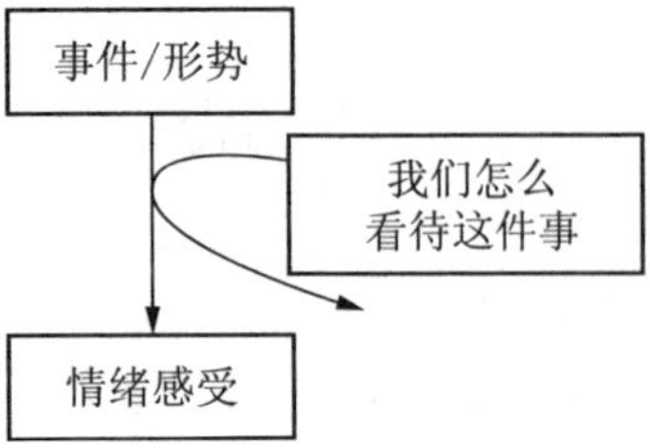

图 4.3　认知模型

现在，我们回到前面说的那件事，看看你能否理解失业者的感受。你会发现，只有通过深入了解他们当时的所思所想，你才能更好地理解他们为什么会产生那样的感受。你是否理解人的想法和感受之间的这种关系?

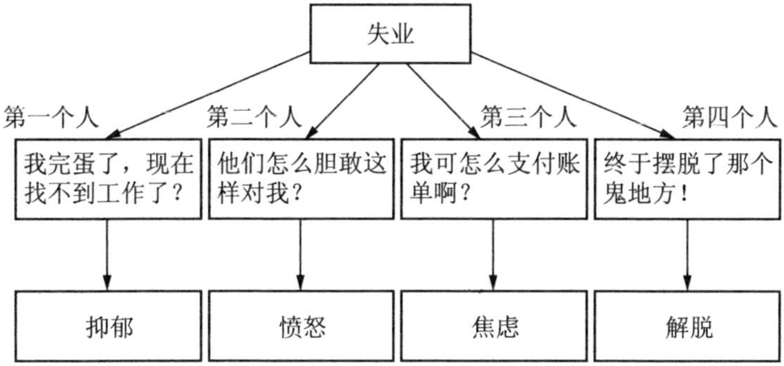

图 4.4　将想法加入“常识”模型

简而言之，CBT 的一个中心理念是，我们看待一个事件或形势的视角或看法对我们的感受和行为影响极大。

深入了解 CBT

现在，我们给上面的“常识”模型增加两个元素，即：肢体感觉、行动或行为。

我们先讲行动。在 CBT 理论看来，想法、感受、行动之间关系密切。例如，看到危险的东西，我们就会害怕，我们的感受就会刺激我们采取行动——行动方式也许是让我们远离危险。再者，有人冒犯我们，我们就会生气，这会促使我们不去理会他们。在 CBT 疗法中，想法、感受、行动之间的相互影响是导致情绪问题一旦开始就停不下来的核心因素。最后，我们的想法、行动和情绪也会影响我们的肢体感觉。所有元素——想法、感受、肢体感觉、行动——相互影响。担忧者可能会肌肉紧张、头痛（肢体感觉），他们会感到易怒（感受），开始担忧健康问题（想法），接下来，他们就会预约家庭医生（行动）。

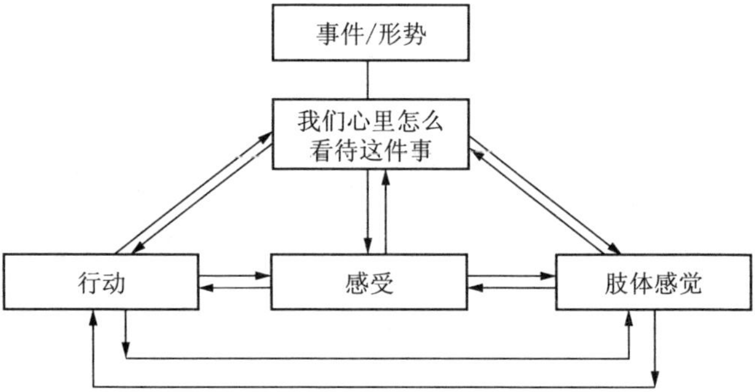

图 4.5　给“常识”模型中增加肢体感觉和行动

运用认知模型

举一个例子来说明以下描述的理念。如果你在街上看到一个朋友，而对方没有理睬你。你心里会怎么想？接下来又会产生什么样的感受，并促使你怎样做？你是否会感到肢体紧张？下面提供了一个如何进行练习的例子。不过，我们先深入思考一下这些问题，看

练习 4.1　开始使用 CBT

事件 / 形势：你在街上看到一位朋友，对方根本没有理睬你。

元素	**问题**	**你的反应**
想法（认知）	你的大脑里想的是什么？	
情绪	你心里的感觉如何？	
行动（行为）	你会怎么做？	
肢体感觉	你注意到肢体有什么感觉？	

看你是否了解你的思维、感受和行为。

怎样理解这张图

图中的箭头是有其用意的。看看你是否知道这些箭头对每个人的含义。有时候，箭头意味着因果关系，有时候意味着**影响**，有时候意味着**促进**，有时候意味着**联系**。重要的是，我们开始有意识地区分想法、情绪、行动、肢体感觉，并且好奇它们是怎样掺杂在一起的，以及它们之间有什么联系。

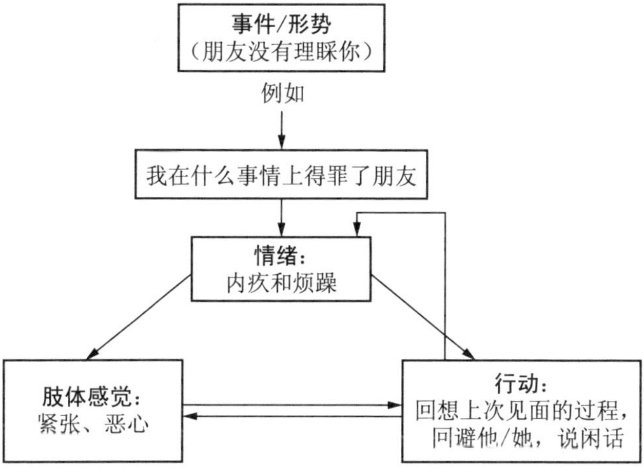

图 4.6　形势可能怎样发展

在上面的例子中，那个人内心感到内疚，肢体紧张，烦躁不安，这些感受和感觉是他的想法造成的。他开始在脑海里“回放”上次见面的过程，回忆自己说了哪些话可能导致对方的这种反应。他考虑的完全是自己说错或做错了什么，而不去考虑其他原因。这就强化了这一认知：自己做错了事情或说错了话得罪了朋友。于是，他不主动上前和朋友打招呼，问问清楚。他的想法说服了他自己以后要回避对方。为了给大家一个先入为主的印象，他把这件事的经过添油加醋地告诉了和他们两个人关系都不错的人。这意味着，他始终认为自己做错了事或说错了话，说那位朋友的闲话让自己越发不去和那位朋友联系一下，问一问对方近况如何。

认知行为治疗师很可能会问“你看到那个朋友的时候，你心里是怎么想的?”接着，就会问“你这样想的时候，你是怎么做的?”这两个问题让你明确说出你当时的想法，从中可以清楚地知道你当时的想法和内心感受之间的关系，以及与后来的行动之间的关系。最后，他们还会让你回想，在你这样想的时候，你的肢体有什么样的感觉。

假如你是这样想的，**我的朋友看上去心不在焉，他／她可能遇上了什么事**。如果是这么想，你心里会有什么感受，这种想法会促使你怎么做？还有，如果你想的是**朋友这么多年，他／她居然不理睬我！**你心里会有什么感受，你接下来会怎么做？还有，情绪和肢体两个方面，你会有什么样的感受?

你会发现，改变思维方式对心理感受和行动方式影响很大。因此，简而言之，我们对一件事情的看法对于我们理解自己为何会产生特定的内心感受和外部行动至关重要。

从 CBT 的角度来认识忧虑

前文提到，在 CBT 中，我们感兴趣的是思维方式，以及它对人们的感受、行动、肢体感觉的影响。在上面的几个例子中，某个形势触发了导致强烈情绪的念头或想法。这完全适用于忧虑，虽然其中存在一些很小的差异。下面，我们将介绍深入认识忧虑的初始步骤。在这方面花一些时间，做一番梳理，是值得的。我们来看一个例子。

汤姆今天有一个会议要参加。他正在家里看电视新闻，并从新闻里隐约预感到离家300英里（约482.8千米）的地方会发生交通中断。他不由得想到，**如果我乘坐的火车晚点，我上班迟到怎么办？**这一想法似乎打开了忧虑和不确定性的大门，他开始忧虑起来。他反复考虑上班迟到的影响，迟到对职位、人际关系、以后生活的影响。他的担忧迅速发展成为恐怖的白日梦。他感到自己的担忧都是真实的。这些担忧蜂拥而至，引发了更多的疑虑和不确定性。他更加忧虑了。他感觉自己的忧虑根本无法停下来。忧虑情绪让他难以自控，他几乎意识不到自己身在何处。他开始**感到**焦虑、紧张、坐立不宁，不安地左顾右盼。他对女朋友大发脾气，因为"半天没准备好"，他必须提前出门，好准时赶到公司。他到达火车站的时候，火车没有晚点，这让他舒了一口气。不过，女朋友因为他向她发脾气，所以不再和他说话。于是，他又开始担忧和女朋友的关系……**如果她要和我分手怎么办？**……

最近，他的担忧更为强烈，开始产生某种破坏力。忧虑的消极作用开始对他的情绪产生严重影响，他的忧虑开始让他疲惫无力。这种旋风般的忧虑耗费心神，他最后感到身心疲惫，情绪极为低落。

用下面的这张图（图4.7）来梳理上述例子中汤姆的表现：需要注意的是，这张图应该从下往上看。我们只添加了关键的箭头，后文将添加更多箭头。例如，忧虑导致担忧者肌肉紧张，促使他踱来踱去，不停地看时间，继而加剧了他的焦虑。从现在开始，这张图在谈论焦虑的时候，还囊括了行动和肢体反应。这一系列表现都是一连串旋风式想法（即，忧虑）的产物。忧虑本身也是被某个想法触发的。

这里需要澄清几点。触发忧虑的可能是可以看到或观察到的外部事件，如（数百英里外）坏天气的征兆，也可能是“内部”事件，如肢体感觉——例如心悸——或者是心理事件——如某个想法或念头跳入脑海中。这些形势往往触发“如果……怎么办”问题，或者类似问题（**假如……万一……**等等）。担忧有一个特点，它往往被某一种问题触发。尤其是我们一般称之为“**如果……怎么办**”问题。“**如果……怎么办**”问题可以看作是担忧者从其面对的某个形势中“发现”有关某种不确定性的信号或征兆。在汤姆的事例中，不确定性围绕火车晚点展开，其引发不确定性的事情只是这个国家300英里外另一个地区的交通问题！每个“**如果……怎么办**”问题都会导致一连串的担忧或另外一些“**如果……怎么办**”问题。我们可以看到，忧虑是一连串沿螺旋方向发展最终失控的想法或念头。一个忧虑紧跟着另一个忧虑接踵而至。除了“**如果……怎么办**”问题之外，还有很多可以触发忧虑的想法，其中包括“**如果……就太可怕了**”或者“**假如这件事发生的话……我就束手无策了**”，甚至，“**即使我能应对，那也……**”或者，“**万一事情变成这个样子**”或者，“**如果这件事真的发生的话，那么……**”上述每句话都能打开疑虑和不确定性的大门，导致忧虑的螺旋性发展。所有担忧结合在一起就催生了焦虑。现在，我们对担忧的初步理解是，它包括焦虑的肢体体验、忧虑催生的情绪和行动。

“**如果……怎么办**”问题打开了不确定性的大门，引发了担忧，加剧了不确定感。忧虑由一连串念头或想法和印象组成。这些念头或想法和印象出现的绝对数量和速度，再加上忧虑的主题可以转移和改变这一事实，导致想要理性分析每一个忧虑是不可能的。所以，要想克服忧虑，我们不能将精力放在分析和克服每个忧虑上，而是要分析和去除那些为忧虑提供条件的因素。我们必须学会怎样发现不同的忧虑，因为不同的忧虑都需要不同的方案来解决。我们必须将忧虑流看作是大脑采取的行动。焦虑是忧虑流短期的或很快就会出现的“情绪结果”。前面说过，焦虑既包括忧虑的肢体体验，如肌肉紧张和肠胃不适，也包括心理体验，如难以集中注意力、易怒。焦虑还包括我们最终做的事情，对于汤姆来说，他最终做的事情就是不停地看表，对女朋友喊叫。焦虑和其他肢体症状是忧虑的产物，因此与其全身心地专注于担忧的结果，不如专注于导致忧虑螺旋式发展和增加的东西。低落情绪、心情沮丧、极度疲惫是忧虑的长期结果。而且，不幸的是，如果你忧心忡忡，那么这种情况下，轻度抑郁可能是长期忧虑的副产品。另外，解决这些症状的办法是解决引起忧虑的根源，而不是直接去消除这些症状（见图 4.7）。

汤姆的经历有点像在克雷斯塔滑道（瑞士境内1200码长的长雪橇滑道）上滑行。一旦“**如果……怎么办**”触发了他的忧虑，它就让他一路滑下，左转右转，下滑的过程中速度和忧虑程度迅速增加，最后从滑道的另一端被甩出来。随着担忧程度的增加，忧虑的环节和链条越来越复杂和牵强，进而给担忧者带来更多的不确定感和困惑。但是，即使是在这些时刻，也可能找到重新看待问题、接受不确定性、不再忧虑的新办法——最终摆脱忧虑负担。

现在，我们来看下面的这张忧虑图。记住，现在这张图中的“焦虑”包括心理感受、行动、肢体感觉。想一想上次担忧的时候，能不能用这张图来梳理你上次的忧虑?

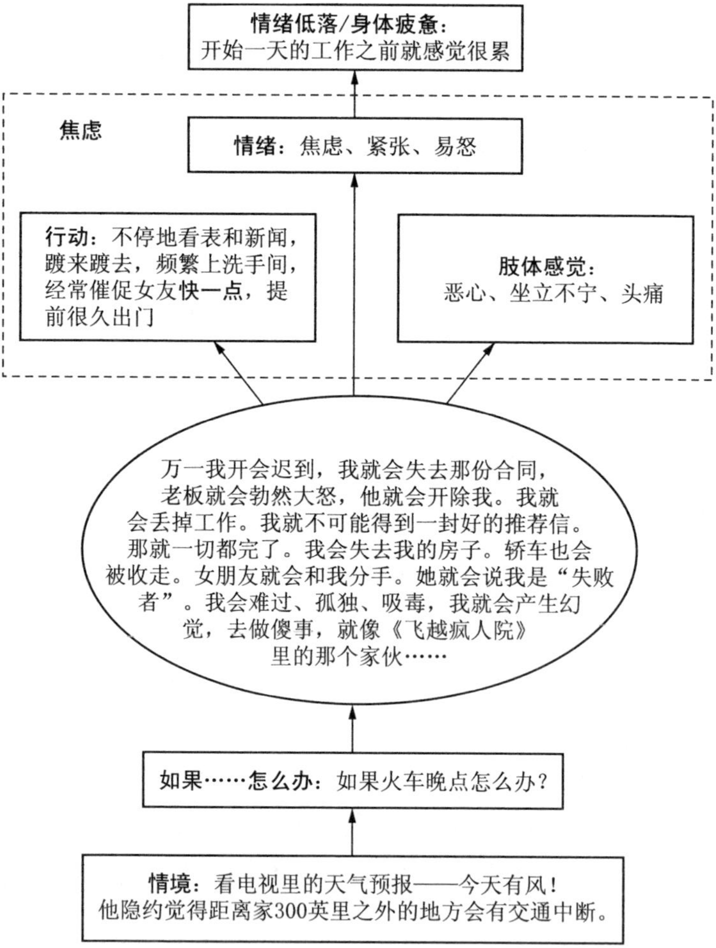

图 4.7 忧虑形成图：汤姆的例子（从下向上看）

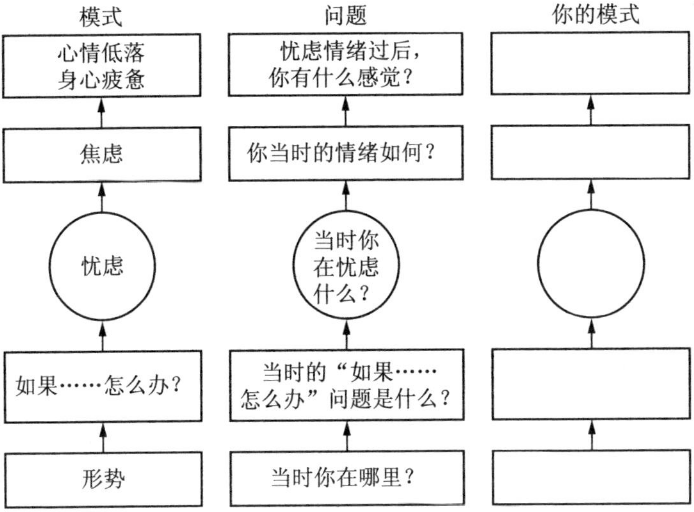

图 4.8　你的忧虑图

回想你上次忧虑的时候。能否在右边的空格里填上内容？

练习的重要性

CBT 的目标是让你用新的思维方式来看待忧虑，并帮助你从饱受忧虑折磨的恶性循环中走出来。CBT 可以帮助你深入了解在触发你忧虑的形势中你具体的思维、感觉和行动方式。在这本书的帮助下，你将深入察觉那些让问题停不下来的各种想法或念头、情绪（feelings）和行动。我们将鼓励你培养技巧来改善自己情绪，让忧虑不再复发。这些技巧也可以用来解决将来你可能遇到的其他困难。

掌握 CBT 技巧开始有点困难，但是大多数人在练习之后都可以掌握。**练习本书中的技巧对于改善情绪至关重要**。如果你报名参加了一个西班牙语课程班，每周去上课，但是从不张口说这种语言，或者课下从不练习，会有什么进步？如果你每周练习一个小时，或

练习 4.2　帮助你绘制忧虑图的问题

形势	如果……怎么办	你当时在担忧什么？	担忧的产物是什么？	停止忧虑之后的感觉如何？
日期和时间 你当时在哪里？ 你当时在做什么？ 你当时和谁在一起？	在开始担忧之前，你的大脑里在想什么？ 你能否“发现”你在忧虑爆发过程中的其他“如果……怎么办”问题或类似问题吗？	简要说明你当时担忧的是什么。 能否发现在这一短暂的忧虑爆发期间的其他“如果……怎么办”问题？ 这些问题让担忧发展到什么程度？	你经历了什么样的肢体感觉？ 担忧时你的内心感受如何？ 这种感受强烈程度如何？ （0 表示一点也不强烈，100 表示非常强烈） 在忧虑驱使下，你做了什么？	这种感觉的强烈程度如何？ （0 表示一点也不强烈，100 表示非常强烈） 是否注意到其他的肢体感觉？

者每天练习一小时，结果就会迥然不同。这同样也适用于 CBT。不反复练习，你就注意或感觉不到任何进步。练习新东西在开始的时候会感到不自然，需要强迫自己有意识地去做，就像是去穿别人的鞋一样。如果你在很小的时候就开始经常担忧，对自己的“忧虑鞋子”很熟悉，情况更是如此。即使新“鞋子”让你感觉一点也不舒服，也要勤加练习。当我们彻底消化吸收了这些新理念，它们就会变成我们自己的东西，为我们注入信心。

练习，练习，再练习！

本书在为你布置任务时，会尽量提供充分的解释。在开始做任务之前，深入理解为什么做这些任务非常重要。我们的目标是让你学会远离忧虑的所有办法。

最后，我们用 CBT 治疗 GAD 的方法不同于治疗其他焦虑问题

认知疗法自助书籍一般都要求读者认真分析支持某个想法或念头的证据。这样做的原因有很多。例如，这可以扩大我们的视野，让我们思考先前没有想到的事情。这可以改变我们的视角，培养新的思维方式，或者帮助我们专注于造成我们忧虑的深层次原因，进而思考忧虑的核心。另一个大目标是帮助我们认识到我们的恐惧成为现实的概率是很低的，即使它们成为现实，我们也很有可能能够应对相应的后果。对于很多受忧虑困扰的人来说，这个办法很有帮助。例如，一个人总是担心在当地酒馆里碰见公司里一个爱欺负人的家伙。如果这种恐惧成为现实的话，他觉得自己就会“魂飞魄散”，无法应付。另外，他觉得这件事情很可能发生，虽然那个爱欺负人的家伙住的地方在好

几英里之外。可以理解，有了这种想法之后，他感到很焦虑，开始回避之前经常去的那家小酒馆。运用认知疗法，我们首先帮助他认识到那个人进入这家小酒馆的可能性有多大。其次，我们一起讨论：如果那个人去小酒馆的话，他会怎样做。他很快意识到，他经常和朋友们一起去小酒馆，所以应该很有信心。而且，他还意识到，即使那个家伙出现的话，他也能够应对。到这里，他的焦虑缓解了很多。为了彻底帮助他走出阴影，我们指导他对这个问题穷追不舍：**这件事发生的可能性有多大？如果真的发生的话，情况会像你想的那么糟糕吗？**最后，他终于意识到，他的恐惧变为现实的可能性很低，即使这件事成了现实，也不会发生最糟糕的情况，这使他克服了这方面的恐惧心理，开始重返那家小酒馆。

现在，我们面临的与"旋风式忧虑"有关的问题是，分析支持或反对这种"想法流"的依据的办法可能无益于缓解忧虑。这里的原因有好几个。第一，我们经常用"**如果……怎么办**"来表达忧虑，所以我们无法通过推理来回答问题，而必须用一句清晰确切的话来回答问题。第二，忧虑是一连串经常转换和改变的念头或想法，因此，你刚打消了一个想法或念头，另一个马上接踵而至。第三，为忧虑所困的人一般对不确定性很敏感。因此，担忧者只有获得绝对的确定性才会感觉好一些，但这是不可能的。想一想前文提到的那个人：他了解到那个以欺负人为乐的人在那家小酒馆出现的概率很低，并且意识到自己能够应对之后，他就有了自信，忧虑也缓解了很多。但是，如果他是一个喜欢担忧的人，那么仅有这种依据的权衡是不够的，因为**疑虑碎片**就可以触发忧虑——**要是他也来这家小酒馆怎么办？**——导致其他忧虑——**如果他和我说话，怎么办？如果我不知道怎么回答怎么办？如果我的朋友站在他那一边怎么办？如果我逐渐了解他之后，喜欢上他怎么办**，等等。就担忧来说，一个忧虑的想法或念头会催生出无数个忧虑的想法或念头。要想帮助担忧者，我们无法帮助他们权衡每一个忧虑是否合理，因此，我们不应该埋头于消除数不清的忧虑，而是应该专注于其他事情，比如，让他们能够更好地应对不确定性，从而消除促使他们忧虑的东西。

休整时间

现在停下来，想一想刚才看到的内容。可否总结一下你认可的主要看法？哪些内容让你印象深刻？不妨将这些内容写下来。如果有不明白的地方，也可以写下来。等到有时间深入消化这些内容，再回头来看。

到目前为止，本书的哪些内容让你印象深刻？

1.

2.

3.

第 5 章
深入察觉你的忧虑

上一章简要介绍了触发**“如果……怎么办”**问题（以及相关问题），进而导致忧虑的那些形势和事件。我们知道，忧虑是一连串的可能转换和改变的想法或念头。接下来，这种旋风式忧虑就会发展成为焦虑。焦虑包括肢体和情绪两方面的感觉，例如，胃部恶心、肌肉紧张、无法放松、易怒、感觉厄运要降临。另外，时间一长，我们往往感到异常疲惫，因为担忧是一件极耗费心神的事情。忧虑经常让我们情绪低落，因为我们无力解决那些触发我们忧虑的问题，或者因为我们被忧虑“折磨”了太久。下面是一个简单的概括。

触发因素→如果……怎么办？→担忧→焦虑→心情低落、身心疲惫

本章将帮助你深入觉察你的忧虑，并认出困扰你的各种不同的忧虑。正如那个有关交通的比喻所示，竭力了解和改善交通问题的第一件事是定义这个问题，想出度量这一问题的方法，以便我们追踪问题严重程度的变化。我们必须针对不同的车辆设计不同的解决方案（例如，让大巴车走大巴专用道，自行车走自行车道）。我们很容易就能说出大巴车与自行车之间的不同，我们必须帮助你，让你也能娴熟地识别困扰你的不同忧虑。

让你关注自己的忧虑——这听上去可能有点奇怪，因为这可能是你最不愿意去想的事情。同时，你可能还觉得忧虑已经消耗了自己太多的时间，将注意力转移到忧虑上来好像是在做一件错事。我们在前文说过，要想克服忧虑，你应该注意那些让忧虑无法停下来的事情，而不是具体的忧虑，因此你觉得关注具体的忧虑是不合理的，这也能够理解。我们也发现我们前后说的话有点矛盾，但是，我们希望，你在阅读本章的过程中，你会明白我们的用心。实际上，我们是请你关注你的忧虑，并弄清楚它属于哪一种忧虑。要想很好地做到这一点，就必须关注你的忧虑。这就像从河里走出来，站在岸上观看河里的“忧虑”从身边流过。这很重要，因为这能让你理性地思考，而不是受困于其中。在河岸上，你能够更好地识别从身边经过的忧虑属于哪一种。

针对真实事件的忧虑和针对假设性事件的忧虑

在前一章里，我们提到，有关一些主题的内容往往会触发忧虑，这些主题涉及财务、孩子和家人、朋友、工作等。因此，您的第一个任务是清楚地了解你担忧的是什么。第二，你必须思考，你感受到有关这些主题的忧虑属于哪一种忧虑。记住，在广义上，忧虑分为两种。我们担忧的一些问题是真实的，它确实存在。这种忧虑，我们称之为“**针对真实事件的忧虑**”。另外，还有一些忧虑针对的是**可能存在**的问题，我们称之为“**针对假设性事件的忧虑**”。第二种忧虑可能从来都不会真的发生，只是停留在个人的设想里，但是它会让人产生噩梦般的感觉。它的背景往往是遥远的未来，因此一般来说很可能根本不会发生。例如，我们很多人都梦见过买彩票中大奖，担忧者也会担忧拿到大奖——担忧中大奖后应该买什么东西，怎样处理各种捐助请求，甚至担心钱花光了怎么办！这是典型的“针对假设性事件的忧虑”——他们甚至一张彩票都还没买呢，更不要说中了可能让他们的后半生得以改变的大奖。

这里有两个日常案例：

针对真实事件的忧虑：家里的中央供暖系统发出奇怪的叮叮当当的声音，我担心维修工什么时候才能过来。

针对假设性事件的忧虑：如果中央供暖系统发出奇怪的噪声的话，我就会一氧化碳中毒，然后就会发生爆炸，房子就会被烧毁（虽然中央供暖系统每年都有人检修，而且只使用了两年）。

针对真实事件的忧虑：信用卡账单**已经到了**，我担心的是，是这个月将这些支出全部付清，让自己节衣缩食，还是只支付一些利息，留下足够的钱带母亲去外面吃大餐，庆贺一下她的生日。

针对假设性事件的忧虑：信用卡账单**快到了**，我担心付不了这个月的月供款。如果无法支付信用卡的账单，我就会被起诉到法院；法院就会派人强制执行，他们就会破门而入，将我的东西扔到马路上。大家都会知道我是一个失败者。

区别忧虑有什么好处呢？简单地说，如果是**针对真实事件的忧虑**，你可以通过解决形势中的问题，来有所作为——即使你不知道该从什么地方入手，或者不确信是否能够成功。实际上，担忧者很少对自己的实际能力有信心。**针对假设性事件的忧虑**，顾名思义，针对的事件不是真实的，发生概率很小，而且即使发生，也是在遥远的未来，所以当下**无法解决**引发这些事件的问题。因此，针对这种担忧，我们一般专注于忧虑本身，分析它传递的深层信息。后文会让你深入了解这一点。但是，现在，我们来看印度的 84 岁高僧寂天（Shantideva）(——一位公元8世纪的佛教学者）说过的两句话：

> 如果能够解决问题，那么还有什么必要发愁呢？如果你不能解决，那么发愁有什么用呢？

上述引述形象地说明了认清你的忧虑属于哪一种忧虑的重要性。简单地说，你可以通过解决问题来应对**针对真实事件的忧虑**，而不是一味地忧虑，但是，**针对假设性事件的忧虑**，因为距离现在的时间很远，不大可能发生，所以忧虑没有意义。针对这种忧虑，我们会调查和面对我们认为处于忧虑核心位置的“可怕的真相”。因此，我们必须有所作为，而不仅是担忧。

在下图中，旋风式忧虑由深浅两种颜色组成，代表两种不同的忧虑，即，**针对假设性事件的忧虑**和**针对真实事件的忧虑**。

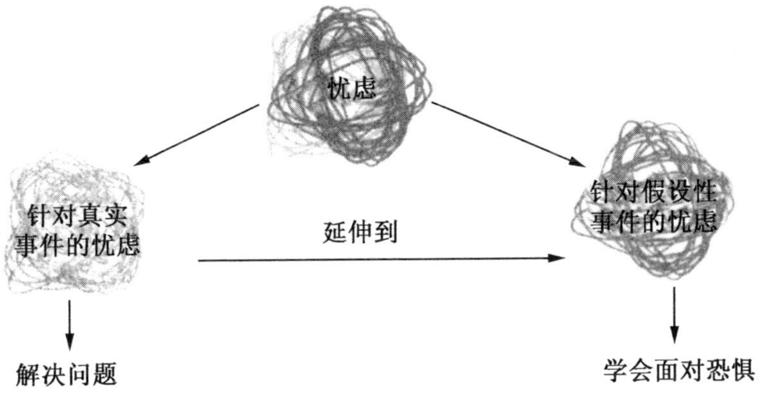

图5.1 将针对真实事件的忧虑与针对假设性事件的忧虑分离开来

布尼尔祈祷文也可以帮助你深入思考这个问题：

请赐予我平静，去接受我无法改变的；请给予我勇气，去改变我能改变的；请赋予我智慧，分辨两者之间的区别。

当然，有时候，做到这一点并不容易，尤其当我们深陷忧虑的时候，我们很难区分这两种忧虑。另外，**针对真实事件的忧虑**和**针对假设性事件的忧虑**往往混合在一起，将二者分开需要一些心思。更为复杂的是，有时候，忧虑既有假设的方面，也有真实的方面，因此，二者之间的区别并不总是一清二楚。我们必须学会忍受这一可能触发我们忧虑的不确定性。但是，区分两种忧虑很重要，因为解决两种忧虑的方法大不相同，就像解决路面的交通问题，不同的车辆需要不同的解决方案。在实践上，这意味着，我们必须能够熟练地识别两种不同的忧虑。在本书的后面章节，大家将会深刻领会这一点（参见第 14—17 章）。

有时候，**针对真实事件的忧虑**是不可能改变的。例如，当一个人深陷贫困或身患绝症，或者工作环境的不确定性很大的时候，解决方案就需要从其他方面下功夫（比如寻求实际的帮助）——在这种情况下，仅靠在克服忧虑上下功夫是不够的。

“延伸”忧虑

在下面的表 5.1 提供的例子中，我们可以看到两种不同的忧虑，以及它们是怎样逐步混合的。忧虑还有一种延伸到未来的倾向，因此**针对真实事件的忧虑**会逐渐融入**针对假设性事件的忧虑**。我们举第一个例子，讲述的是某人与配偶吵架后开始担忧的情况：

虽然大多数时间我们相处得很好，但是刚才我们吵了一架，现在两人谁也不和对方说话。我开始担心这场争吵的结果。如果我们从此互相不说话，而且他/她在外面找别人怎么办？如果他们好上了怎么办？如果我事先一点也不知道，却意外撞见他们怎么办？如果我狂怒之下做出什么蠢事，我们就不得不分手，我就必须从现在住的房子里搬出去。我就会精神崩溃，无法应对将来的生活，我的生活就会一团糟。最后，审判要持续好几个月，我会蹲班房，什么财产也得不到。我的妻子/丈夫会把所有东西统统拿走。我再也找不到对象了。如果法院判定孩子归妻子/丈夫，那么我去看孩子就是违反了法院的判决，那么他/她就可以告我骚扰，让警察逮捕我。不知道事情发展到什么地步才是个头？

在这个例子中，忧虑让担忧者从眼前的问题“穿越”到了一个想象的、噩梦般的未来。在那里他/她感到“未来”很真实，让他/她很痛苦。担忧者担心自己是否能够应对判决结果，并感觉自己正在坠入一个绝望的大坑。忧虑就像一阵旋风似的，经过之后就会让人的情绪一片狼藉。在某种层次上，担忧者**知道**他们的忧虑不是真实的，但是在另一个层次上，他们**感到**自己的担忧非常真实，并催生出只有这些事情真的发生时才会产生的很多情绪。

这一模式是不是很熟悉？注意一下，忧虑怎样像一部**快速电梯**一样，迅速地将一个人带离他实际上可以有所作为的事件或形势——在这个例子中，这个事件和形势就是他/她和伴侣吵架。这一部分担忧其实是可以解决的，比如，可以在平静的时候，两个人坐下来深入交流一番。

表 5.1　关于针对真实事件和针对假设性事件的忧虑的其他例子

可能延伸到→

真实事件忧虑	假设性事件忧虑
我刚和伴侣吵了一架，我们两个人谁也不和谁说话。	事态急剧恶化，我会违反法院判决（见上文），审判会持续好几个月，我将一无所有，法院将把一切财产都判给妻子 / 丈夫。
我必须去赶到机场接男朋友，我担心怎样赶到那儿。	这个过程里可能发生恐怖袭击。
妻子下班回家晚了，我们有一些戏票，等她回家一起去看演出。	妻子可能遭遇车祸。
我忘记了网上银行账户的密码。	有人会“入侵”我的账户，盗走所有的钱。
孩子发烧了。	当地电视台会采访我，问我为什么没有发现孩子患上了严重疾病。
最小的儿子骑车上学不愿意戴头盔。	他会从车子上摔下来，摔伤头部，造成大脑受伤，导致生活不能自理。
邻居很吵。	我没法卖掉目前住的房子，只好一辈子待在这儿。
我的轿车被偷了。	他们要开那辆车去抢银行。我不得不替他们背黑锅、蹲监狱。
房子外面的排水管需要修理了，一到下雨，院子里的积水就有两英寸（约 0.6 米）深。	雨水可能涌进屋子里或造成山体滑坡。
妻子的老板请人吃饭，也请了我们两个，但我不想去。	我的妻子一个人去了。在席间，她和某个人一见钟情，和我分手。
我和邻居吵架后不再来往。	他们会投诉我，我就会吃官司，被迫搬家。
我有一小片感觉瘙痒的皮疹，医生不知道是怎么造成的。	某种可怕的疾病会要了我的命。
孩子不听话，在学校老惹事。	将来，我肯定要去监狱里看他了。我怎么在上班之余抽空去看他?
我无法集中精力工作。	如果不停地忧虑下去，我将会疯掉。
我还有太多的工作没有做。	我会丢掉工作，露宿街头。
3 岁大的孩子看电视的时间太长。	到十几岁的时候，他的体重会达到 280 磅（约 254 斤）。

你怎样看待上面的这张表？你对这种忧虑模式是不是很熟悉？它是不是给了一些克服忧虑的启示？

针对假设性事件的忧虑可以导致**针对真实事件的忧虑**，虽然这之间的途径不是那么直截了当。**针对假设性事件的忧虑**可以导致真实的焦虑性肢体症状，例如，易怒或无法集中注意力问题，而这些症状接下来会成为**针对真实事件的忧虑**的主题。在这些情况下，我们必须弄清楚先出现的是哪一种忧虑，如果根源忧虑是**真实事件**，那么接下来就是解决问题环节。如果根源事件是假设出来的，我们就要去面对处于我们忧虑中心位置中的恐惧。这些将会在本书的第14到第18章进行更细致的讨论。

如何区分过度担忧者与较少担忧者，想要“登上”那部快速电梯的内心倾向可能会给我们提供一些启示。遇到“大事”时，我们大多数人有乘这种快速电梯的经历。但是面对日常事件，担忧较少的人更容易在电梯到达第10层或第15层之前清醒地意识到自己的问题，于是回到第1层——因为他们会及时对自己说“**得了吧，你想这个干什么？**”或者意识到自己在电梯“里”时对自己说“**放慢节奏，我想得太远了**”。之后，他们回到电梯底层。回到底层后或者去解决问题，或者继续先前的生活。过度担忧的人可能等电梯上升到第15层后才意识到这个问题，他们没有意识到电梯在上行，或者没有注意到这一事实：自己被困在电梯里独自担心受怕，而触发他们忧虑的问题或形势仍然在底层没有解决。

我们在延伸忧虑或者乘坐忧虑的“快速电梯”时，我们内心的不确定性迅速增加。这不奇怪。当我们将自己送上“未来”之轨道时，一切都成为假设性的，因为这些事都没有发生。所有潜在的问题、这些问题的解决方案，以及这些解决方案中的潜在问题（云彩耀眼银边的中央是浓重的黑暗）都是可能发生的。这种想象的或假设的未来确实是不确定的，因为它完全不是真实的！但是，它确实让人感到害怕。从第3章里，我们知道，在进化过程中，我们逐渐掌握了感知恐惧的能力，如果威胁是真实存在的，而不是假设的，恐惧就会促使我们做出适当的行动准备。恐惧带来的不确定性、害怕的感觉、厄运降临的感觉，会触发更多的忧虑。

要想克服忧虑，必须清楚地察觉这一“延伸”出现在什么时间，好让自己不至于“想得太远”。为了帮助你解决这一问题，下一节设计了一些练习和问题。但是，首先要意识到这一模式。

区分针对真实事件的忧虑和针对假设性事件的忧虑

> 当我回首那些忧虑的时候，我想起了那个老人在临终前讲的故事，他说他的一生中有很多让他苦恼的事情，而它们中的大多数从未发生。
>
> ——温斯顿·丘吉尔

现在，我们来考虑怎样区分两种不同的忧虑。下面的几个问题将帮助你分析你的忧虑在什么时候变得极具假设性。先提出的几个问题要求你深入思考你忧虑的“背景”，尤其是你担忧的那些事情发生的时间和地点。对于**针对假设性事件的忧虑**，它引起的关于不确定性和焦虑的感受非常真实，因此，出现这种忧虑的时候，一定要深入分析你所担忧的内容，问自己，你担忧的这件事情会出现在什么时间、什么地点。如果答案表明你的忧虑的事情发生的背景是未来（明天、下周，尤其是未来某个不确定的时间），那么，你的忧虑已经将你带到了其他地方（你已经不在现在的地方），接下来，你就很可能要面对**针对假设性事件的忧虑**。这种“时间代码”（未来的某个时间）是最强烈的暗示。如果你感觉自己面对的是**针对假设性事件的忧虑**，那么想一想它来源于何处（按下快速电梯中的底层键）。最初触发这一连串忧虑的因素是什么？触发因素是**针对真实事件的忧虑**，还是**针对假设性事件的忧虑**？我们能否采取什么措施？

练习 5.1　区分针对假设性事件的忧虑和针对真实事件的忧虑

回想最近你担心的某件事情。准备好笔记本和笔，回答下列问题。

• 这件让你忧虑的事情发生在什么地方？发生在当前还是在遥远的未来？“时间代码”是什么？你是否乘坐过 Tardis？[①] 或者“大玻璃升降机”[②]（Great Glass Elevator）

• 我被忧虑带到了什么地方？现在是几月几日，哪一年？（让自己回到当下。）在被忧虑情绪左右之前，我在做什么？

• 我是不是想得太远了？我的这一连串忧虑最初源自什么事情？是不是源自一件真实事件（追踪这一忧虑的起源），是不是源自一件针对假设性的事件（想象出来的忧虑）？**我是在什么地方登上“快速电梯”的**？

• 我忧虑的这件事**真的存在吗**？我可以用具体的语言，如具体的时间、日期和地点描述我担忧的事情吗？别人是否可以“看

① Tardis：一种科幻的时光机器和航天器，该机器可以将乘客输送到任何时间中、宇宙里的任何一处。——译者注

② 大玻璃升降机（Great Glass Elevator）：出自英国作家罗尔德·达尔（Roald Dahl）写的一本名为《查理和大玻璃升降机》的童书，该升降机可以来往于地球和外太空轨道。——译者注

到”相关的事物——信用卡账单、对你不满的女朋友、一大堆工作、孩子不听话，等等？

- 是否可以采取什么措施来解决这个问题？虽然当前我解决不好这个问题，是不是有别人能解决？（理论上来说，这个问题是不是可以解决的？）
- 如果可以解决，那么，我应该怎么做（虽然你可能担心自己做不好）？

为了深入解决问题，下一个要问的问题是，这一忧虑的真实程度如何。你必须用具体而明确的话来回答：你忧虑的事情能不能让别人“看见”？例如，别人能否能看到法院派来的人在敲你的门，或者别人能否能看到你的信用卡账单？是否有人能看到你的女朋友找律师谈话，还是只能看到她很生气？他们能否看到大夫催促你赶快住院，还是轻描淡写地说，如果下个星期没有痊愈的话，再来检查也不迟。

最后一个问题和采取行动有关：如果你担忧的是一件真实的事件，那么你是否能够**采取**什么措施，而不只是一味地**担忧**？

如前所述，有时候，我们可能会发现针对真实事件的忧虑中含有假设的成分，例如，我参加了一个会议。在会议上，同事拒绝了我的提议。这是真实发生的事情，但是我担心自己是否会为此丢掉工作，或者我能否找到新的工作。后者更多的是我的想象。还有，关于财务的忧虑在很大程度上是真实的，但同时，我也担心从此再也无法养活自己了，我的后半生将生活在穷困和绝望中。假设性事件也会进一步触发假设性忧虑。例如，如果我（没有任何依据）担心女朋友和我分手，这可能导致我担心自己孤独地死于贫困。我们将在第 17—18 章中深入地阐述怎样克服这些困难。为了确保你掌握了这一方法，认真阅读下面几个例子，看看其中的忧虑是**真实**的，

练习 5.2 识别针对真实事件的忧虑和针对假设性事件的忧虑

首先想一想两者之间的区别。这些忧虑之所以成为针对假设性事件的忧虑或针对真实事件的忧虑是因为哪个原因？你能说出其中的原因吗？用打勾的方式标出忧虑的种类。

担　　忧	真实	假设	两者均有
1. 我完成了一件先前没有做过的工作，我担心老板是否满意。			
2. 我要出发去度假，担心飞机晚点，虽然天气不错，也没有安全警报或行李搬运工罢工。			
3. 我去了一趟银行，我账户上的钱比我预计的要少。			
4. 楼下新装了一些路灯，我担心自己晚上是否能够睡得着。			
5. 我怀孕了，担心老板会不会答应延长产假。			
6. 我的女儿一个2岁，一个4岁。我担心，等到她们十几岁交了男朋友之后，不知道该怎样教育她们。			
7. 家里双层玻璃的窗户老旧了，窗框已经有了裂缝，玻璃内侧有冷凝水珠：我们需要换新的。			
8. 我们需要叫一个水暖工修一下漏水的水管。如果水管漏水且弄坏了家里所有的电气线路，我该怎么给他付钱？			
9. 我要向保险公司申请200英镑的小笔索赔款。我担心如何能正确地填写申请表，担心保险公司不会认真处理我的索赔要求，或者拒绝赔付，说我的申请单造假。			

还是**假设**的，或者是二者均有。

可能的回答

1 ＝基本上属于针对真实事件的忧虑。

2 ＝属于针对假设性事件的忧虑：我还没到达机场。

3 ＝属于针对真实事件的忧虑：我可以把这个给银行经理看。

4 ＝属于针对假设性事件的忧虑或针对真实事件的忧虑：如果我没有因为这路灯在床上一整晚睡不着，那么这属于针对假设性事件的忧虑。但如果我因为这灯光整晚睡不着，那么这属于针对真实事件的忧虑，而且我可以采取些行动。

5 ＝基本上属于针对真实事件的忧虑：生孩子不是问题的关键。老板对我怀孕的反应还不清楚。这是一件不确定的事情（如果他不同意，事情会有点复杂——针对假设性事件的忧虑），但是我可以问他（针对真实事件的忧虑）。

6 ＝属于针对假设性事件的忧虑：发生的背景在遥远的未来。

7 －属于针对真实事件的忧虑：别人也可以看到冷凝水珠。

8 ＝两者均有：水管漏水（真实的问题），假设的结局（水管漏水怎么会破坏家里的电路系统？）。

9 ＝两者均有：类似于第 8 个问题。我们担忧是否能按照要求填好表格（针对真实事件的忧虑），这导致了针对假设性事件的忧虑：担心保险公司在流程上不认真对待我们的申请，虽然这份申请还没有提交给保险公司呢（时间代码和地点可以暗示这一点）。

现在，你已经清楚了应该从忧虑中发现什么。是时候将你的注意力转移到你自己的忧虑上了。为了帮助你做好这件事，我们在下面提供了“忧虑日记”（另见附录 3）。希望你喜欢。如果你觉得它太小，可以将它复制到一张大纸上。你可能需要坚持记录一个星期，每天记录下你的忧虑三到四次（如果必要的话，阅读“友情提示”）。

在开始记录忧虑之前，想一想下面的几个问题，将你的回答写下来。

- 这样做的话，你认为你会发现什么？
- 这样做的时候，你有什么忧虑？你能预料到些什么？
- 你最担心的是什么？
- 你是不是已经可以从忧虑中发现一些主题？
- 你在忧虑上花了多少时间？
- 你的忧虑存在固定模式吗？

如果你坚持记了一个星期的“忧虑日记”的话，问自己下列问题：

- 对自己的忧虑有了哪些了解？
- 是不是发现了某些让你惊讶的成分？
- 如果答案是肯定的，什么让你惊讶了？
- 在什么时候、什么地方，你最担忧？
- 你最经常担忧的是哪些事情？经常重复的担忧主题是什么？你怎么看待这一点？
- 你是否知道你花在忧虑上的时间有多长？
- 是否一个忧虑经常导致另一个忧虑？
- 你的忧虑是不是真实事件的反映？
- 你针对假设性事件的忧虑是不是经常变成现实？这对你有什么启示？

忧虑日记				
		内 容	痛苦程度	忧虑类型
日期	时间	你在担忧什么?	担忧情绪的强烈程度如何? 不可控的程度如何? 0＝轻微; 100＝非常严重	这一忧虑针对的是真实的、当前的问题吗? 这一问题是否真的存在? **是 / 不是**。如果不是，该忧虑针对的是不是假设性问题? 我是不是想得太远了?

你可能会列出一系列你在忧虑过程中“看到”的坏事情。这些坏事情中有多少真的会变成现实?

练习提示

接下来的提示适用于本书中的所有练习，因此一定要认真阅读，而且在必要的时候，随时返回来重新阅读。

坚持记日记不是一件容易的事情，所以为了谨慎起见，可以先想一想怎样才能让自己记得把自己的忧虑写下来，以及哪些因素可能会让这件事半途而废。重要的是，越是及早记录，你的印象越是清晰。中间间隔的时间越长，印象越模糊。而且，把事情的原委原原本本记下来要比记述经过处理过的版本强——这有点像是罐装草莓与新鲜草莓的区别。因此，越早坐下来记录你的忧虑，信息的质量越高。

如果一天需要记录三次或四次信息，那么不妨按照早茶、午饭、六点钟新闻或每日肥皂剧时间这几个时间来记述。一些人每隔四小时记录一次自己的忧虑。如果你白天使用电脑的话，你可以把日记表放在电脑桌面上。手机一般有提醒功能，到了该做某件事的时间，它会发出“滴”的一声提醒你。你也可以随身携带一个笔记本或日记本，随时记下想起的几句话，回头输入电脑的日记表里。

你决定采用的这种模式，以及你提醒自己坚持记述忧虑日记的办法必须适合你。我们的目的是经常反思自己的忧虑。所以，一定要想清楚什么办法对自己来说现实的、可实现的。

即使是再周密的计划，也经常会被日常生活影响，并妨碍我们目标的实现。哪些因素可能会妨碍、干预或推迟忧虑日记的完成？你是不是担心被别人看到？或者担心丢失，你会想**如果让别人看到怎么办？**随即又引发一阵担忧。在你动笔之前把这些事情都考虑到会有所帮助，但是千万不要因为担心而不愿意将忧虑付诸于纸笔——你很可能为此而担忧，但我们要面对现实。

你收集的这些信息将用于本书中的很多练习，所以说，从此养成记录忧虑的习惯会让你受益多多。

休整时间

现在停下来，想一想刚才看到的内容。可否总结一下你认可的主要看法？哪些内容让你印象深刻？不妨将这些内容写下来。如果有不明白的地方，也可以写下来。等到有时间深入消化这些内容，再回头来看。

到目前为止，本书的哪些内容让你印象深刻？

1.

2.

3.

第6章
绘制通向好心情的路线图
——制定目标

目 标

练习1.1提出了一些问题，目的是帮助你深入思考想从本书获得什么，也就是说，你阅读本书的目标是什么。制定目标对于克服忧虑来说是一个很重要的步骤。其中的原因很多，也很充分。例如，如果我们作为认知行为治疗师在给客户治疗之前没有一个明确的目标，我们就不知道我们要去哪里，也就是说不知道最终要取得一个什么样的结果。另外，虽然有时候，情绪或心理上的变化很快，但一般说来，这方面的变化还是很慢、很稳定的。这就像是头发的生长，虽然你知道它在生长，但是你注意不到，或者说看不出来。但是，如果你两个月之后拍一张照片，你就能看到其中的区别。心理上的变化也有这种特点：它是缓慢而确定的，如果不作对比和评估，就注意不到它的变化。在我们的临床经验中，这就像是人们迅速习惯了新的思维方式，好像他们几乎看不到他们曾经的思维方式。这就让人们很难“看到”中间的进步，就像你觉得头发现在的长度和先前的长度没有什么变化。因此，设定目标至关重要：目标可以激励我们，帮助我们看到变化，给治疗提供方向和目的。最重要的是，它让我们知道终点线在哪里。就像有人说过："如果对着空气开枪，你每次都会击中它。"

本章将分析设定个人目标的优势，然后阐述怎样让目标发挥最大功效。

忧虑阻碍我们完成目标

设定目标就是要挑战生活中的不确定性，但是，设定目标本身也会触发忧虑。你会问自己，**如果我没有目标怎么办？如果我不知道怎样实现目标怎么办？如果目标太多，不知道该专注于哪一个怎么办？**等等。你要面对的一个关键问题可能是怎样通过走出忧虑来着手克服忧虑，而不能让忧虑绑架你缓解忧虑的努力。虽然，这不是件容易的事情，但是，我们只需一个很小的台阶做我们的第一个立足点：你只需要离开忧虑**足够**远来克服忧虑。了解忧虑的原理也很有用，可以帮助你更加自信地驾驭忧虑。

本书通过提供的框架、表格、日记表等各种方法帮助你找到自信、组织你的思维方式。例如，将重要的东西写下来，可以让你在被忧虑绑架的时候回过头来求助。在克服忧虑过程中，将问题看作是**忧虑**，而不是你自己。在你的个性中，忧虑只占微乎其微的一部分。同情自己，就像是你同情在忧虑中挣扎的其他人一样。

要实现目标，你就必须尝试新事物。目标就是你不断地**努力**去做事情。**努力**去做就是在实现目标，因为你在一步步地靠近目标。塞缪尔·贝克特（Samuel Beckett）说："曾经努力，曾经失败。没有关系。再努力一次，再失败一次。这次失败离成功又近了一步。"你是否实现了目标并不重要，只要你不断地努力去实现它。

在第14—16章中，我们将笔墨转向怎样解决问题。这可以帮助你思考怎样克服上述的一些困难。从此，我们将考虑怎样付诸行动解决问题，而不仅只是忧虑。在给自己设定目标的时候，你可能会对自己说，**我不行，会把事情弄砸**，或者说，**我应付不了这件事**。这一章也会讨论这些想法。你可能想继续往下读，以后再回头解决这个问题，但是在着手克服你的忧虑之前设定一些个人目标是很有帮助的。记住，目标是向忧虑和不确定性做出的“V”形手势。**这事你能行！**

制定目标的好处

我们可以将看上去不可能完成的任务分割成几大块可以尝试的任务。如果你想知道这样做的好处，读一读英国登山者乔·辛普森（Joe Simpson）和西蒙·耶茨（Simon Yates）的故事就足够了。1985年，他们爬上了海拔为20814英尺（约6344米）的秘鲁安第斯山脉修拉格兰德峰（Siula Grande）。在下山途中，灾难袭来。他们的燃料、食物和饮用水全部用尽，天气情况更加恶劣。更为糟糕的是，辛普森摔断了一条腿。后来，他们都认为最好、最快的下山办法就是耶茨用绳子将辛普森放下去，每次放300码（约274米）。他们这样操作了好几次，直到天黑。到后来，因为暴风雪的原因，耶茨眼睛看不清，耳朵也听不到声音，辛普森误被下放到一个冰雪悬崖下，身体悬在半空中。耶茨没有力气将辛普森拉上来，手里的绳子也到头了。同样，绳子另一端的辛普森身子悬在半空中，束手无策。而且，这期间，两个人都无法和对方交流。耶茨后来精神接近崩溃，最后他做出了痛苦的决定：割断绳子。后来，当他看到下面的悬崖和冰川裂口之后，他认为他的朋友肯定已经身亡。

耶茨不知道的是，辛普森下坠100英尺（约30米）之后奇迹生还。他落在冰川裂口里的一小块突出的岩石上。他独自一人，拖着严重受伤的膝盖，忍着钻心的疼痛，忍饥挨饿，艰难地爬行了3天，到达距离长达5英里（约8047米），下到3000英尺（约914米）下的营地。当时，耶茨和另一个朋友理查德·霍金（Richard Hawking）正准备动身离开，准备接受整个世界的质询。后来，辛普森根据自己的这段经历，写了一本名为《触及巅峰》(Touching the Void）的畅销书。该书后来被拍成同名电影。你可以看看这部电影或阅读这本书。

这个故事很长，我们这里主要说辛普森。他在书里详细描述了他怎样激励自己从山上爬下来。他了解自己的情况，他知道，如果他思考或专注的是前面整个艰难痛苦的路程，他很可能放弃求生信念。相反，他每次都给自己制定一个可以实现的目标，比如，**在30分钟内爬到前面那块露出地面的岩石**（如果他能站起来行走的话，这是一个很轻松的任务），接下来，他强忍极大的痛苦去实现这一目标。或者，**我要在20分钟内到达那个冰川裂口的边缘**，等等。他能够死里逃生，确实是一个奇迹。通过将一段不可能逾越的距离分成多个可以管理、能够实现的阶段或目标，他终于冲破重重困难，幸存下来。无需惊讶的是，他现在是一个极具说服力的演说家，致力于鼓励别人克服困难。(顺便说一句，当初激励他死里逃生的另一个因素是他不愿意在死的时候听到他讨厌的一首歌在脑海里唱个没完［那是流行乐队Boney M在20世纪70年代唱的《Brown Girl in the Ring》］。）有道理！

那么，目标为什么如此重要？第一，它蕴含着这样的看法：凡事都不是那么僵化的，改变是可能的；第二，它让我们专注于未来的各种可能，而不是阻碍我们的问题，它可以帮助我们“打破常规思维”；第三，它可以帮助我们更为积极地参与变化的过程，并在这个过程中，让我们感觉自己在越来越多地参与推动这种变化，或感觉到越来越多的责任感；第四，它为那些看似难以改变的事情赋予一种条理；第五，它给我们提供了一个努力去实现的指标，某种成功的味道，让我们越来越有信心；第六，它为我们的努力提供了一种意义感：让我们发现自己未知的潜力，进一步驱动个人成长和发展；最后，也许也是最重要的，它能够为我们带来希望，帮助我们渡过最艰难的时光。

从上述辛普森的经历中，你能看出这些因素所起的作用吗？

更好地设定目标

我们的目标是制定具有 SMART 特点的目标，具体来说是：

- 具体（**S**pecific）
- 可度量（**M**easurable）
- 可实现（**A**ttainable）
- 现实（**R**ealistic）
- 有时间限制（**T**ime-Limited）

这些 SMART 标准是我们坚持的标准，但是，我们还想请你阅读“SMART-COPER 目标提升”一节，深入思考这里提出的帮助你改进目标的各个方面。

- 人性化（**C**ompassionate）
- 条理清晰（**O**rdered）
- 用积极方式表述（**P**ositively framed）
- 坚持（**E**ngaged）

- 评估（Review）

在设定目标方面没有一成不变的成规可循。本章结尾处的附表可以提供一些帮助。和本书要求你做的其他任务一样，开始的时候，你也可能担心是否能将这个任务做好，这种担心会阻止你做这个任务，但是，等到这一忧虑过去之后，你可以回到这个任务上来，如果忧虑再次袭来，等到它过去之后再继续做这个任务。照此进行，直到将这个任务完成为止。问自己：**在我开始忧虑之前，我在做什么？**然后，继续向下进行。

具有 SMART 特点的目标

具体（SPECIFIC）

目标应该明确而专注。很多目标类似“大标题”，比如，**我想感觉好一些**，**我想快乐起来**或**我想当个有钱人**。这种目标就像是说我们要去哪儿，但是没有说怎样去那儿。所以，我们需要再略微深入分析一下，探寻一个更为专注和详细的版本。要做到这一点，你不妨再多问几个问题，让目标更为具体，将它细化成为你能够办到的几个大块。明确的目标能够为我们提供如何实现这些目标的线索。深入思考表 6.2 中的问题，可以帮助你确定目标。

可度量（MEASURABLE）

拥有理想的目标，我们就可以度量我们的进步。把你的目标看作是足球场上的球门：当你射门得分，也就是你实现了目标的时候，你是非常清楚的，因为球触到了球网。同样道理，如果你想要让自己少担忧一些，你怎样知道你的担忧少了呢？你可能会想到用本书提供的调查问卷或日记本帮助你度量你的进步。或者，更为简单的是，用0—100之间的数字来做标示。问自己当前处于这个范围内的哪个位置。例如，你可以用这个范围内的数字来记录忧虑影响人际关系的程度（见下文）。运用这个范围内的数字来度量变化，具体方法可以有无数种，关键是找到适合你的度量对象。运用这种度量法，你可以确定怎样度量你的进步，应该度量哪些指标。例如，你可以度量忧虑发生的强度、频率、不可控程度、忧虑的水平，等等。

量表举例

忧虑对我的人际关系的消极影响有多大？

日期__________

没影响　　　　　　　　　　　　　　　　　影响很大

0　10　20　30　40　50　60　70　80　90　100

这会引起哪些问题？

可实现、现实（<u>A</u>TTAINABLE AND <u>R</u>EALISTIC）

你设定的目标是否现实和可行？你是否能实现？是否对形势敏感？如果你一天都很忙，或者很少有时间静下来细想这方面的事情，那么设定目标时应该考虑到这一点。想象你在为一个和你生活情况类似的好朋友设定走出忧虑的目标。从这个角度来看，你的目标是否可行？是不是可以和某个可以信赖的朋友推心置腹地聊一聊你的目标？每天和你信赖的人聊几分钟是可实现的、现实的。

担忧是一种正常的日常过程，因此**我要从此不再担忧**这样的目标完全不可能实现——人人都会担忧。另外，将忧虑从生活中彻底根除的目标很快就会失败，让你灰心泄气。一定要给自己制定一些可行范围内的“小任务”。因此，首要目标可能是，**我要学会让自己少担忧一些**，而具体、现实的目标是，**我要将关于孩子的担忧减少30%**。

有时间限制（TIME-LIMITED）

给目标设定一个时间范围。例如，**我要在两个星期之内读完下一章**。时间方面的限制有助于保持专注，坚持如一。设定的时间范围太短，会导致新的焦虑，或者使得效果很差，因为目标完成得过于仓促。另一方面，如果设定的时间范围太长的话，就不会有让我们完成目标的紧迫感。对于一些人来说，最后期限就是一个我们的工作逐步接近的东西，它激励我们，帮助我们计划该做什么，应该什么时候做。一般来说，担忧者会做一个“二选一”：要么无限期地拖延，要么迫不及待地一头扎入其中。担忧者的这两种行事方式都受到了他们应对不确定形势的方式的影响（我们在后面会详细探讨这一点）。如果你认识到，在上述两种行事方式中，你属于前者，那么你最好给自己设定一个较短的期限。如果你觉得你属于后者，那么就需要给自己留下较宽裕的时间。

SMART-COPER 目标提升

人性化（COMPASSIONATE）

目标不是冷冰冰的东西，它体现的是我们如何看待社会中的自己，它实际上集中了我们最为私密的想法、感受和愿望。爱尔兰诗人 W.B. 叶芝（W. B. Yeats）曾写道：“我把梦铺在了你的脚下，动作轻一点吧，因为你踩在我的梦上。”设定目标是一个很私人的体验，它会让我们感到自己很脆弱。其结果是，目标的制定很难进行下去，因为一想到改变某些思维和做事方式的时候，内心的焦虑和担忧就会像气泡一样冒上来。这本书讲的是改变，没有人觉得改变自己是一件容易的事情，所以一定要像体贴和关心他人的需求一样，体贴和关心自己的需求。改变需要勇气，但是目标可以帮助你。

条理清晰（Ordered）——长期、短期目标和踏脚石

定出一些目标之后，看看哪些目标可以在最近的未来实现，哪些目标是长期目标。下列问题可以帮助你做到这一点：

- 哪些目标容易实现？
- 哪些目标可以在前期给你一些成就感？
- 哪些目标现在就可以实现？
- 哪些目标可以往后放一放？

将目标看作是一系列的踏脚石：要想抵达第三块踏脚石，就必须走过第一和第二块。如果一个目标的实现要建立在另一个目标的基础上，那么就必须弄清楚，**必须**先实现哪一个目标。例如，如果你的目标是将有关财务的忧虑减少 50%，那么这一目标的实现要建立在另一个目标的基础之上，即，深入了解你关于财务的忧虑。再例如，如果你的目标是驾驶直升机，那么这一目标的实现取决于你要实现另外两个目标，即，参加培训课程、考试合格。

用积极的方式重新表述（Positive）——回避型目标和进取型目标

有的目标是试图回避不好或消极的东西，用这种方式表述的目标叫做回避型目标。让我们向积极的事物靠近的目标被称为进取型目标。

我们从一个不寻常的例子开始：想象一只老虎在后面追你。我们来比较避免被老虎吃掉这一目标和寻找安全的地方这一目标之间的区别。第一个目标是回避型目标，第二个目标是进取型目标。虽然两个目标都有道理，但是第一个目标让你的大脑和眼睛关注你的身后，专注于老虎和所有让你害怕和恐怖的事情，而第二个目标则强迫你专心寻找解决方案，而不是问题本身。现在，略微停一停，试着做一个练习：

假设有一只老虎在身后追你。你心里想的是第一个目标（不要被老虎吃掉），那么你会产生哪些念头或想法，大脑里会冒出什么画面？花上片刻时间想一想。接下来，假设老虎还在追你，但是这一次，你的目标换成了寻找安全的地方。如果还是问同样的问题，脑海里会出现什么画面？

避开老虎这一目标是合理的，但它可能让我们去犯各种错误，脑海里会冒出各种血腥的画面。但是，这一练习的第二部分会让我们的头脑联想到安全的画面，比如，一头大象将你放到它的背上，一架直升机将你带到远离危险的地方。回避型目标不会给你指出具体的方向，它甚至会让你转圈跑。另一方面，拥有进取型目标往往意味着寻找一个可以容身的安全的地方。这并不是说回避型目标就没有任何意义，只是说，进取型目标对你的帮助更大——它不会不停地提示你问题，事情往往是，在实现进取型目标的过程中（找到安全的地方），我们也顺便实现了回避型目标（不被老虎吃掉），因为实现进取型目标会催生采取实际行动的积极方案。

怎样判断一个目标是回避型目标，还是进取型目标？我们可以从人们的描述中“听出”回避型目标。回避型目标经常含有“减少”“降低”“消除”“预防”“避免”“远离”“停止”“忘掉”等词语。例如，**我要缓解忧虑**或**我要远离忧虑情绪**。如前所述，这些目标听上去合情合理，但是在这种目标的核心仍然是忧虑或焦虑的思维方式（老虎）。拿远离担忧这个目标为例，担忧是一种消极体验（老虎），逃离这种体验的努力为实现这一目标提供了能量和动力。在减少忧虑的过程中，我们实际上是在远离忧虑。但是，这一目标几乎没有告诉我们应该往何处去。即使我们成功了，除了逃离消极情绪的魔爪（老虎）之外，我们也没有真正获得什么积极的东西。研究人员认为，用这种方式表述的目标不大可能实现。上面的练习表明，这种目标让我们总是想那些可怕的念头、我们可能犯的所有错误，其结果是，我们的担忧或焦虑会更为严重。它还将改变的能量置于我们的外部：我们逃离某个极坏或可怕的东西，而不是寻找积极的东西。

在另一方面，进取型方法让我们寻找积极的东西。这种目标给我们指出方向，有一种“间接的回报”。因此，不说**我要减肥**（回避型目标），进取型目标会说**我要多吃蔬菜**。

下面是一些例子：

关于各种目标及其对我们的影响，目前还有大量工作处于研究阶段。但是，人们似乎已经达成共识：首先要将目标看作希望成为新的自我的一种体现，而不是看作对先前自我的逃避。但是，重新表述目标不是一件轻而易举的事情。提示：思考怎样增加新的行动或行为，而不是减少或停止现有的行动或行为，也就是思考你接下来能够做、愿意做的事情，而不是停止做什么事情。

表 6.1　一些重新表述的目标示例

回避型目标	经过重新表述的目标或进取型目标
我要戒烟。	我要练习如何一鼓作气跑上两层台阶。
我要减肥。	下个月，我要每天步行 20 分钟，每周走 5 次。
我不想再将完成的所有工作交给老板检查。	我想更为独立地完成日常工作。
我想消除忧虑。	我想花更多的时间看书。
我不再给上班路上的老公打电话。	我要发一些电子邮件，了解一下朋友们的近况。
我想减少在做决定，甚至是小决定之前的调查工作。	我想通过缩短做决定的时间来管理不确定性。
我想把有关的孩子的忧虑减少 30%。	我想每天至少抽出 20 分钟时间陪孩子。

人们往往先想到回避型目标，这没有关系。开始的时候，目标往往是用回避型语言来表述的，因为，人们很自然地将注意力集中在问题本身上，不过，这可能有助于我们反思自己的目标，看看如果换一种表述方式是不是会更好。即使是回避型目标和进取型目标兼而有之也没有关系，和任何事物一样，平衡是关键。

坚持（Engaged）

提示：在钱包里随时携带一张明信片或信用卡大小的纸片，在上面记下所有要实现既定目标的理由，当你遇到困难有所动摇的时候，拿出来看看，提醒自己为什么一定要改变。另外，给自己找一个能够直观地象征你既定的、积极的进取型目标的东西。将它记在心里。或者更理想的是，找到一个提醒自己的东西——杂志上的一个图片、一张明信片、一个物体、一个词、一个短语，以及其他任何能帮助你记住既定进取型目标的东西。

评估（Review）

安排一系列评估日期来分析你的进步，这个办法很有用。你可以在冰箱上贴一张纸条，或者用手机的提醒功能来提示自己评估你的进步。你有什么办法来提醒你评估自己的进步？

目标不是一旦设定之后就不能做任何更改。我们可以根据形势的变化对它进行评估和重新商定。因为在评估和权衡既定目标时，你会获得新的信息和体验，而这些信息和体验很可能改变你的目标，因此，评估和重新商定目标是这个过程的一个部分。英国的奥运冠军道格·拉森（Doug Larson）曾经说过："如果目标不排斥有趣的迂回路线的话，那么设定目标就没有问题。"

下面的一系列问题和一个练习（表 6.2）能帮助你设定更好的目标。坐下来，将你的回答写在笔记本上。我们提出的问题比较多，不是所有问题都对你有针对性，因此你可以先通读一遍，再选择哪些问题最有针对性。慢慢来，但不要在这上面花太长时间和精力，因为这样的话，你可能在回避着手将目标付诸实践。记住，不管目标如何，有目标总比没有目标强。因此，不要纠结于目标是否完美。

表 6.2　设定更好地克服忧虑的目标

A：帮助你确定目标的问题
• 如果忧虑对我的生活困扰小了，情况会有什么不同？ • 如果我的忧虑少了，我会怎么打发时间？ • 如果我的忧虑少了，我会有什么新的发现？ • 因为忧虑，我回避了哪些活动？

续表

- 如果我的忧虑少了，我会不会着手做某些事情？
- 我会不会停止做某些事情？
- 如果你的忧虑少了，你会做什么？

B：帮助你组织答案的问题

- 哪个目标可以给我一种成就感？
- 哪个目标会让我感到振奋？
- 我是不是选择了一个过于棘手的目标，有没有一个我现在可以尝试的、较为容易的目标？

C：关于是否具有 SMART 特点的目标的问题

- 这个目标具体吗？可以再继续细分吗？
- 我怎样度量完成这一目标的进展？我怎么知道我已经实现了这一目标？
- 这个目标可能实现吗？
- 这个目标现实吗？
- 现实地说，我需要多久才能实现这一目标？（有时间限制）

D：关于是否具有 COPER 特点的目标的问题

- 你的目标人性化吗？
- 哪些目标是短期目标，哪些目标是中期目标，哪些目标是长期目标？
    - 哪个目标需要第一个完成？
    - 哪个目标现在暂时可以忽略？
- 如果我的目标属于回避型目标，将它重新表述为一个进取

续表

型目标有意义吗？ • 当遇到困难的时候，坚持实现这些目标的理由是什么？ • 是否有某张图片或某个物体可以提醒你实现既定目标？ • 我是否可以设定一个评估自己进展的日期？

休整时间

现在停下来，想一想刚才看到的内容。可否总结一下你认可的主要看法？哪些内容让你印象深刻？不妨将这些内容写下来。如果有不明白的地方，也可以写下来。等到有时间深入消化这些内容，再回头来看。

到目前为止，本书的哪些内容让你印象深刻？

1.

2.

3.

第 7 章
了解规则

我们在前面关于交通拥堵问题的比喻中提到，其他一些因素也会影响交通的顺畅，比如驾驶员的信念或规则（**如果随着车流走，就不大可能出意外**）。花片刻时间想一想，如果你坚持这一规则，会出现什么情况？假如雨下得很大，马路上的车辆速度都非常快，或者说其他人都以超过限制速度很多的速度行驶——你该怎么做？你将违反你的规则，还是坚持它？人生经验告诉我们什么时候该“更新”你的规则，什么时候该改变它。这种灵活性可以帮助我们改变自己，适应新的体验或形势。

我们的情绪健康就建立在那些在我们心目中根深蒂固、形成我们独特个性的信念和规则基础之上。但是，同时，这些规则信念必须具备足够的“流动性”，能够适应新的体验。想想看，即使是所谓坚硬、刚性的东西，如桥梁、高楼，都要根据风向和承载重量弯曲和变形。如果不具备这种能力，它们很快就会受损、断裂。

当人们出现心理问题时，他们心理上的这种“柔性”就消失了，规则变得刚性十足。我们的内心感受就像是树脂或混凝土一样，将这些规则凝固住，让它们很难移动。在这种情况下，这些规则显得极端、绝对，非黑即白，没有过渡性的灰色。我们可以从表述这些规则的词语中看出这种特点。例如，**我必须<u>永远</u>通过忧虑来解决问**

题；我绝对不能没有反复斟酌就做决定；或者，**如果不事先想好接下来会出现什么情况，我就总是不放心**。想一想这些规则，你是不是觉得每个人都应该坚持？如果不是，说一说理由。你可能认为这些规则没有什么帮助，或者是太极端。也许你还觉得这些规则超越了一般常识。

我们每个人都有一个“规则手册”，里面是一系列指导我们行动、帮助我们了解周围世界的信念。如果一个火星人明天在你附近的街道上着陆，他或她就可以通过你的“规则手册”深入了解你周围的世界。“规则手册”之所以能够帮助我们了解这个世界，是因为这些规则实际上针对下一步要发生什么做出了具体的预测。比如，**如果我对别人微笑，别人也会朝我微笑；如果不小心砸了大拇指，它就会疼；如果吃了东西，就不饿了**，等等。我们观察人们的行为，就可以推测出影响他们行为的规则。平时，我们没有觉察到这些规则，但是稍加注意和琢磨，我们就能够把这些规则推测出来。发现这些规则的第一个方法是对你或他人在具体形势下的行为和做法感到好奇。本章的目的是发现你的“忧虑规则手册”，帮助你调整这些规则，甚至破坏这些规则。第一节将探究可能在起作用的各种规则信念。第二节将帮助你制订你的“忧虑规则手册”。

怎样发现规则

规则往往用“如果—那么”形式来表述，但是有时候也用**应该**、**应当**、**必须**这些词语。表述的对象可以是很多事物——想法、感受、行为、事件、回忆，甚至是肢体感觉。我们可以用这些词语（如果—那么、应该，等等），来帮助我们找出仍在各种形势中起作用的规则。举一个常见的例子，比如，为什么人们在等公交时要排队。

练习 7.1 在车站等公交

怎样将这些句子补全？将你的回答写在虚线上。

如果我排队，**那么**..............................

如果我站在队首，**那么**..............................

如果感觉脚冷，**那么**..............................

如果我走了神，**那么**..............................

如果我心里希望公交车快点来，**那么**..............................

对于第一个信念或规则，你的回答可能是，**那么，我会顺利上车**。对于第四个，你的回答可能是，**我会错过公交车！**对于最后一个，你的回答可能是，**它会晚来！**完成这些句子可以帮助我们发现那些可能在起作用的规则。你是否还能够从这些规则中看出下一步会出现什么情况？这些规则是怎样起到预测作用的？（暂停片刻，想一想这两个问题。）如果我感觉脚冷，那么，我们就可以推测，我会跺脚。反过来也是成立的——如果我看到别人跺脚，那么，我就可以猜测他们感觉脚冷，虽然在询问对方之前不能完全确定。

规则也可以用**应该**、**不能**、**必须**来表述，这些词语可以帮助我们推测出其他规则。例如：我**不能**站得离前面的那个人太近。我**不能**和正在开车的驾驶员说话。别人**不应该**突然插在我前面。我**应该**准备好零钱。

规则和具体的文化密切相关。这意味着，在排队等公交这件事上，影响布里斯托尔（Bristol，伦敦西部一城市）、加尔各答、伊斯坦布尔、拉巴斯（玻利维亚首都）、多伦多、北京、巴黎和内罗毕的规则略有不同。这意味着，在这些规则的影响下，会出现不同的情况。如果你外出到了陌生的地方，可能需要一点时间来了解“当地”有什么规则——这是出行乐趣（也是麻烦）的一部分。我们在了解其他人生活方式的时候，实际上是在深入了解约束他们行为的规则。

我们可以通过问一些问题来帮助我们发现规则，例如，**假如不排队，会出现什么情况**？或者，**排队有什么好的地方和不好的地方**？这些问题会促使我们思考我们所看重的东西，深入了解引发我们行为的规则。

这些规则怎样影响你在公交车站的行为？在继续往下读之前，我们来回顾一下你在前面的文字框中给出的答案，想象一下这些规则可能会对你的行为有什么影响？同时，补全下面的句子：

- 在公交车站，我应该__________
- 在公交车站，我应当__________
- 在公交车站，我必须__________
- 在公交车站，别人应该__________
- 在公交车站，别人应当__________
- 在公交车站，其他人必须__________

有关你忧虑的规则的内容是什么？补全下列句子：

练习 7.2　有关忧虑的规则

如果我担忧，那么______________________________

如果我不担忧，那么______________________________

我应该担忧，因为______________________________

规则或信念?（规则＝信念）

到目前为止，关于这两个词，我们一直并列使用或相互替代。这是对同一个事物的不同称谓。在CBT中，规则是一种想法，因此，我们也可以称之为信念。

如果规则被破坏，会出现什么情况?

当规则被破坏，或更为普遍的是，当眼看规则就要被破坏的时候，我们往往会产生一种强烈的情绪。例如，如果有人要强行插队，我们会感到不快，甚至愤怒。如果有人紧贴着站在我们身后，我们会感到不舒服。他们即将破坏规则或者已经破坏规则这一事实，会导致我们做出某些反应，比如，挪动一下、保持适当距离、埋怨、走开、产生报复愤怒的念头。

规则和忧虑

忧虑是一种日常体验，因此很自然地会有很多规则强化和支持着忧虑。每个人都有某些支持忧虑的规则，但是相较于不怎么担忧的人来说，担忧者往往过于坚持这些规则。研究还表明，如果我们针对这些规则进行治疗的话，过度忧虑的症状会明显缓解。因此很有必要了解这些规则，并想办法对它们进行调整。本书的每一章都会提及规则。在一些章节中，它是我们探讨的主要内容。对不同的人，一些规则的影响也大不相同。在接下来的章节里，注意那些深入描述你的思维方式的部分，到时候你可以回过头来再看。通过使用**行为实验**，我们可以改变很多规则。关于这一点，我们将在本章的后面部分详细讨论。

支持忧虑的规则会“要求”我们在很多形势下担忧——例如，当我们面对不确定性或日常问题的时候。规则也会让我们除了担忧之外还做一些其他事情，比如，回避触发忧虑的形势、打听太多的信息、拖延到将来再发愁、给自己找安慰，等等。如果我们寻找这些有关忧虑的规则发挥作用的迹象，那么只需察觉忧虑行为本身就足够了。忧虑行为本身就可以说明有关忧虑的规则被“激活”了。但是其他迹象——回避、拖延等——也给我们提供了某种有关忧虑的规则在起作用的暗示。在接下来的章节里，我们将学习如何发现这些规则在发挥作用的“马脚”。

什么让问题难以解决

一个类比可以帮助我们理解这个问题，想一想人们以为地球是平的那个时代。这个看法来自有关“世界的边缘”的各种印象。人们想象，巨大的海洋水流从世界的边缘倾泻而下，进入虚空。如

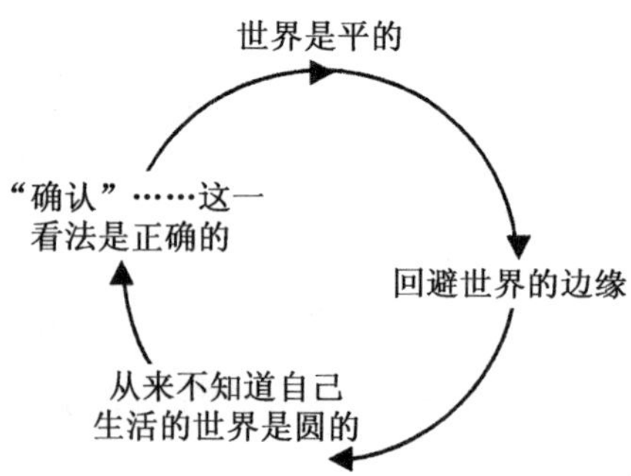

图 7.1　世界是平的（类比）

果我们真的相信地球是平的，那么我们很自然地就会回避世界的边缘。但是，因为我们从来没有接近过世界的边缘，无法知道这到底是不是真的，所以世界是平的这一信念一直存在于我们的头脑中。

现在，假如你也坚信这种观点，但我们告诉你这个世界是圆的。你会相信我们吗？也许不相信，因为你经常想象那些愚蠢的人驾船到世界的边上之后坠入到虚空。下一步，如果我们建议你和我们一起环世界旅行，从“世界的边缘”上穿过。你感觉如何？你会去吗？你可能会和我们“划清界限”，将我们当成是骗子和故意找麻烦的人（你也许是对的）而不予理会。但是，假设我们拿出了世界是圆的的证据，如果我们将照片、图表、航海图摆在了你面前，还带来了取自地球另一半的礼物和珍宝，你会怎么想？

什么证据才能说服你和我们一起出海？（想清楚这一点之后再往下看。）

如果我们请你思考如果世界是平的，会有什么好处和坏处，你会怎么看？如果地球是圆的呢？如果我们带你去见一些海员，让你听一听他们的出海经历，之后你会怎么想？如果我们观察出海远去的帆船，看到船体先于船帆消失于天水交界处，你会怎么想？如果我们告诉你，如果和我们一起环世界旅行，你会看到你先前没有见过的很多星座，你会怎么想？如果我们观察月食，看到当地球位于太阳和月亮之间时月亮上显示出的圆弧状地球阴影，你会怎么想？如果我们拿出详细的月食发生图，给你讲解月食发生的原理，你会怎么想？如果我们告诉你水天交接的那边有一个天堂般的岛屿，在那里，你想要什么就会得到什么（那里有什么好东西，你可以随便想象），你会怎么想？你可能开始觉得，**也许**可以换个思路看问题（世界是圆的），觉得如果质疑世界是平的这一看法，**也**

许会有所收获。现在，我们已经用证据和对财宝的许诺“软化”了你，那么要一劳永逸地证明世界是圆的，而不是平的，最有说服力的证据是什么？那就是，你需要亲自穿过那个“边缘”，亲自去发现。

在CBT中，这叫做**行为实验**——改变你的行为方式，去发现不一样的东西。例如，你可能开始觉得，世界是圆的也有一些道理，但是你仍旧心存怀疑。你可能同意和我们一起乘船出海。航行一小时后，我们转身对你说，**看，世界是圆的**。但是你并不完全相信，回答说，**不错，不过，要是我们走得再远一些，我们的船就会真的走到世界的边缘，它就在水天交接处**。于是，我们的船又往前走了一个小时，眼前仍然是一片茫茫海水。于是，我们问，**走多久才能说服你**？你会说，**一年零一天，一个星期接一个星期地走**。于是，我们继续往前走。航行过程中，我们仰望夜空，观察星座的变化，记录有用的证据。最后，经过一年零一天之后，我们问，**经过这么长时间的航行，你还认为世界是平的吗**？如果你还认为世界是平的，我们就没办法了——我们只好给美国宇航局（NASA）打电话，让他们下一次发射航天飞机的时候，在上面给你留一个座位！

为什么要讲这个故事？为了让你知道我们为了帮助你改变看法要用的所有方法。这个故事说明了信念如何激发行为，而这些行为反过来又会确认最初的看法。例如，如果我认为忧虑有助于解决问题，那么忧虑就是合理的。另外，为了挑战世界是平的这一看法，我们必须找到能够略微动摇这一看法之基础的证据。在上面的例子中，我们运用了平时治疗忧虑和其他情绪问题的方法和技巧。

表 7.1　世界是平的——有关忧虑的规则的比较

战略	**地球是平的：** 如果乘船经过世界的边缘，我就会完蛋。	**忧虑举例：** 忧虑有助于解决问题。
信息收集	我们发现了来自世界边缘那边的物体，找到了以地图和航海图为表现形式的信息。	我们可能会问，一般来说，人们是怎样解决生活中的问题的？ 帮助/教你做到这一点的办法/技巧有哪些？ 善于解决问题的人是否会建议你将担忧当做解决问题的技巧？
深入了解规则怎样导致行为，并让问题停不下来	我们帮助你理解你的想法如何影响你的行为，以及其如何让世界是圆的这一观点难以改变。	我们会告诉你，担忧会妨碍你解决问题，尤其是当忧虑让你无法集中注意力时——这一规则可能会最终导致更多忧虑，妨碍你解决问题。
好处和坏处	我们分析了冒险去了解新事物的好处和坏处。	我们可能会分析用忧虑来解决问题的好处和坏处。例如，你可能会有一些很好的想法，但是你是否真的不在乎用这种方式解决问题所带来的情绪上的负担？
支持替代观点的证据	我们寻找能够证明地球确实是圆的的充足证据。	我们会寻找证明忧虑对于解决问题并没有好处的充足证据。我们可能会问，除了担忧，还有哪些方法帮助你解决了问题？其中最好的办法是什么？
调查	我们与海员交流，向他们了解情况。	我们可能会请你询问几位朋友，看看他们平时是怎样着手解决问题的，他们中有几个人会建议用担忧的方式解决问题？

续表

目标	我们提到了大胆出海可以从世界边缘那边获得的财宝。	换一种方法解决问题可能会有什么收获？对你来说，这是否值得？
行为实验	我们带你经过世界的边缘。	我们可能会请你用解决问题的步骤，而不是用忧虑，来解决一个小问题；如果采用解决问题的步骤，你预测接下来会出现什么情况？怎样将这一认知再深化一步？
总结你的收获	考虑到这些信息和体验，你现在的看法如何？	在担忧解决问题方面，你有什么新的体会？
现在，你如何才能彻底接受这一看法？	一个人驾船环游世界。	用问题解决技巧解决比较大的问题。

在上面的世界是平的这一示例中，我们运用了收集信息（图表、实物）的方式，帮助对方深入了解了这个问题，分析了改变看法的好处和坏处，提供了支持替代观点（即世界是圆的）的证据（星座、桅杆、月食）。我们还询问了其他人（海员），了解了他们的经历，我们还提醒自己改变看法将会带来的价值（财宝）。接下来，我们根据这些新的体会重新看待了这一观点。最后的一个步骤是尝试新的行事方式。最后的这个步骤很重要，因为改变自己、尝试新的行事方式往往催生新的信息和看法。这就像是手里有一片片新的、零散的拼图（新信息），你必须将它很好地嵌入到你的世界观内。这可能是一个颠覆性的体验，就像是刚刚穿上一双别人的鞋。开始时会感到很别扭，需要一段时间才能适应。这就是我们一定要进行反复试验，直到它成为你的第二天性的原因。这一“最终测试”就是

为了看看你是否已经感到了自己的变化。虽然，有时候这种进步发生得很快，但是在大多数情况下，它是一点点地缓解，逐渐越来越好转。

虽然上面的故事是关于行为、观点或想法，但是主要是针对情绪的。在世界是平的例子中，恐惧是一股重要的、影响巨大的情绪。如果你认为世界是平的，那么害怕接近世界的边缘绝对是合情合理的！最后的这项测试就是通过尝试新事物来获得新的认知，最终，消散对世界边缘的恐惧。改变行事方式需要勇气，这不是一件容易的事情，但收获是巨大的。焦虑和恐惧会将我们锁入无益的思维和行为模式中，行为实验则是开锁的钥匙，它可以打开囚禁我们思维的枷锁，让它不再受焦虑的折磨。

在推动人们改变自己、帮助他们克服情绪问题方面，行为实验是最有力的方法之一。我们将在后文详细介绍这其中的原理，但是，首先，我们将世界是平的这一实验往深入推进一点，分析一下人们在实验中为了“安全”起见采取的一些措施是如何阻碍他们了解新东西的。

避险行为

如前所述，规则和信念促使或阻碍人们采取某些行为。例如，防止从世界边缘坠下的一个办法就是不要出海，永远不要上船，或者至少不要离开港口。但是，如果一定要出海，也有一些办法可以保证你的安全。我们想象，我们在一艘船上，要前往世界的边缘。如果你像我们一样，也想“两头下注”，那么你就会通过某种**行为**，让这一趟出行变得不那么可怕。避险行为会让你有安全感，所以每次进入开阔水域之前你都会采取类似行为。因为你每次都这样做，于是这一行为成了下意识的事情，你就不会再注意到它。世界是平的这一看法会促使你在船尾系一根绳子，另一头固定在岸上，这样，一旦你**感觉**距离世界边缘太近的话，就可以将自己拽回去。你可能会不理会这个边缘，假装根本没有世界边缘这一回事，让自己一直盯着船底（因此看不到来自天上星座的证据）。在这种情况下，你只有看到身后的陆地，才会有安全感（意味着你一连好多天都在绕着一片水域转圈，而不是驶向水天交接处）。鉴于世界是平的这一看法，这些行为都是合理的，因为这些行为能让你产生“安全感”。但是，这些行为都基于某个“真实”的东西很可怕这一看法。如果我们将船尾系着绳子的船小心地向世界的边缘靠近一些，我们就会觉得，让我们安全的唯一原因就是那根绳子。也就是说，**如果没有这根绳子，那么，我们真的就会从世界的边缘坠下去。**这种想法和做法让这一体验变成了侥幸逃脱——**啊呀，我终于死里逃生**——而不是让你发现其实并没有什么可怕的。这完全是符合逻辑——合情合理的事情。破坏，或者有可能破坏我们的规则或其他信念会导致我们强烈的情绪，促使我们采取某些行为去寻找安全感。和上面的例子一样，这一循环反过来不假思索地确认了先前消极的规则。为了彻底说明这个道理，下面，给大家讲述我们听伦敦精神病学研究所保罗·萨科夫斯基斯（Paul Salkovskis）教授讲过的一个故事。

一名男子在一条繁忙的高速公路上撒一种白色粉末。警察闻讯后，开着闪烁着蓝色警灯的警车赶到现场，阻断车流之后，将那位男子逮捕。他们问他，“你为什么要在高速公路上撒白色粉末？”那人回答说，“这是一种防止大象上路的粉末，为了防止严重的交通事故。”警察不禁大声说，“纽卡斯尔根本没有大象啊！”那人回答说，“您看，这东西确实有效！”

我们为了让自己感觉安全而做的一些事情（避险行为）具有很多消极影响。这些避险行为让我们的头脑里一直存在这样的想法：这些事情确实有些时候让我们很害怕（上次是侥幸逃脱，下一次就没有那么幸运了，我要提前做准备）。这些行为往往让形势或问题更为糟糕（就像是那个男子身处高速公路上，实际上是拿自己和他人的生命在冒险，而不是阻止事故）。这些行为让我们预防危险的“雷达”总是处于开机状态。这意味着，我们能够捕捉到微不足道的危险信号，或者察觉到实际上并没有危险的危险。身陷忧虑的人们的避险行为各种各样。例如，每次做决定后一定要向某个人寻求安慰，目的是减少不确定感和忧虑。可惜的是，它会让忧虑停不下来，因为担忧者从来没有学会相信自己的判断。每次做出决定或需要做决定的时候，担忧者都会怀疑自己是否能够做出正确决定，接下来就会寻求安慰。时间一长，与他们关系密切的人很可能就会厌烦，而这又会加剧担忧者的忧虑，而忧虑正是担忧者最初要尽力缓解的对象。另外，因为担忧者的“威胁雷达”马力全开，所以即使是他们认为确定无疑的决定也会促使他们寻求别人的安慰。

避险行为和忧虑

下面列出了一些典型的避险行为，还有帮助你探索自己的避险行为的一系列问题。发现避险行为的意义重大，因为这些行为让忧虑难以缓解，同时也会向我们透露潜藏在这些避险行为背后的规则。分析这些避险行为，然后回答下面的问题。

表 7.2　担忧者表现出来的典型的避险行为

做决策后寻求安慰 竭力不去想让自己不安的想法 做决定前要查询过多信息 回避某些触发忧虑的信息 推迟做决定 对问题分析太多 草率地解决问题 列出替代行为	核对我们关心的人在什么地方（例如，找借口给他们打电话） 反复斟酌自己的决定或任务 过度保护他人 不愿百分之百投入地做事情，给自己"留后路" 转移注意力 让自己过于忙碌；让自己忙个不停，而不是去解决问题（例如，收拾家） 用很多迷信行为驱灾避祸，祈求好运

在笔记本上回答下列问题：

- 上述哪些行为属于你的典型行为？
- 你还通过哪些其他事情来缓解忧虑或不确定感？把它们列出来。
- 哪些规则会促使人们采取避险行为？
- 其他人是不是也像你这样坚信这些规则？
- 假如你没有避险行为，或者是后来放弃了这种行为，你害怕发生什么情况？
- 假如你"放大"了你的避险行为之后，你觉得会出现什么情况？（例如，你有意识地多核对几遍工作，可能会出现什么情况？这会产生什么影响？）
- 这些避险行为是如何加剧忧虑的？
- 这些避险行为的好处和坏处各是什么？

小结

到此为止，我们探索了支持忧虑的规则（或者说是假设）。我们看到了这些规则对我们的内心感受、行为的影响，并且看到，这些行为往往会产生“回火”，让我们的忧虑难以缓解，并有所加剧。因此，一定要想办法挑战这些消极模式。

修改你的忧虑“规则手册”——行为实验

如果忧虑严重困扰了你，那么，我们就必须帮助你挑战那些支持你忧虑的规则。我们采取的方法是，科学家在探索和揭示某些现象之间的相互关系或某个现象的发生原理时采取的方法。和科学家一样，我们也想通过做实验，看看通过调整流程，是否可以有新的发现。我们想要寻找检验具体规则是否有效的证据或事实。你，具体地说是你的担忧，是这些实验的研究对象，因此，你一定要理解我们为什么建议你做这些实验，以及这些实验对缓解忧虑有什么作用，以及你在做这些实验时可能出现的情况。行为实验都是与预测相关，也就是说，**比较我们预测发生的事情与实际发生的事情**。如果实际发生的事情与我们预料的结果反差很大，我们就可以根据获得的这一新信息有效地更新我们的思维方式。行为实验功能强大，因为它通过为我们提供一种**尝试新事物的体验，帮助我们改变自己，而不局限于思考或讨论**。

计划行为实验

接下来的一系列步骤将提供一个蓝本，告诉你怎样着手挑战一些规则。本章结尾处的表格为大家概括了一些关键点。每一章都提供了“路标”，告诉你接下来你可能想要做的行为实验。我们在这里将这一蓝本提出来，是因为它给我们提供了一些任何实验都适用的基本的原则。几乎所有的 CBT 技巧都可以看作是分析特定规则信念的有效性的尝试，换句话说，是发现真实情况到底是什么样。行为实验和其他技巧会帮助我们回答这一问题，因为它们综合分析所有信息，而不仅分析我们的情绪、习惯、回避、避险行为、消极思维模式或其他过程过滤之后的信息。为了获得一个更为全面的视角，我们必须用开放的心态来进行这一实验，随时准备学习新东西；我们必须对先前没有探索过的东西抱有好奇之心；我们必须像探险家那样，寻找、发现并理解新的或先前忽视、回避的体验，并积极投入其中。

计划行为实验：发现新情况的几个步骤

首先，必须用日常语言将规则摆在“桌面”上，也就是说，一看到这句话，我们就知道我们面对的是什么问题。为方便讨论，我们首先拿一个常见规则入手：**忧虑可以帮助我解决问题**。我们应该将这一规则放入我们的日常体验中。不难看出，这一规则的表述很笼统。如果放在具体的生活情境中，这一规则应该是什么样的？例如：

如果我担心家里的问题，那么我就能找到更好的解决办法。

第二步，虽然我们用日常语言表述了我们的这一规则，但还是感觉有点含糊，我们需要结合日常例子来分析。我们需要再具体一些，了解担忧者具体想通过忧虑解决什么问题，如果他们**不**担忧的话，到底会出现什么情况。

如果我不担心孩子放暑假后陪他们做点什么，我就会有大麻烦——他们就会感到无聊，对我发脾气。

表述得越具体，就越容易找到挑战规则的办法。越是宽泛或笼统的规则，越是难以撼动，因为这些规则没有为我们提供任何挑战它们的线索。下面这些问题可以让我们的忧虑足够的具体。

假如你不担忧的话，事情会糟糕到哪里去？假如你不担忧的话，那能说明你什么问题，或者这对你意味着什么？

和所有的规则一样，**忧虑可以帮助我解决问题**这一规则也是对事情的一个预测——它说的是，如果担忧者不担忧的话，会出现什么情况——它还帮助我们理解了为什么担忧者要遵守这一规则而担忧起来。想一想，这一规则是否合理。

第三步，需要了解相关规则对我们的生活影响有多大。要做到这一点，我们需要担忧者用0%—100%之间的数字来确定自己对这一规则的相信程度。100%表示**绝对相信**。我们可以今后再对比这一评估值，看看情况是否有变化。

第四步，用不同角度来看问题。实际上，我们这样做的时候，就是在寻找能够说明相关规则可能有问题的信息或证据。记住世界是平的那个例子。它就像将两种（或更多种）看问题的方式放在秤上：综合考虑所有信息之后，这两种看法哪个更有分量？我们可以通过问担忧者一些问题，让这一信息浮上水面。例如，你的担忧真的是在解决问题，还是只是没完没了地重复同样的忧虑？你在担忧孩子暑假这件事的时候，内心的感受如何，你的这些感受对你思考解决方案有什么影响？除了担忧之外，有没有更好的办法来解决这个问题？即使你想不出让孩子在假期里做点什么事，最糟糕的结果是什么？或者说，这能说明你什么问题？

这第四个步骤往往比较棘手，因为担忧者囿于一种看待世界的方式，很难从这种视角中走出来。类似这些问题可能对担忧者改变思维方式有所帮助：**是不是可以用另一种方式来看待这个问题**？或者，**对于一个受这一问题困扰的朋友，你会给出什么样的建议**？通过这些问题，我们可以削弱这一有关忧虑的规则，催生新的规则。新的规则出现之后，我们用同样的数值范围来评估这一新看法。

新看法或预测

担忧看来不是解决问题的最好办法。担忧的时候，我就会焦虑烦躁、思路混乱，因此，我必须考虑除了担忧之外的其他办法。

第五步，我们必须想办法挑战这种消极的规则。我们的目标是通过尝试没有做过的事情来检验这一预测。在这个例子中，我们先专注于周末带孩子们做什么，而不是整个暑假。这样，我们可以先小规模地试验——这种试验的成功概率较高——还可以加深对形势的了解。这个周末，担忧者可以和往常一样担忧，但是在下一个周末，他/她就可以采取不同的解决方案。因此，在第一个周末，他/她可以照旧担忧，并看看他/她给孩子想出来的活动结果如何。在第二个周末，我们会请他/她列出一个单子，让他/她问问孩子们他们最喜欢做什么，然后再一起做决定。这两个战略哪个好？

测试1

我担忧怎样陪孩子度过这个周末。担忧能让你想出几个办法？

测试2

这一次，我要列一张单子，让孩子们也列一张，然后一起决定做什么。

第六步，我们必须考虑那些可能阻碍发现新方案的事情。一个很有用的问题是，**如果做这件事的话，是否会让你觉得担忧不是解决问题的最好办法**？如果答案是否定的，我们就需要再次考虑怎样检验这一规则。通过问这个问题，我们就可以在开始试验之前将心里的保留想法都说出来。这就像在头脑里进行一次彩排，看看这个实验是不是有帮助。如果需要的话，还可以重新设计这一实验。将每一个前进或后退都看作是了解新情况的机会。

最重要的是，用不同于先前的方式做事情，打破你的忧虑模式，因此，不要再纠结于细节问题。尝试，总结，再尝试。

寻找避险行为

对于大多数规则来说，往往同时存在很多难以察觉的避险行为。在你试图挑战和改变有关忧虑的规则的时候，这些避险行为就可能变得更明显。这些往往很小、很不起眼的行为具有很大作用。它们在缓解我们短期恐惧的同时，也可能会让问题继续存在下去或打击我们的自信心。因此，我们必须在行为实验过程中放弃避险行为。但是，这不能一蹴而就：每次放弃一种行为，先放弃容易放弃的，然后慢慢放弃我们最倚赖的，最终在不采用任何避险行为的情况下做某件先前没有做过的事情。

如果你相信上述的规则，在你的规则受到威胁之际你会怎么做使自己安全？你的避险行为是什么？如果担忧者在解决问题之前不担忧的话，那么他们可能通过其他行为进行"补偿"，比如，寻求事后安慰，或寻找微妙的反对迹象，或者一下子对孩子特别好，以防出现意外。

改进第 2 个测试

这一次，我要列一个单子，让孩子们也列一个，然后一起决定该做什么。我不征求伴侣的意见或帮助，也不反复向孩子们确认他们是否喜欢这个安排。

第七步，我们来做这个实验。

第八步，我们来分析实验中出现的情况、你注意到的情况，以及你已经明白的情况。关于这一规则，担忧者可能会注意到，当他们将责任交给孩子们之后，他们会有一丝轻松感，或者说，当他们与孩子一起交流、讨论，而不是直接告诉他们怎样做时，他们与孩子之间的关系可能会因此改善。在做这种测试时，人们往往会发现，用新的方式做事情，相较于最初想到的方法，优势要多很多。现在，我们回到我们坚持的规则或信念，问自己，这一新体验对这一规则或信念有多大的改变。接下来，我们可以再次确定你对这些信念的相信程度。最后，我们必须将这一看法大大地向前推进一步——这一规则还会影响其他什么方面？其他哪些形势、关系或事件还会受这一规则的影响？还有什么其他实验也有助于挑战这一规则？

这里有一个简单的实验计划表（见“练习 7.3”），可以帮助你计划关于忧虑的行为实验。在接下来的每一章中，我们都将提到这一计划表和上述的实验步骤。

在尝试新事物的时候，可能会遇到预料之外的事情。预料之外的信息可以帮助我们深入了解情况。不管结果与计划相一致，还是怎么样，新出现的信息会增加你对情况的了解。

最后，当我们将大量注意力投入到想法、信念、规则时，行为实验的目的就在于改变我们感受问题的方式。这就是“最终测试”：大致说来，如果你的内心感受没有改变，那就想一想你在做什么，问一问是否还有没有被发现和丢弃的避险行为。这个实验够真实吗？它是否触发了你的一些焦虑，还是它太过安全？

练习 7.3　挑战你有关忧虑的规则——行为实验

1. 发现要检验的准则或信念

运用避险行为列表、句子补全任务、问卷调查信息、忧虑日记等来发现某个信念或准则。

2. 将这一准则“摆在桌面上”

给它起个名称，这样我们就知道我们面对的是什么准则。用“如果，那么……”来表述它。将它与真实的形势联系起来，让人们意识到它真正存在于生活中。你对它的预测是什么？如果你打破、变通或不理会这一准则，会发生什么情况？将它写在

续表

这里……………………

3. 评估你的预期

在下面横线上的相应地方用十字形记号标出。

0%　　　　　　50%　　　　　　100%
A ——I——I——I——I——I——I——I——I——
我不相信　　　　　　　　我完全相信

4. 新看法或替代预测

是否存在另外一种看待这个问题的方式？对于相信这一规则的朋友，你会提供什么建议？如果你不是这么忧虑的话，你的看法会有所不同吗？如果你打破这一有关忧虑的规则，可能会出现其他什么结果？将它写在这里……………………

5. 评估你的替代预期

在下面横线上的相应地方用十字形记号标出。

0%　　　　　　50%　　　　　　100%
B ——I——I——I——I——I——I——I——I——
我不相信　　　　　　　　我完全相信

6. 想清楚具体怎么做

怎样检验你的预测？先从简单的、比较小的实验开始，逐渐向可能引起强烈情绪的实验过渡。具体怎样检验？你可能想要采取哪些避险行为？你能否一个一个地放弃它们，看看放弃后出现什么情况？还有什么其他问题会妨碍你了解真实情况？

我的实验是……………………

7. 大胆行动！（防止完美主义，不要故意拖延。）

续表

8. 评估出现的情况

你看到了什么？发现了什么？现在的内心感受如何？这一实验结果与你的预测是否相符？重新评估你原来的预期与替代预期。这让你对你的忧虑准则有了什么了解？

	0%				50%				100%
A	I	I	I	I	I	I	I	I	
B	I	I	I	I	I	I	I	I	
	我不相信							我完全相信	

接下来怎么办？还可以做什么实验？

休整时间

现在停下来，想一想刚才看到的内容。可否总结一下你认可的主要看法？哪些内容让你印象深刻？不妨将这些内容写下来。如果有不明白的地方，也可以写下来。等到有时间深入消化这些内容，再回头来看。

到目前为止，本书的哪些内容让你印象深刻？

1.

2.

3.

第 8 章

学会容忍不确定性

在第一章的车流管理比喻中，我们提出，出行中存在一定程度的不确定性，可能出现预料不到的耽搁、故障，等等。我们在前文中指出，如果路面上车辆多或者天气不好，比如下大雨，那么，这些因素结合在一起会增加不确定性，让路上的时间更加难以确定。如果我们想要在抵达目的地的时候不感到疲惫紧张，就必须忍受这种不确定性。不确定性就像是忧虑的燃料，我们的忧虑很大程度上就是由不确定性推动的。因此，就像是要学会忍受驾车出行过程中的不确定性一样，我们必须学会忍受日常生活中不确定性。接下来的章节将帮助你做到这一点。

什么是不确定性

不确定性是一种几乎我们**所有人**都觉得难以忍受的状态。当我们不确定的时候，就会感觉缺少对情况的了解，什么都看上去暧昧不明，往往无法预测下一步要发生什么，虽然一种结果的可能性要大于其他结果。在不确定性面前，当我们在不同的解决方案之间摇摆不定，不知道何去何从时，我们会往往感到忐忑不安、忧虑烦躁，有时候还会感到精神上的“瘫痪”。某些形势让我们处于一种无法驾驭、很难有所作为的状态。当相对的确定性显现时，伴随一定程度的可预测性和秩序的回归，我们会有一种放松的感觉。举一个例子，比如一家人在急救中心门口等待因意外事故而紧急手术的亲人的消息。这时候，对形势的不确定，或者说不知道，是最难忍受的事情。一旦知道情况到底如何，不管是好消息，还是坏消息，还是处于二者之间，我们就能够着手应对。

不确定性，就像重力一样，是永恒存在于这个世界的现象。它影响着这个世界的很多方面。浏览一下世界新闻，不难发现，不确定性对政府和个人两个层面都会产生影响。军事冲突、气候变化、政治和工业导致的不确定性会影响股票市场和油价。那么多媒体24小时的新闻报道，当然，还有社交媒体，我们越来越清楚各种事件的发展情况。随着事件情节的发展和披露，点滴的信息、这些信息之间的矛盾，以及有关“我们还想知道……”的报道，都会加剧不确定性。在技术革命、信息革命，尤其是数字革命发生之前，我们要在一件事情发生很久之后才知晓。那个时候，我们可能甚至不知道将来可能要发生某件事，或者某件事正在发生，更不要说已经发生的事情。当我们知道的时候，事情已经发生了，已经不存在不确定的情况了，至少在头条里不会。但是，今后的世界不再是这样了。不间断的媒体报道让我们在所有事情可能发生之前就知晓了。

在个人层面，人际关系、健康和工作中的不确定性，以及家人、好友的健康、安全和重要活动中的不确定性都会影响个人的情绪和健康。生活中充满新鲜的体验，虽然其中很多体验是良好，但是它们会带来某种不确定性——实际上，不确定性就像是重力一样，似乎是生活这一“拼图”中不可缺少的一部分。

不确定性无处不在，它是我们所有人都必须学会管理和忍受的东西。为了深入了解不确定性这一概念，我们来做下面的练习，阅

练习 8.1 开始注意不确定性

找一篇最近的新闻或从杂志里找一个故事来读，看看能否从中发现不确定性。或者观看一部你喜欢的肥皂剧，挑选一个剧中人物，看看能否发现他们经历的不确定性（如果里面没有不确定性，那就可能没有什么故事线索!）。想一想你认识的某个人：他们最近要面对哪些不确定性？或者，从某个新闻网站或时事网站寻找“不确定性”或“不确定”这两个词。你会发现哪些故事？或者，用互联网搜索引擎搜索这两个词，看看会出现什么图片或标题。

例如，在经典电影《十二怒汉》（Twelve Angry Men）中，陪审团就一起看似明显属于谋杀的案件进行辩论。亨利·方达（Henry Fonda）扮演的陪审团成员运用不确定性（合理的怀疑）作为正确调查事实的依据。这带来了一系列发现，使他和其他 11 位陪审团成员的决定从几乎板上钉钉的有罪判决逐步变成无罪判决，最后让一个无辜的人免受不白之冤。

从电视节目、书籍或电影里挑选一个人物，用下列问题探索他经历的不确定性：

- 是什么原因让他的形势变得不确定？
- 他们知道哪些情况，不知道哪些情况？他没有把握的是哪些情况？
- 他所了解的情况中，有哪些欠缺的地方？
- 这些不确定性对他的行为有哪些影响？
- 他是怎样设法管理不确定性的？
- 在这种形势下，有人会感到不确定吗？如果不会，那么另外有哪些情况让人们感到对这一形势不确定？

读接下来的类比。

与恐怖片相类比

在观看恐怖片过程中，我们都会体验到对后来情节的不确定感。通常来说，这是一种紧张感，因为我们知道接下来会有让人害怕的情节出现。在那些最为出色的影片里，我们拿不准接下来会发生什么，不知道什么时间、什么地点会发生什么事情，甚至不知道事情会发生在谁的身上。事实上，随着那么多擦肩而过的危险让观众越来越紧张，我们甚至拿不准恐怖的事情是不是真的会发生。但是，我们心里还是感觉到某种不祥的事情难以避免，优秀的导演总是将这种悬念推到极限。不难理解，当观众处于这种紧张状态时，他们就会做出一些想要控制这种形势的事情，比如，捂上眼睛不去看屏幕，或者捂住耳朵，不让吓人的音乐进入耳朵。催生这些行为的是伴随极度的恐惧和不确定感而来的真切的不适感。

忧虑和不确定性

忧虑是面对不确定性的一种很自然的反应。在不确定的状态下，因为我们不知道坏事情会发生在什么时候、什么地点，甚至不知道要发生的是什么样的坏事情，不知道它是否会真的发生，这就让我们更加难以做出什么**具体**的行动。我们的思维和想象会高速运转起来，设法解决不确定性的问题。处于不确定状态中的人们，会用一种螺旋式的思维方式来思考接下来会发生什么事。人们就会试图通过“如果……怎么办”和接下来的旋风式忧虑来预测接下来会出现什么情况，以及如果出现某种情况，我们该怎么办。这种情况下，忧虑就好像是通向未知（不确定性）的桥梁，我们可以由此看到对岸。在不确定的形势中，忧虑往往会沿着人际关系、财务、家人等多条不确定的路径螺旋向前。同时，担忧者在“寻求”解决方案过程中，忧虑会沿着这些主题内部的无数条小路前进。令人遗憾的是，这种杂乱无章的思维活动往往会带来新的问题，继而产生新的忧虑。在这些对形势不确定的时刻，我们的忧虑让我们感觉很真切，因此我们会迫切地想阻止我们所担心的那些坏事发生，接下来，我们就会千方百计地设法避免你想象的那些恐怖结果。我们想到的解决方案会让我们去想可能发生的不同结果，于是我们又开始想这些结果。我们忧虑的事情很快就变成怎样极力从不确定的“虎口”中获得确定感。但是，可惜的是，这会起到完全相反的效果，让问题更加不确定。

在面对发生在眼前，或最近的、不确定的、可能改变人生方向的重大事件时，我们都有这种体验。大多数人，如果不是全部的话，都会因为重大事件而担忧。担忧者遇到的一个问题是，我们将忧虑和在忧虑时做的那些事情，拿来解决生活中所有的不确定性，而不仅仅用于解决能够改变人生方向的重大事件上的不确定性。虽然人们在忧虑时做的一些事情可能确实起到一定的积极作用，比如说，深入考虑可能出现的不同情况，我们可以采取的各种应对方案，以及每一种方案可能存在的问题，哪一种方案最理想，等等。**对于GAD 病人来说，用忧虑解决不确定性成了他们应对生活中所有不确定性的千篇一律的方案**。

忧虑和不确定性密切相联：不确定性是刺激忧虑的重要因素，因为担忧能催生更多不确定性，进而引发刺激更多忧虑（参见图 8.1）。虽然我们都想减少生活中的不确定性，让自己少忧虑一些，但是我们不能完全消除忧虑，完全消除忧虑所做的努力最终往往会导致更多忧虑（有关更多细节，详见下文）。因此，虽然我们无法降低这个世界的不确定水平，但是，我们愿意帮助你调整应对不确定性的方式。记住，CBT针对的是你对眼前形势的看法或评估（参见第4章），这也适用于不确定性。你对不确定性的看法或评估对于帮助你理解你应对不确定性的行为方式至关重要。如果我们能够为你提供看待不确定形势的不同角度，那么就能够帮助你忍受对情况的不了解，减少你的忧虑，让你采取积极的应对方式。研究表明，担忧者很难接受不确定性。不确定性让他们心烦意乱，让他们接下来很难采取积极的行为方式。他们做的一件事是忧虑，而不是采取行动。因为不确定性会刺激忧虑，所以，在本章里，我们的任务是帮助你管理和容忍不确定性，同时，帮助你管理和减少忧虑。

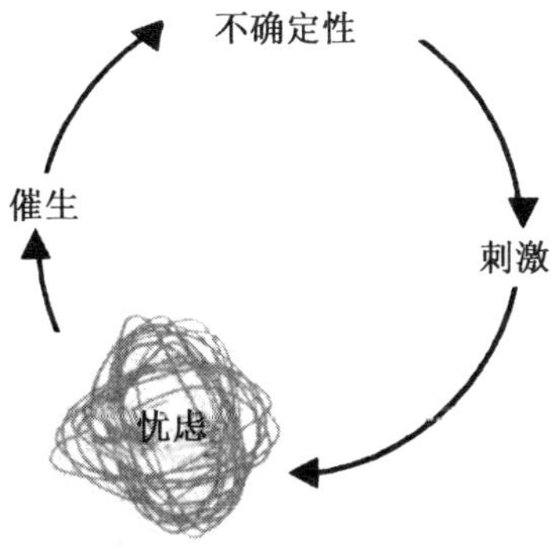

图 8.1 忧虑和不确定性

拿保险做类比

如果不确定性感觉像是我们在看恐怖片时所体验的紧张感，那么我们就可以将忧虑看作是我们针对生活中的不确定性购买的保险单。我们知道，保险无法阻止意外事情的发生，而仅仅是减少意外事件发生后导致的经济损失。在很多情况下，买保险是理性选择，但是如果购买保险的成本（保险费）太高的话，买保险是否真的值得？如果买一个烤面包机，再花上价格的一半购买3年的免费维修服务是否值得（即使不买，也有为期一年的免费维修服务）？如果你认为所有烤面包机都会在很短时间内出问题，那么购买这个服务可能是划算的。否则，你不妨接受不确定性，等到它出了问题再想办法，将这笔钱放在自己兜里。同样，忧虑也不能防止坏事的发生，它只是给你提供一个减少损失的机会。

但是，这其中的成本——一连几个钟头无意义的忧虑、肠胃的不适感、睡眠和生活情趣上的损失、紧锁的眉头、两个肩胛骨之间的紧张感——太高了。担忧看似能消除不确定性，但是从来没有真正做到过。如果我们少花一点钱去给那些可能出问题（但也可能根本不会出问题）的事情上保险，我们就能在那些真正有意义的事情上多花一点钱。同样，如果我们少花一点精力去担忧那些可能出问题（但也可能根本不会出问题）的事情，我们就能将这些精力用来做目前有意义的事情，比如说，关心家人、朋友，做自己开心的事情，以及那些将来特别想要做的事情。

虽然如此，但需要注意的是，给一些重要事件上保险可能是一个好主意，比如说，办理人身保险，当我们有家室或需要对家人承担责任的时候，针对火灾、洪水办理相应保险，针对轿车损毁给轿车上保险，等等。保险公司往往还要针对一些其他的、往往不重要的风险，比如，丢失钥匙、剐蹭、凹陷等，向你推销汽车附加险。同样，我们在面对重要事件时保持忧虑（以及类似的情绪），而不去为那些生活中不重要的不确定性买保险、支付保险费，也不去为它们担忧。

为什么担忧者要对不确定性做出反应？

问题不是形势本身，也不是因为不确定性的存在，而是担忧者总体上甚至对日常形势中细微的不确定性也异常敏感。在他们有关认知行为治疗的优秀作品里，米歇尔·杜拉斯（Michel Dugas）教授、梅丽莎·罗比肖（Melisa Robichaud）博士认为，对不确定性的不容忍可以被视为一种“过敏症”。如果患有类似花粉症的疾病，只需一丁点花粉就可以产生过敏反应。对于忧虑也是如此，只需一丁点不确定性就可以触发你的过度忧虑和焦虑。对于很多担忧者来说，只要有百万分之一发生意外的可能性，那么因为心中的这一**疑虑碎片**，他们就认为意外情况很可能发生，于是就忧虑起来。接下来，**疑虑碎片**就会催生旋风式忧虑。有时候，有的不确定之处很明显——例如，银行经理突然打电话来要求与你见面，或者家人突然生病。但是有时候，不确定之处很难察觉，可以从对话中发现——比如，有人说，**我九点钟之后的某个时间回来**。担忧者喜欢把事情搞得清清楚楚。可惜的是，这往往是不可能的。看看下面这个例子。

> 艾莉担心丈夫在推销产品回家的路上迷路。在过去10年里，他几乎每个工作日都要驾车去全国各地推销产品，从来**没有**迷路过。虽然艾莉知道这一点，但是她也认为存在迷路的可**能**，他的汽车**可能**中途出故障，也可能因为路上发生事故而被困在车流里耽误时间，他甚至可能发生车祸。就是这些疑虑碎片催生了不确定性，继而又刺激了忧虑。她需要百分之百地确信丈夫不会出任何问题——即使他从未晚到家超过2小时。而且，每逢遇上堵车时，他都会打电话告诉她。尽管出现意外的

可能性很小，但不等于没有这个可能性，这就足够让她担忧了。她的忧虑已经成为一种自己几乎觉察不到的习惯，虽然她确实发现自己在大多数时间里感到异常疲惫和紧张。

对于艾莉来说，一点点的不确定性，也就是说**疑虑碎片**，就会触发她的忧虑。鉴于忧虑的特点，它一旦开始，就会催生它自己所蕴含的不确定性，这意味着它将在自身的作用下持续下去，直到某件事打断这一过程。

在一个常规体检过程中，医生向爱忧虑的奥斯卡提供了一些反馈。医生告诉他："身上的痛感需要引以注意的可能性很小，但是我觉得你最好在三四个星期后再来看一看。"这位周到而细心的医生给这位病人提了一些合理的建议，但是，因为奥斯卡看待这个世界的方式有问题，于是他就往最坏处想，开始更加忧虑。他开始琢磨，如果没有问题的话，医生不会凭空担心；如果他向我隐瞒什么的话，我该怎么办？如果他故意等到下次才把坏消息告诉我怎么办？这不公平。我受不了。我必须弄清楚。在发动汽车回家之前，他迫不及待地在诊所外面的停车场里给医生打电话，追问自己的病情。

在这个故事中，我们要注意三个地方。第一，奥斯卡凡事往最坏处想的习惯。第二，他对形势中的不确定性过于敏感。这里，不确定性的来源有好几个：医生的措辞——他说需要引以注意的**可能性很小**，但是奥斯卡想要听到的是**不可能**。"无需担心"和下次再来查之间存在明显的矛盾。结果，从奥斯卡的担忧中无端生出了不确定性。第三，他还觉得不确定性让他心烦意乱、无法忍受。换句话说，他**无法忍受不确定性**。研究表明，这是对忧虑倾向最为重要的影响之一：对不确定性的不容忍是诸多心理学理念的基石，它可以解释 GAD 和本书中提出的自助疗法。

我们可以从本书开篇处的案例故事中看到，担忧者往往不顾一切地回避不确定性。有时候，他们甚至宁愿坏事情立刻发生，而不愿意忍受不知道接下来会发生什么的那种感觉。这不是说他们希望发生坏事情，而是不知道什么时候会发生什么事，或者是否会发生什么事，让他们感到恐惧、无法忍受。他们很难将计划付诸实施，因为他们没有把握这些计划是否有效，或者只要有最细微的迹象表明计划实施过程会出问题，不确定性立刻就会让他们停止计划的实施。现在，你很可能需要重读一下本书开篇处的那几个案例故事。看看相较于你第一次看这些故事的时候，有哪些新的发现?

学会发现自己对不确定性的反应

虽然担忧者对不确定性很敏感，但是他们有时候注意不到这一体验。这里面的原因很多。第一，这一体验往往内嵌于生活中的各种事件中（参见上面艾莉和奥斯卡的例子）。第二，忧虑是针对不确定性的习惯性反应，很像是下意识的反射作用，因此我们不会去注意是什么触发了忧虑。有时候，我们感觉忧虑似乎是突然出现的。第三，人们在忧虑时完全沉浸其中，很难想到其他事情。第四，往往只需一丁点不确定性就可以触发担忧者的忧虑情绪，因此，很小的，或看上去无伤大雅的事情就会让他们忧虑起来。第五，忧虑无处不在，就像是重力一样，如果我们不去注意它，就会对它视而不见。

练习 8.2 注意自己在不确定性方面的体验

到现在为止，我们已经记了不少页的忧虑日记，已经能够发现**如果……怎么办**，以及忧虑和忧虑的主题。你可以运用忧虑日记帮助你深入思考导致你每次忧虑的不确定性。下面的这些问题可以帮助你做到这一点：

• 如果你将担忧看作是穿越不确定性的桥梁，那么那个形势中的未知因素是什么？你了解哪些情况，不了解哪些情况？

• 在这一形势中，哪些因素是你所不确定的？

• 你是不是有不确定的地方？具体是什么？

• 你是怎样管理这种不确定的？

• 回忆一下所有的忧虑经历，你注意到，你的身体、思维和行为发出了哪些针对不确定性的早期"预警信号"？

评估你对不确定性的忍受程度可以帮助你体察恐怖片类比中描述的那种紧张感（参见 131 页），你还可以开始深入了解对不确定性的不容忍出现的时间、注意触发它的因素，以及你是怎样应对这种感觉的。这就像是我们必须体察那些让我们知道自己处于不确定形势中的因素。当然，忧虑是你最可能注意到的事情，但也可能还有其他事情，如肢体紧张、坏心情、坏感受、深吸气、你说的某句话或某个词、大脑里跳出的某个想法或你习惯性想到的某个想法、习惯性做的某件事、某个情不自禁的行为、某种特殊的语言或行为习惯，等等。这个清单无限长，但是我们可以想一想这个问题：你做的某件事情是否会让你觉察到身边的不确定性——就像烟雾探测器一样？好好想一想你在面对不确定性时的思维、内心感受、行为、肢体感受。你的想法、情绪、感觉如何，你会怎么做？

什么是对不确定性的不容忍

这是一个重要概念，因此，我们一定要将这个问题弄清楚。无法忍受不确定性的人，和担忧者一样，倾向于将不确定性看作是让人紧张、心烦的体验，他们感觉不确定的未来是不公平、让人无法忍受的，感觉意外事情会让他们惊慌和不安，感觉不确定性会影响他们的生活能力。他们的肢体，尤其是肠胃会感觉到不确定性。用一句简单明了的话说，就是**担忧者讨厌“有所不知”的感觉**。已知和未知之间的真空地带让他们难以忍受。

在我们完成了本书第一版之后，关于不确定性的不容忍，我们有了大量的新发现——我们在2007年末完成第一版之际，大约有200本书和文章使用了本书中的“不确定性不容忍度评估表”。在我们完成第二版的时候，使用这一评估表的书籍和文章数量接近了600。因此，基于世界范围的研究、我们与泰恩-威尔郡纽卡斯尔（Newcastle upon Tyne）的同事，以及那些有创造力而勤奋的学生的共同研究，并调查了很多自称对不确定性较为不容忍的人之后，我们获得了以下发现：

- 他们的忧虑更多（不错，我们已经知道了这一点，但在这里再次强调）。
- 他们认为相当多形势是不确定的。
- 相较于那些比较能够忍受不确定性的人，日常生活中的不确定性对他们的困扰更大（虽然这也是很明显的，不过强调这一点很重要）。
- 面对不确定的积极形势时，不确定性也会困扰他们，即使他们没有预测到坏事要发生。

- 他们预测到消极结果的可能性更大。
- 他们的身体和情绪可以感觉到不确定性：他们能够察觉到这些“内部信息”（情绪和身体感受），他们说这种感觉很强烈，让人心烦意乱，等等。
- 他们运用各种各样的策略来管理不确定性。
- 他们更可能放弃一些他们所重视的东西，为的是让事情更有把握。
- 对不确定性的不容忍是一个“连续统”，其范围从不是很容忍到相当不容忍。
- 大量证据表明，人们可以改变对不确定性的忍受度，提升对不确定性的忍受度。
- 当人们对不确定性的忍受度增加时，他们的忧虑和焦虑水平就会下降。
- 虽然对不确定性的不忍受主要出现在忧虑和GAD中，但同时也出现于大量与焦虑相关的心理问题中，虽然对于它在这些问题中起到的具体作用，我们知之甚少。

支持对不确定性不容忍的规则

对不确定性不容忍的个人会养成一种看待这个世界的消极的方式或态度，而这一方式或态度的背后是一系列关于不确定性的规则和信念。在这些人们内心默认的规则的作用下，他们会做出消极的预测，他们会觉得，如果置身于在不确定的形势或事件中，会发生他们无法控制的事情，继而让他们产生强烈的焦虑和恐惧。例如，一个规则可能是这样的：**如果我没有对某件事做到百分之百地有把握，那么将**

来肯定会出麻烦，或者是，**如果做一件没有做过的事情，我就没有把握把它做好**。如前所述，这种规则会影响我们的行为。在前述的两个例子中，坚持这种规则的人会很自然地回避可能会违反这些规则的形势。对于不能忍受不确定性的人来说，这些忧虑所产生的“想法流”或“念头流”还会侵蚀他们能够做出正确决定的信心。如果我们对自己的决定没有信心，他们就会担忧先前做出的决定是否正确。

我们首先来深入分析下面案例中的第一个规则：

彼得的规则：如果我没有对某件事做到百分之百地有把握，那么将来肯定会出麻烦。

彼得想要买一个洗衣机。他很快意识到，数量众多的洗衣机品牌和型号让他难以抉择。他的规则告诉他，必须小心谨慎，不能买错。同时，它还告诉他，必须对自己的选择弄个清清楚楚，不能稀里糊涂。结果，每次要做决定的时候，另一个型号的洗衣机就会在他的脑海里冒出来，他就开始担心他要买的那个型号能否在五年保修期内不出问题，或者下一周新推出的型号是不是更好，如果新机型更好的话，他岂不是要后悔。就这样，他多次进出商店。他长时间地盯着洗衣机的说明看，但是大脑早已走了神。他离开这家商店，又去了另外一家。但是这个过程完全一样。最后，他匆匆地做了决定，挑选的依据不是他当时掌握的信息，而是为了尽快从拿不定主意、犹豫不决的痛苦中解脱出来。虽然洗衣机终于买到了，但是他回到家之后，就开始担心这个选择是不是最好的……

这种体验很常见。对于一些担忧者，他们的规则经常让他们不知所措，他们做决定时从来不会信心十足。对于其他的担忧者，任何决定，即使是错误的决定，也优于拿不定主意、进退两难的那种恐怖感觉。

评估对不确定性的忍受度——体察

练习 8.3 是加拿大的一个研究团队设计的调查问卷，名为“不确定性不容忍度评估表”（Intolerance of Uncertainty Scale，IUS）。顾名思义，它的作用是评估一个人对不确定性的不容忍程度。你可以每个星期都填一次，看看自己在克服忧虑情绪方面的进步。前面，我们说过，不确定性是刺激的忧虑的“燃料”，如果我们减少这一“燃料”，增加你忍受不确定性的能力，那么我们就可以缓解忧虑。

计算这个调查问卷的最终评估值，只需将小方块里的数字加在一起就可以。受 GAD 或过度忧虑困扰的人，评估值会高一些，他们的平均值为 87。如果评估值高于 50，就说明你在容忍不确定性方面存在问题。因此，一个粗略的标准是，如果你的评估值高于 50，那么，你可能就需要花时间认真反思，然后设法改变你应对不确定性的方式。

这个调查问卷也会让你初步认识一下什么是对不确定性的不容忍度。完成这一调查问卷之后，认真想一想问卷中的每一项。哪一（些）项让你觉得颇有道理？哪一（些）项让你感到意外？完成这一调查之后，你是否对自己的忧虑有了更为深入的认识？这张问卷是否给你提出了某个（些）问题？最后的评估值是否让你感到意外？如果答案是肯定的，为什么？

理解对不确定性的不容忍是我们正确理解忧虑的重要步骤。理解对不确定性的不容忍可以帮助我们理解为什么人们管理忧虑的方式各种各样。例如，有的担忧者可能因为怕遇上不熟悉的人而不参

练习 8.3　不确定性不容忍度评估表[①]

下面的评估表中列出了用来描述人们如何应对生活中不确定性的一系列办法。请用这种评估表来描述每一项与你的情况的符合程度。将相应的数字写在句尾的小方块里。

根本不符合		有点符合		完全符合
1	2	3	4	5

1. 不确定性妨碍我形成明确的看法。 □
2. 拿不定主意意味着一个人缺少条理性。 □
3. 不确定性让人度日如年。 □
4. 生活中没有任何明确的保证，这是不公平的。 □
5. 如果我不知道明天有什么安排，我就会惴惴不安。 □
6. 不确定性让我不安、焦虑、紧张。 □
7. 意外发生的事情往往让我心烦意乱。 □
8. 如果没有获得我需要的所有信息，我就会有挫败感。 □
9. 不确定性让我无法享受丰富多彩的生活。 □
10. 人应该时时想得长远一些，以便避开意外的事情。 □
11. 一件很小的意外发生，就会破坏整个计划，即使事先考虑得非常周密，也是如此。 □

① 资料来源：K. 布雷（K. Buhr）和 M.J. 杜拉斯（M. J. Dugas）合著的《不确定性不容忍度评估表：英文版心理测量特点》(The intolerance of uncertainty scale: psychometric properties of the English version)，《行为研究和疗法》杂志（Behavior Research and Therapy）(2002 年，第 40 期)。版权归 Elsevier 所有。

续表

12. 每次到了该行动的时候，总是拿不定主意，左右为难。	□
13. 迟疑不决说明我不是最优秀的。	□
14. 我拿不定主意时，就不敢采取行动。	□
15. 我拿不定主意时，就会头脑迟钝。	□
16. 别人不像我，他们似乎都知道人生的这个阶段应该干什么。	□
17. 不确定的形势让我感觉很脆弱、不快乐、郁郁寡欢。	□
18. 我总是想知道将来我会碰上什么事。	□
19. 意外发生的事情让我受不了。	□
20. 即使是最小的疑虑也会让我裹足不前。	□
21. 我应该能够事先把所有事情都安排好。	□
22. 拿不定主意意味着我缺乏信心。	□
23. 看到别人对自己的未来很有信心，我就感觉不公平。	□
24. 情况的不确定让我难以安然入睡。	□
25. 我必须避开所有不确定的形势。	□
26. 生活中的模棱两可让我倍感紧张。	□
27. 不确定的未来让我无法忍受。	□

加社交活动，而有的担忧者则过于热衷于参加这类活动，因为他们担心如果不去的话，其他人会怎么说他。推动这两种行为的是一个相同的原因：对不确定性的不容忍。

对不确定性的不容忍和忧虑之间存在什么联系？

担忧者很难忍受哪怕是一丁点的不确定性。当情况略微有一点不确定，或形势可以有多种解读方式时，他们就会陷入巨大的忧虑之中。不确定性会刺激忧虑，因此担忧者自然会想方设法减少不确定性，例如，通过提前做计划。他们的计划提前得越多，不确定的情况更多，因为需要考虑的未知因素更多。如果他们决定回避这一形势或问题，那么那些不确定的情况仍然不确定，因为他们确实无法知道接下来会发生什么。如果要深入了解眼前不确定的形势，他们就必须了解更多未知的情况，这更加剧了不确定性，让他们更加忧虑。他们还往往遇事就往最坏处想，觉得坏事情肯定要发生。因为他们内心里真的认为坏事要发生，所以这种思维方式相较于对形势的客观认识，会导致更多的忧虑和焦虑，让不确定的形势更具威胁，更让人烦躁不安。另外，担忧者还觉得，如果这些坏事发生了，他们根本应付不了，这种想法又会导致忧虑。很自然的是，担忧者真正想要的是绝对的确定，确定要么坏事情肯定不会发生，即使发生，也要确定下来什么时候发生、怎样发生，这样好让他们能够应对。

前文说过，要想克服忧虑，我们就必须学会怎样更为高效地调整我们应对不确定性的方式。我们知道，担忧者感觉不确定性难以忍受。除了担忧之外，他们还会通过很多方式设法将不确定性降低到最小程度。可惜的是，他们的每一种尝试几乎都会让形势更加不确定，让忧虑大大加剧。要想让自己能够忍受不确定性，你一定要知道这一点：首先要发现那些你可以置身于其中的不确定的形势，开始的时候，不确定的程度要小一些。没有其他捷径可走。仅靠思考不确定性和忧虑（或者读这方面的书）不能让你有所改变，你必须改变自己**做事情的方式**。

忧虑和不确定性之间的“交会模式”

接下来，我们将简要概括忧虑和不确定性之间的密切关系。在下图中，你会发现贯穿本书的忧虑示意图中的几个重要元素：

触发因素→如果……怎么办→忧虑→焦虑→消沉和疲惫

现在，我们要加上对不确定的不容忍及其与忧虑的关系。我们一定要理解对不确定的不容忍对忧虑的影响，这其中的原因很多：第一，这可以详细描绘出你的问题；第二，这可以帮助你了解你的忧虑；第三，这一理解还可以告诉我们该怎样做来帮助你有所改变。下面是两个示意图（图 8.2 和图 8.3）：第一个是基本框架图；第二个增加了担忧者经常具有的一些想法，以及他们说的话。你可能需要多琢磨一下这两个图，我们将在后文为大家找出关键点。和先前一样，看这两个图的时候，要准备好纸和笔。

在面对结果不确定的日常形势时，担忧者往往**想让事情确定无疑，尽力减少不确定性**。接下来，他们就会往最坏处想，并陷入忧虑。再接下来，他们就会觉得自己**无法应对**他们在忧虑中想象出来的最糟糕的情况。他们会想，**如果我做了错误的决定怎么办？**或者，**我应付不了这个情况怎么办？**这些“如果……怎么办”立刻触发了忧虑和想要一个确定结果的想法。在担忧者寻求确定结果的过程中（**这件事上不能有闪失，我必须很确定**），另一组相互矛盾的想法或问题就会出现，暗示 100% 确定是多么地不可能（**我可能判断失误，我怎么能确定？**），触发了更多的忧虑。担忧者于是陷入了徒劳地追求确定性与回避不确定性之间的陷阱。这催生了强烈的情绪，包括深陷犹豫不定境地的忧虑。后者进一步侵蚀了担忧者做决定的信心。这种内心感受往往伴随着强烈的肢体感觉。

很自然地，担忧者接下来就会陷入习惯性的行为方式中，即，尽力降低不确定性水平。可惜的是，他们采取的很多行为起到了相反的效果——不确定性不但没有减少，而且往往还加剧了，进而加

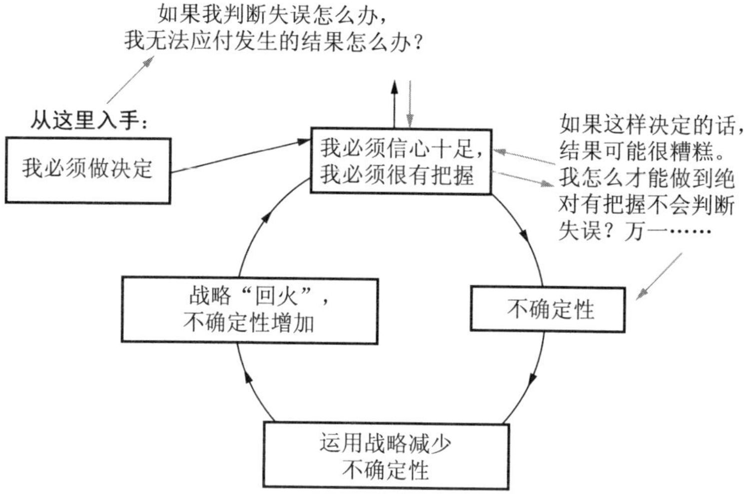

图 8.2　不确定性循环

剧了忧虑。例如，他们可能会避免做决定，但是这只能增加他们做决定的压力。在每一个循环里，担忧者都感到更加不敢确定，更加无所适从。

在接下来的这个示意图里，为了帮助你理解这一循环，我们增加了一些细节，尤其是有关忧虑如何与不确定性循环的各个阶段相互影响。我们还给该图增加了忧虑，它位于这个图的中央。

不确定性会**刺激**忧虑，反过来，忧虑也会**催生**不确定性。不确定性循环的每个阶段都会产生更多的不确定性，进而产生更多的忧虑（参见指向相反方向的那对箭头）。我们先从第一个方框说起，也就是**我必须信心十足，我必须很有把握**。这句话会导致忧虑——**如果我错了怎么办？如果我搞砸了怎么办？**——进而催生更多的**不确定性**，不但加剧了忧虑（参见那一对箭头），而且还促使担忧者运用**策略竭力减少不确定性**。可惜的是，这些战略往往会催生更多的不确定性（参见那对箭头），导致更多忧虑，但同时也促使担忧者回到这一循环的起点，去追求确定性。

驱使对不确定性的不容忍度的因素是什么?

背后的规则

研究发现，支持担忧者不容忍不确定性的规则主要有三组。第一组规则试图共同减少不确定形势下发生坏事情的风险；第二组规

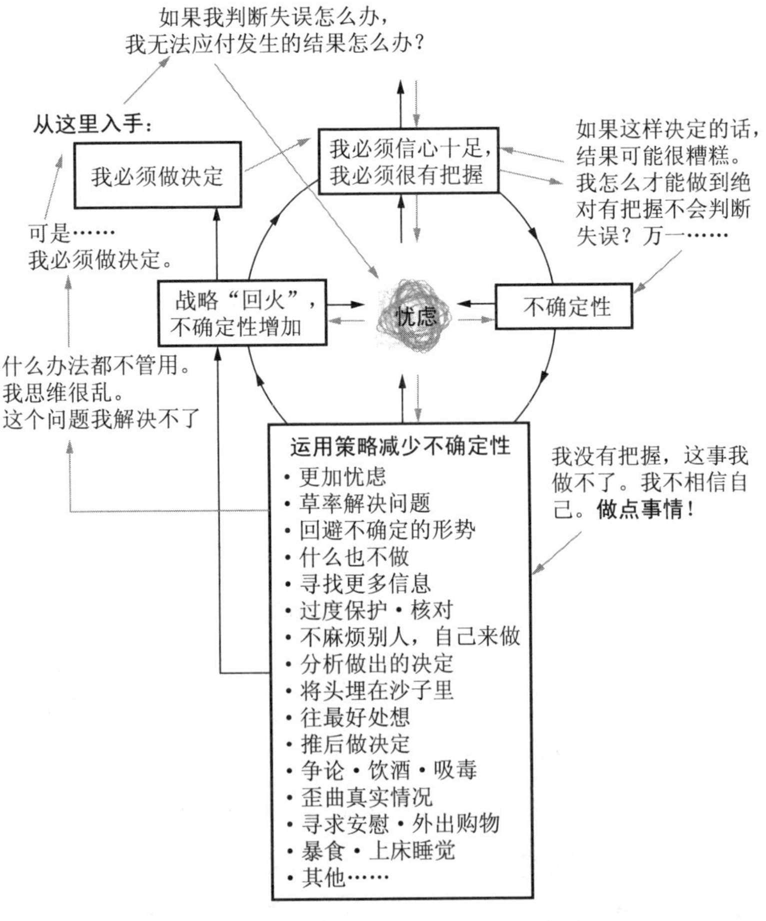

图 8.3　对不确定性的不容忍与忧虑之间的关系

则让我们重视确定性，让我们只在能够确定的时候采取行动；第三组规则提醒我们不确定性的可怕之处、为什么应该回避它。关于确定性和不确定性的这些规则似乎是紧紧拥抱的敌我双方。在这种矛盾中，我们心惊肉跳、局促不安。下面，我们来深入探讨这些规则。

我们首先来看看这些以减少风险为目标的规则。对于那些对你影响非常大、可能改变你人生方向的事件，比如，结婚或离婚、要孩子、买房子、换工作，等等，这些规则是合理的，但是对于日常琐事，比如，开汽车去做年检、去医生那里做例行体检、见孩子的老师，这些规则就不合理了。这些规则考虑的只是哪里会出问题，怎样可以防止出问题。虽然非常努力地预防出问题，但是担忧者还是认为，如果问题真的出现，他们很可能解决不了。他们认为把情况往最坏处想，比壮着胆子认为平安无事要稳妥得多——这很像是虽然天气预报说只有小雨，但担忧者却在预防飓风的到来。就这样，担忧者通过说服自己相信形势的“噩梦”版本，并据此采取行动，或者准备采取严密的应对行动，好像灾难性形势真的要临头一样。有时候，虽然形势的“噩梦”版本让人感觉非常不好，但是相较于另一种不确定性，它让人感到确定得多，稳妥得多。例如，如果情侣之间存在什么不确定性的话，那么对于担忧者来说，假设这一关系会破裂要稳妥得多。接下来，他们就可以通过某种方式来预防这件事的发生。如果这种最坏的设想真的发生了，那么他们就会觉得他们应对**不了**这一情况。通过这种方式，他们就可以为最坏的情形做准备。忧虑让我们围绕着容易出问题的、令人讨厌的形势做一场迂回曲折的旅行。因为这些体验让人感觉非常真实，所以，我们想尽力确保这些体验不会发生。总而言之，担忧者认为，**稳妥总比后悔强。**

另外两组关于支持不容忍不确定性的看法与确定性和不确定性本身密切相关。关于确定性，担忧者认为，他们能够，也应该做到绝对确定，因此，他们可以等到有绝对把握时再行动。但是，有绝对把握意味着要应对所有的可能性。在我们核对一个细节的时候，我们可能会察觉到更多的可能性，因此会变得不再那么有把握。我们会发现，绝对的确定或有把握只是一种主观想法，很少能够真的实现，因此，担忧者对确定性的追求往往是徒劳的。有关不确定性的信念认为，不确定性是一种令人非常不快的体验，应该不惜代价地避免。但是，要想避免不确定性，我们就不能追求绝对的确定——否则，一旦事态的发展与先前的计划不一致，担忧者就会方寸大乱。这意味着尽力避免不确定性会导致僵化的计划，后来形势的变化很容易破坏这些计划。在寻找确定性和避免不确定性之间来回游离会让你丧失方向感，并且，事与愿违，会推升不确定性的水平。在经历这种频繁转变的同时，担忧者还是会竭力做出稳妥和确定的决定。但是，考虑到他们自己当时的内心感受和行为方式，这

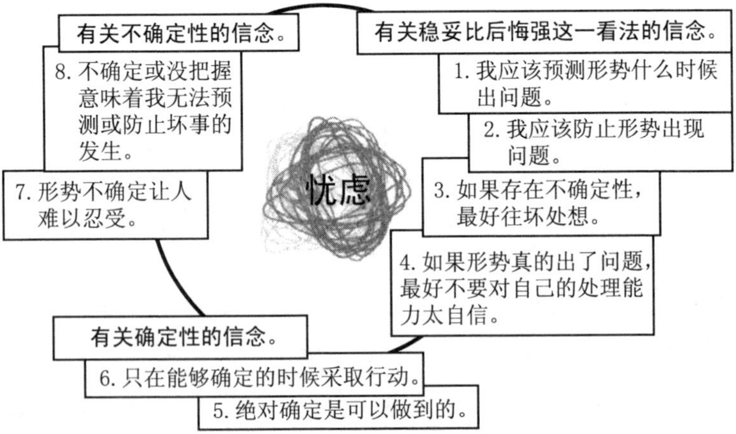

图 8.4　支持不容忍不确定性的信念

几乎是不可能的。这种情形对于他们来说是无法忍受的。他们试图用忧虑来从不确定性中找到确定性。总而言之，**稳妥比后悔强，但是，如果做不到确定，怎么能做到稳妥？**——这让他们难以忍受不确定性。

下面的图表展示了这三组观点。它们之间彼此关联。稳妥总比后悔强的相关信念层层递进。确定性和不确定性的相关信念则在确定与不确定之间制造了某种紧张，并让我们更加深陷于稳妥总比后悔强相关信念的纠结。

练习 8.4 描述你在忧虑形势中的思维方式

该练习可以帮助你描述你在忧虑形势中的思维方式。想一想距离现在最近的几次忧虑体验，回答下列问题（注意：可能仅有个别问题适用）。每个问题都对应着上面示意图中的一个文字框。

1. 你是不是在竭力预测坏事情的发生？

2. 如果确实如此，你当时是不是在想办法防止这些坏事的发生？

3. 你是否在这一形势中感到不确信或没有把握？如果答案是肯定的，那么，你是不是觉得往坏处想是不是更稳妥一些？

4. 如果你想到的坏事确实发生了，你是否怀疑自己应对这件坏事的能力？

5. 你是否认为你应该做到绝对确定或有把握？

6. 在做决策或采取行动之前是否应该感觉很有把握？

7. 这种“有所不知”的感觉是否让你觉得难以忍受？

8. 当你感觉不确定或没有把握的时候，是不是很难预防坏事发生？

评估我的有关不确定性的规则和信念

练习 8.5　探索你关于不确定性的规则和信念

下表提供了一些与对不确定性的不容忍度相关的规则和信念。完成下列问卷。给每个项目确定一个估值，然后分析那些估值最高的项目。这些高估值项目与哪些形势密切相关？将这些形势列出来。怎样通过改变你的行为方式来着手挑战这些规则？

规则和信念调查问卷	
分析下列每句话，将最能体现你情况的数字圈起来。	
	强烈反对　　非常同意
预测和预防坏事情	
我应该每次想到可能出问题的每个地方。	1　2　3　4　5　6　7
一般来说，阻止坏事情的发生是我的责任。	1　2　3　4　5　6　7
如果形势不确定，那么往最坏处想	
如果有不确定的地方，那么某个地方肯定要出问题。	1　2　3　4　5　6　7
我应该避免变化。	1　2　3　4　5　6　7
如果坏事情有可能发生，那么肯定会发生。	1　2　3　4　5　6　7
如果我出错的话，后果是个未知数。	1　2　3　4　5　6　7
如果我感到不确定，那么肯定有坏事情发生。	1　2　3　4　5　6　7
如果某个形势不确定，那么就要出大事了。	1　2　3　4　5　6　7
怀疑处理问题的能力	
如果第一次做某件事情，那么我就没有把握把它做好。	1　2　3　4　5　6　7
如果我的将来是不确定的，那么我就会度日如年。	1　2　3　4　5　6　7
遇到意外的事情，我就不知道该怎么办。	1　2　3　4　5　6　7

续表

如果不知道接下来会发生什么，我就不知道该如何应对。	1	2	3	4	5	6	7
如果其他人出手相助，那么我就能解决问题。	1	2	3	4	5	6	7
如果向别人求助，那么我就会更有把握。	1	2	3	4	5	6	7
绝对的确定性是可以做到的							
遇到任何事，我都应该把握十足。	1	2	3	4	5	6	7
如果我感到很确定，我就会有安全感。	1	2	3	4	5	6	7
如果我感到很确定，那么我就会做好相关准备。	1	2	3	4	5	6	7
如果我感到很确定，那么我就能做出很好的决定。	1	2	3	4	5	6	7
如果我不征询其他人的看法，我就会怀疑自己的判断。	1	2	3	4	5	6	7
人们说的都应该是合理的。	1	2	3	4	5	6	7
不确定性让人痛苦。	1	2	3	4	5	6	7
只在有把握的时候采取行动							
如果我很有把握，那么我就能采取行动。	1	2	3	4	5	6	7
如果这件事我一个人做，那么我就能确定不会出任何差错。	1	2	3	4	5	6	7
每次行动前，我必须征询其他人的看法。	1	2	3	4	5	6	7
好的决定应该是自己有十足把握的决定。	1	2	3	4	5	6	7
做决定时必须慎重从事。	1	2	3	4	5	6	7
如果我有一个固定的流程，那么我就不忧虑了。	1	2	3	4	5	6	7
如果我有一个固定的流程，那么我就很有把握了。	1	2	3	4	5	6	7

续表

如果我感觉不确定，那我肯定会出错。	1 2 3 4 5 6 7
不确定意味着我不能预测或阻止坏事情的发生	
如果我让自己面对不确定性，我会不能处理事情的后果；如果我让自己面对不确定性，我会被它压垮；如果我让自己面对不确定性，我的忧虑会无法控制；如果我感到不确定，我一定会出错。	1 2 3 4 5 6 7
如果不能考虑到所有的可能性，我就不敢采取下一步的行动。	1 2 3 4 5 6 7
如果我感到不确定，那么我就不行动。	1 2 3 4 5 6 7
如果我不能确定明天会发生事情，那么我就避免出门。	1 2 3 4 5 6 7
如果别人做事，那么我不敢确信他们会把事情做好。	1 2 3 4 5 6 7
如果我看不到这条路的终点，我就不上路。	1 2 3 4 5 6 7
如果我心怀疑虑，那么我就不行动。	1 2 3 4 5 6 7
如果我做了一个决定，那么我就应该经常怀疑这个决定。	1 2 3 4 5 6 7
如果在很短的时间内做了一个决定，那么过后，它会让我惴惴不安。	1 2 3 4 5 6 7
如果推迟做决定，我就不会感到没把握。	1 2 3 4 5 6 7
如果别人不在我的视线内，那么我就无法避免管理的不确定性。	1 2 3 4 5 6 7
我应该相信自己的直觉，避免任何不确定的事情。	1 2 3 4 5 6 7
我应该避免变化。	1 2 3 4 5 6 7
如果我犯了错，我就会忐忑不安。	1 2 3 4 5 6 7

上述每一组规则都可能有几十个略微不同的变体。有的变体与很多形势密切相关，有的只与个别形势相关。如果这些规则让你感同身受的话 ，那么现在就应该有意识地采取行动，打破这些规则（参见行为实验一章）。

练习 8.6　发现我的优势

最后，深入思考了上述问题之后，你是否发现，在生活中的某些形势，不确定性并没有导致你的忧虑？

• 是不是在生活中的某些形势里，你有能力管理不确定性？在这些形势下，你是怎样管理不确定性的？这些形势有什么特点？

• 这对你应对不确定的形势有什么启示？

• 别人怎样应对不确定性？你可以从他们身上获得哪些启示？询问朋友，或者观察同事的做法。

上面的几个练习给你提供了哪些启示？它们是否有助于你了解不确定性和忧虑是如何联系的？你对不确定性，或者自己和别人如何应对不确定性有了哪些新的认识？写下你的回答。

休整时间

现在停下来，想一想刚才看到的内容。可否总结一下你认可的主要看法？哪些内容让你印象深刻？不妨将这些内容写下来。如果有不明白的地方，也可以写下来。等到有时间深入消化这些内容，再回头来看。

到目前为止，本书的哪些内容让你印象深刻？

1.

2.

3.

第 9 章

确定性和不确定性

——更广阔的图景

现在，扩展我们的专注范围，在一个更为广阔的背景下看待不确定性。之所以这样做，部分原因是帮助你理解，追求确定性和消除不确定性的消极程度是相同的。

生活中充满了不确定性，情况很少是清晰明确的，但是当我们清楚地了解了自己所处的形势之后，我们就不大会忧虑了。另一方面，生活中的一些形势让人痛苦纠结、无所适从，缺少对形势的明确认知可能会让所有人都一筹莫展。面对那些让人压力巨大、无所适从的形势（例如，获悉一个好朋友染上了一种严重的致命疾病），几乎我们所有人都会忧虑。然而，我们生活中的大多数形势处于这两个极端之间的某个位置，往往既不是那么清晰明确，也不是那么

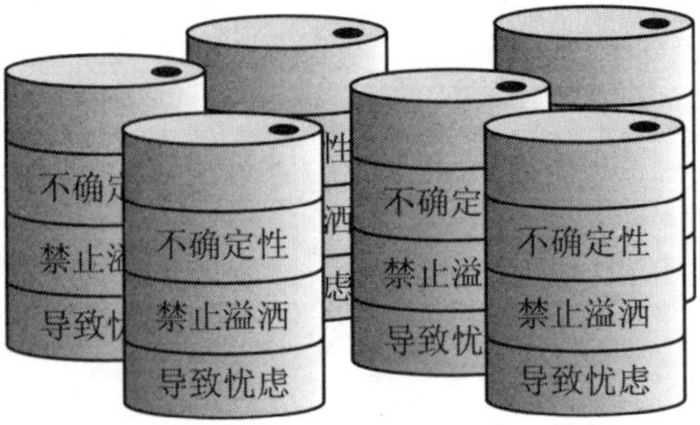

图 9.1　不确定性是忧虑的“燃料”

让人压力巨大、无所适从。让那些不能容忍不确定性的人显得与众不同的，不是那些高度不确定或清晰明确的形势，而是那些日常的、不确定感较为温和的形势。那些在这种形势中忧虑较少的人能够了解、接受和/或预料到这种不确定性，虽然他们也希望形势更为明朗，但是也能够应付这种不确定的形势。

绝对的确定不可能做到

在这个不确定的社会，我们每天都在玩下注的游戏。例如，当一个女子骑自行车去上班时，她要权衡遭遇车祸的概率与锻炼身体、保护环境、节省支出的好处。她采取了合理的预防措施，比如，确保自行车车况良好（车闸很灵，轮胎胎面磨损得不厉害），她穿上了能够反光的衣服，戴上头盔，给自己设计了安全的路线，然后做了一个安全的“冒险”。或者，想一想小区里的马路。在过去的几天里，你可能横穿了好几次。虽然被车撞上是一件很恐怖的事情，而且发生这种事的概率很低，但绝对不是不可能。或者，在你的一生里，你可能从超市买过数百份三明治。虽然食物中毒很可怕，而且因吃了从声誉良好的超市里购买的三明治染病的概率很低，但是同样，绝对不是不可能发生的。我们无法预测到所有坏事，因为生活在一个以新奇和不确定为特点的社会。公元79年，古代作家及自然哲学家老普林尼（Pliny the Elder）曾经说过，“唯一确定的事情就是没有什么事情是确定的”。实际上，对某件事确定无疑会让你陷入某种世界观无法自拔，让你无法从其他角度看问题。拿克莱顿为例：

> 克莱顿想，我肯定不喜欢伦敦。他对这一点确信不疑，于是，他从来不去伦敦，也根本不去考虑伦敦有什么好去处。他

的这种看问题的方式让他形成一种封闭的思维方式，影响了他的行为和观点，让他无法发现令人兴奋的新东西。一天，因为工作关系，他在伦敦的国王十字火车站（King’s Cross Station）等车。距离火车进站还有一点时间，他沿着尤斯顿路（Euston Road）闲逛。他抬头看到了壮观的圣潘克拉斯车站（St Pancras Station），被车站大楼的结构迷住了。他奇怪自己为什么那么愚蠢，居然一直没有光顾这里。

在第2章里，我们提到要保持一个开放的心态，可惜的是，确定性会封闭我们的思维。想一想上一次我们觉得自己肯定不会喜欢某个电影、某本书、某个餐馆、某个酒馆或者晚上出去玩，后来发现感觉意外地好。因此，对一件事确定无疑可能是一件消极的事情。所谓确定无疑也是一种错觉。我们对任何事都不可能确定无疑，因为确定无疑只是一种主观感觉，而不是事实。如果要想对某件事确定无疑的话，我们就得扭曲这个世界的边界，因为含糊和不确定是世间万物的内在属性。竭力消除生活中的不确定性就像是拼命将一条大章鱼塞入一个长方形玻璃鱼缸里。这是一件很困难的事情，尤其是当章鱼不愿意配合的时候。但是如果我们成功地将它装了进去，那么就看不到章鱼流畅的线条和外形。章鱼就几乎成了一个彩色的长方体。这里，我们想说的是，如果要排除不确定性，事实就会被扭曲、“净化”。如果这种事情真的发生的话，这个世界会是什么样子？

生活是可以确定的，这句话让我们想到未来在某种程度上是可以准确预测的，这话只说对了一半，因为白天过后就是黑夜这是绝对的，但是，生活中确实也存在不确定性。距离我们较近的未来相对来说更为确定。想一想天气预报！相对于长期预报，短期的预报更为准确。分析大西洋飓风预测图有助于我们理解这一点。虽然自从20世纪50年代，人们已经研究了数百场甚至数千场风暴，但是，人们对于下一场风暴移动路线的预测仍然不确定，人们往往用一头窄一头宽的锥形图来预测风暴路线。也就是说，接下来几个钟头的风暴中心的预测误差往往只是几英里（1英里约1.6千米），但是，即使采用最优的预测模型，对于一天之后的飓风，风暴中心的预测误差大约是100英里（约160.9千米）。对于5天之后的飓风，预测误差大约是350英里（约563千米）。

当然，不要误会：在接受相对的不确定性的同时，我们也需要相对的确定性，和大多数事物一样，二者的有益平衡是最理想的。重要的是，让我们远离不确定性的影响是一个不可能实现的目标，就像是踩着自己的影子走一样。不确定性存在于所有事物之中。它无处不在，是生活的一部分。在这方面，它就像重力、死亡和缴税一样：我们无法避开，也无法将它赶走。

“要想对一件事做到绝对确定，你就必须对它无所不知或者一无所知。”

——奥林·米勒（Olin Miller）

绝对确定的世界

你可能会说，要是消除了所有的不确定性，那么生活该是多么美好啊。那么，我们不妨来设想一番。如果没有意外的事情，没有陌生东西，没有任何神秘感，生活会是什么样子？不妨做一个练习，你可以想象一下，一个所有不确定因素都被消除之后的世界是个什么样子。电影《土拨鼠之日》（Groundhog Day）的情节就是以这个想法展开的。比尔·默里扮演的剧中人反反复复过的都是同一天，但是，即使这样，这位主人公也能够学习新的技巧，如演奏爵士乐钢琴、冰雕。虽然事件的发生都在预料之内，但是他对这些事件的反应却增加了某些不确定成分。因此，即使是《土拨鼠之日》中描述的那个世界也不是完全确定的。

你设想的完全不存在不确定性的世界是个什么样子？在你想象的世界里，不要仅仅是排除了忧虑，让所有触发忧虑的形势都变得清清楚楚：你一定要将不确定性彻底排除。其中的一个情形是这样的：37 路公交车总是在固定的时间到站，每次你都会有一个座位，以及纽卡斯尔联足球俱乐部（Newcastle United）每年都赢得英超联赛和冠军联赛的冠军。但同时，你的孩子从来没有能让你感到惊喜的新想法，每个新放映的电影既没有曲折的情节，也没有让人意外的结尾，你读到的每一本书都不会告诉你任何新的东西——实际上，根本没有什么新的电影、书籍、乐队、CD 或 DVD。每天从你身边经过的都是同样的车和人，你和他们说的都是同样的话，每逢一个月的第三个周二，你将一成不变地吃肉面包，你将从来没有机会品尝某种没有吃过的水果或巧克力蛋糕。

婴儿的降生是一个美妙的事情，但是新生儿会带来不确定因素，因为生活本身就是不确定的。因此，如果我们排除了不确定性，怎么会有婴儿降生？我们怎么能冒险将他们降生在这个没有不确定性的世界？我们可以继续设想。那将是一个非常呆板、机械的世界，没有任何新的事情发生。这样看来，不确定性就像是刺激生活，让生活具有活力的一个关键因素。没有了它，我们的生活将更加单调、贫困和空虚。德国心理治疗师埃里希·弗罗姆（Erich Fromm）提出，**要想有所创造，就必须敢于怀疑确定的东西**。如果弗罗姆说的是对的，确定性会窒息自由思维，那么我们可以将他的这一看法往前略微推进一点——做到绝对的确定可以摧毁作为一个人最重要的特点，即，自由意志和选择的能力。

你愿意生活在这样的世界里吗?

生活中每天做的常规事务和“越来越小的活动半径”

生活中，我们经常要面对各种各样固定的模式和套路，有时候我们感觉自己的生活单调而乏味，好像每天做的事情只不过是睡觉、吃饭和干活。固定的模式和套路是有用的，因为首先，它们可以给我们提供一种节奏感、稳定感，让我们知道自己在世界的什么地方、要做些什么。但是，有时候，我们的生活被这些固定模式和套路禁锢得厉害。在这些时候，我们就会渴望帮助我们走出单调和乏味生活的新鲜感或不确定因素。第二个原因和忧虑的一个后果有关：担忧者经常通过缩小他们的“活动半径”来管理自己的忧虑。他们竭力选择安全、熟悉的“轨道”，为了在很大程度上避免不确定性，但是这也会给他们带来**真正**的限制，剥夺了他们的新机会，他们无法尝试新事物、结交陌生人，将自己固定在消极的角色或人际关系中。这种狭窄的生活小天地可能导致的另一个结果是低沉的情绪和抑郁，尤其是当处于熟悉但没有什么意义的形势、角色或关系中的时候。这会让整个形势更为糟糕，因为人的情绪低落，人们更加难以激励自己尝试新事物——实际上，在这种情况下，人们什么事都不想做。

为什么担忧者最初选择依附于这种狭窄的“轨道”，原因尚不明确。但是，对于一些担忧者来说，如果他们的青少年时期在典型的不确定和不安全的生活环境中度过，那么，这种固定的模式和套路有助于他们建立一种确定的感觉，或者说，可以为他们提供一种方法来控制不确定性形势。这样，这种固定的模式和套路会让他们觉得熟悉和舒适，但是，随着时间推移，等到长大之后，我们就会意识到，它对我们的限制有多大。

你是否看到一个在某些方面没有任何不确定性的世界，你是否喜欢你看到的这些情形？你是不是仍然愿意继续那种一切都确定的生活方式？如果你的回答是肯定的，那么没有关系。但是，我们怀疑，你的回答是否定的——因为阅读这本书这一事实本身，就说明你想让自己有所改变。上述所有内容告诉我们，给生活注入适量的不确定性可以让你生活得更加快乐，这是我们在本章想要帮你做到的事情。

练习 9.1 发现我的“活动半径”

花一点时间来思考一下以下问题。将想出的答案记在笔记本上。深入思考这些问题之后，你有没有想到去做一些事情？把你想要做的事情列出来，然后选择一件事去做！你是否想要大胆尝试某些（件）事情？

- 忧虑和不确定性对你的“活动半径”影响有多大？
- 最近，你回避了哪些事情？
- 担忧让你放弃了哪些事情？
- 自从忧虑问题开始困扰你之后，你中止了哪些事情？什么时候能够继续做这些事情？
- 现在，你没有想要做一些先前没有做过的事情？如果有的话，是什么事情？打算什么时候开始做？
- 不纠结于确定性，积极获取新的体验，这样做的优势是什么？
- 是否有不好的方面？

不确定的世界

继续探讨极端情况。完全确定的另一端是完全的不确定。因此，我们在接近完全不确定的形势的时候，我们知道会经历非常糟糕的体验。在英格兰南部的克兰菲尔德大学（Cranfield University）供职的戴维·威尔金森（David Wilkinson）教授研究了一些领导者如何应对企业经营过程中和发生在重大事件（例如恐怖袭击事件）之后高度不确定和模糊不清的形势。他将度量尺上模糊不清的程度划分为完全确定到完全模糊不清或混乱。在该标尺的确定端，原因和结果联系在一起，因此形势清晰而有条理：这个世界井井有条，黑夜过去仍然是白昼。但是，随着不确定性和模糊程度的增加，因果关系逐渐弱化，最后完全看不出二者之间的联系：黑夜之后不再是白昼。就像是中央无法控制形势，地方秩序大乱，一切规则都不复存在。虽然在高度不确定端是形势的噩梦版，但是他将混乱看作是一个积极的状态，一个发挥创造性、了解新情况的时刻。他提出，“在恐惧情绪正炽热的时候，在看似危机四伏的时候，在形势最为模糊不清的时候，在我们对情况知之甚少的时候，这往往是我们最有希望进入一个新世界，有所作为的时候。”这些不确定的时刻能够为我们提供“最大限度的行动自由”。他的意思是，高度不确定的形势能够为我们提供以不同方式行动的最多选择和机会。

这提醒我们，即使在这种最不确定的极端情况下，一些人仍旧会将不确定性看作是积极、有用的因素。我们在前文也说过，关键是我们每个人怎样看待不确定性。

不管我们是否对这一观点“买账”，但是它告诉我们，总是可以用不同方式看待高度的不确定性。虽然我们可能都对那些能够从容应对这些极端形势的人心存敬畏和某些嫉妒，但是我们需要记住两点：第一，在日常生活中，我们很少遇到完全混乱的情况，因为生活中总存在某种程度的条理性；第二，在该标尺的这一端，担忧者和非担忧者的区别消失了。威尔金森教授指的“大事件”是极端的、罕见的、高度不寻常的事件。对于这种事件，担忧者和非担忧者的应对方式大同小异。我们知道，担忧者倾向于担忧那些日常事件，这是担忧者区别于非担忧者的地方。担忧者和非担忧者都会担忧重大事件。没有证据表明，担忧日常事件的人，应对紧急形势的能力较低。实际上，在临床工作中，我们听到很多这样的情况：担忧者成功应对和解决了“重大事件”或改变人生方向的问题之后，却因为日常问题管理来寻求帮助。另外，我们认为，绝对的混乱和绝对的确定一样糟糕。还有，正如我们在前文所说，平衡是关键。

不容忍不确定性的成本

最后，我们用来管理不确定性的战略总会有成本。下面的练习可以帮助我们理解这一点。关于不确定性，人们可以采取多种方式来应对。我们在练习 9.2 中列出了一些常见的例子。如果这些做法不适合你，反过来，看看是否管用。我们拿练习中的第一句话为例。它说的是有关寻求安慰的事情。寻求安慰的成本是我们不会学着相信自己的判断。而且，当我们得到的是不同的看法时，我们会变得更加没有把握，等等。如果我们反其道而行之，不向他人寻求安慰，那么担忧者可能**从来**都不会这样做。在这种“翻转”后的版本中，成本就会有所不同，这体现在担忧者在做决定之后得不到任何反馈信息，也不知道如何运用有用的反馈信息来做决策。在这种情况下，他们将通过减少信息获得量来管理不确定性。类似地，我们来看这一练习中的第二句话。在发邮件之前认真检查会耽误做其他事情的时间，担忧者会不想修改而在写完邮件后直接发送。同样，这也有成本。在这种情况下，他们可能不得不在之后花很多时间来解决这种匆忙行为导致的不良后果。你是否能够看出，对不确定性的不容忍是怎样推动下面练习中的各种行为及其翻转版本的？在下一章中，我们会对这些问题进行更深入的讨论。

练习 9.2　与不容忍不确定性相关的行为和成本

花一点时间来分析每一句话，并给调查问卷的项目打分，发现其中与你的忧虑体验相接近的方面。大致说来，如果你针对某一项给出的数字是5或超过5，那么你可能就需要制定一个目标来改变自己，或者做一个行为实验。因为并非所有项目都适合你，所以如果某个项目让你想到你生活中的另一个方面，那么把这一点写下来。阅读过程中，思考一个问题：如果你学会和不确定性“相处”并忍受它，你会获得哪些好处。第二，你可以用这种方式作为帮助你发现对不确定性的不容忍如何影响你生活的另一种方法。因为不确定性无处不在，所以人们将大量时间和精力用于消除它：想象如果将这些时间和精力用于做其他事情，可以做出什么成绩。

认真阅读下面量表中的每一句话，看看这些内容与你的行为相类似程度如何，然后将表示相类似程度的数字圈起来。

一点也不像我 1　2　3　4　5	很像我 6　7
就自己做过的决定向别人寻求安慰，事后感觉很愚蠢，因为你本来知道自己是对的。	1 2 3 4 5 6 7
在将电子邮件、信件和支票发出之前认真核对，导致其他工作上的进度落后。	1 2 3 4 5 6 7
阅读所有的电影评论，然后请朋友们决定选择看哪个电影，因为你不确信他们喜欢看什么电影，过后因为错过了自己真正想看的电影而失望。	1 2 3 4 5 6 7
在超市购物时给家里打电话，因为你无法决定大家想吃什么，过后感到优柔寡断，对自己很不满意。	1 2 3 4 5 6 7
只去同一家商店买东西，每次买相同的食品，防止买回来的东西自己和别人不爱吃，过后却埋怨日常饮食缺少多样化。	1 2 3 4 5 6 7
总找理由不把工作分配给其他同事做，过后却后悔所有的工作都由自己一个人做。	1 2 3 4 5 6 7
不让孩子去做自己的事情，担心他们做不好，事后却恼火他们的所有事情都要你自己来做。	1 2 3 4 5 6 7
如果伴侣晚 5 分钟回家，你就会不安地踱来踱去，事后等到对方回到家里的时候，你已经感到高度紧张。	1 2 3 4 5 6 7
你买了某件一直想要买的东西，事后却提不起精神来，因为你不住地怀疑这一购买决定。	1 2 3 4 5 6 7
请别人检查你的工作，哪怕你心里知道你的工作没有一点问题也要如此，事后却责备自己没有自信。	1 2 3 4 5 6 7
想要所有的东西都“各就各位”，发现某件东西不在应该的位置上就感到烦躁不安，即使你现在不用这个东西，也是如此。	1 2 3 4 5 6 7
想要知道你关心的人在什么地方，知道他们不在“正确的地方”之后，就开始烦躁不安。	1 2 3 4 5 6 7

续表

一定要为怎样度过一个晚上制定详细计划，一旦事情没有按照计划走就开始烦躁，甚至其他人都很开心也是如此。	1	2	3	4	5	6	7
每天的工作都是固定的程序，因为害怕出错，但过后又抱怨生活单调。	1	2	3	4	5	6	7
接替你的伴侣开车，因为你担心他们开得不好，事后疲惫不堪，没有享受整个旅程。	1	2	3	4	5	6	7
因担心出错而避免承诺做某事，过后意识到你错过了某种好处或全部好处。	1	2	3	4	5	6	7
找一些很好的，但却是虚构的原因让自己不做某件事，事后却意识到，你错过了某个如果你冒险一试就可以获得的好处。	1	2	3	4	5	6	7
尽量拖延，直到任务越来越多，很难完成为止。	1	2	3	4	5	6	7
不理会需要关注的任务，而是找其他任务去做，然后，其他事情越来越多。	1	2	3	4	5	6	7
回避（或尽量不去联系）某个行为难以捉摸的人，错过了了解他们的其他方面。	1	2	3	4	5	6	7
仓促做出以后可能后悔的决定，因为当时你认为，这要优于茫然无措、无所适从。	1	2	3	4	5	6	7
随大流，做自己心里不大喜欢做的事情，因为感觉这比自己做决定要容易一些。	1	2	3	4	5	6	7
做决定之前获取海量资料，但事后发现，很多资料看不懂。	1	2	3	4	5	6	7

你对上述问题的回答是否让你有所启示，让你想到该如何采取不同方式来应对不确定性？将想到的应对不确定性的不同方法写下来，首先尝试最简单的那一种。

练习 9.3 好处和坏处

这个练习可以帮助你思考本书到此为止的所有内容。

- 让你的生活多一点不确定性有什么好处?
- 有什么坏处吗?
- 放弃一点对绝对确定性的追求有什么好处?
- 有什么坏处吗?

休整时间

现在停下来，想一想刚才看到的内容。可否总结一下你认可的主要看法?写下让你印象深刻的新观点?从本章获得了哪些收获?如果要你把从本章获得的启示写在T恤衫上，那么这个类似口号的内容应该是什么?如果有不明白的地方，也可以写下来。等到有时间深入消化这些内容，再回头来看。

到目前为止，本书的哪些内容让你印象深刻?

1.

2.

3.

第 10 章
减少不确定性的消极战略

到现在，你已经学习了怎样从令人忧虑的形势中发现不确定性（参见练习 8.2），知道了支持不容忍不确定性的一些规则。弄清楚自己如何应对不确定性很重要，因为这也是我们走出习惯性模式的一条出路。这也意味着我们在**背负忧虑**的同时，专注于发现推动忧虑的因素。如前文所述，弄清楚对不确定性的不容忍如何影响生活，需要进行一番深入的思考。其中的一个办法是密切注意我们在面对忧虑形势时的所作所为。为了做到这一点，我们分析下面应对忧虑的常见战略，利用最简单的调查问卷帮助你评估每个战略。如果发现某个战略与你的体验相一致，那么问自己一个关键的问题：**如果当初我的忧虑没有那么严重，我会怎么做？**或者，**换句话说，如果我对忧虑的容忍度再高一些，我的反应会有什么不同？**

一些战略的活跃程度可以看作是在同一条直线上：一端是极度活跃，另一端是几乎一点也不活跃。例如，在平时做完一件事之后，有人要花大量时间进行核对，而有人根本不核对——推动截然相反的这两种做法的因素是相同的，都是对不确定性的不容忍。有些担忧者花大量时间核对，是因为他们不确定自己的工作是否存在问题。相反地，有些担忧者不核对，是因为核对会增加自己犯错的可能性（不确定性）。对于下面的一些战略，我们增加了另一个极端的内容，也就是它们的翻转版本——你需要确定哪个极端更符合你的情况。有时候，担忧者会用两种截然不同的方法来管理形势，他们在两种战略之间跳来跳去。有时候反复核对，有时候根本不核对。这种摇摆不定的行为还会催生不确定因素，进一步增加了担忧者的忧虑。我们希望，你在阅读下面几页的过程中，看看哪些战略是你采用过的，将它们标出来。如果你想到了什么改变上述战略的新想法——将这些想法写下来，并大胆尝试。作为帮助，我们将为你提一些小建议。

练习 10.1　探索怎样管理不确定性

阅读本章过程中，运用标尺和下面的问题来确定每个战略的数值，帮助你思考怎样管理不确定性。

想一想你的行为对不确定性有什么影响。它会增加还是会减少不确定性？这样做是否会导致消极的意外后果？

想一想这一战略与你的忧虑之间的相互影响。

这一战略与你的情况符合程度如何？

不像我	略微像我	有点像我	适度像我	基本像我	很像我	完全像我
0	1	2	3	4	5	6

能否想起你使用这一战略的亲身例子？如果能想起，写下来。

在这个例子中，这一战略的实施让你的确定性或把握增加了还是减少了？它对你的不确定感有什么影响？对你的忧虑有什么影响？你用这一战略来管理不确定性所投入的精力有多少？这些精力是否可以用于其他事情？如果不确定性对你的影响没有这么大的话，你会怎样做？将来你会采用哪些不同的应对方法？

战略1：处理信息

担忧者可能用两种方式来管理信息：要么搜集数量庞大的信息，要么将脑袋埋到沙堆里，不去搜集任何信息。拿本书前文介绍的艾莉森为例。这里再简单介绍一下她的情况：

> 最近，她想买一个数码相机，好在庆祝儿子21岁生日时派上用场，可是她定不下来该选哪个品牌的哪一款。她走遍了每个经销店，店老板的建议各不相同。她担心的是：**如果买不好怎么办？如果买了相机，我可能看不懂使用说明，而且如果我拍照片，人家觉得我唐突而生气怎么办。**她担心的事情没完没了。最后，她心烦意乱，六神无主，只好放弃了买相机的打算。后来，她沮丧不已，感觉自己被忧虑击败了。

不幸的是，艾莉森本想搜集更多信息帮助她做决定，结果却增加了不确定性，触发了更多的忧虑。这种情况非常多。更多的信息不一定会让形势更加清晰，却往往给我们提供了更多需要考虑和担忧的事情。艾莉森也认为，**如果我搜集到足够的信息，我就有把握了**，但这一想法却导致了很多消极的结果。她搜集到了太多的信息，而这却让她进退两难，无法决定，最终陷入更深的忧虑。另外，每次获得新的信息，都会增加发现事实相互矛盾的概率，随之导致更多的不确定性和忧虑，进而促使她搜集更多信息来解决这个问题。让情况更为糟糕的是她的感受。她感到焦虑，伴随焦虑而来的脆弱感进一步侵蚀了她的信心，让她怀疑自己能否做出正确的决策。因此，即使她已经想好了买哪一款相机，接下来，她也会忧虑自己的选择是否正确，这再一次打开了不确定的大门，刺激了忧虑。即使她搜集到了所有信息，最后，她仍旧会担忧做出的决定是否明智。

担忧者还往往会走入精心准备，制定备用计划、备用战略的误区。这种做法的作用是耽搁或避免专心处理手头的决定或任务。

这一做法的相反做法也是可能发生的。有的担忧者不去搜集任何新信息（往往是有用的信息），借此最大限度地减少不确定性。这样的话，他们就可能造成一个“知识鸿沟”，事后，他们就会用“忧虑之桥”去跨越这一鸿沟。如果他们在有用信息不足的情况下行动的话，他们就不得不面对无益决策、冲动决策或片面决策带来的不良后果。如果他们在这种后果面前无所作为，他们就要面对工作进度落后、不了解形势变化、发生意外事件等后果，导致烦恼和低沉的情绪。在上述所有情况中，与正常情况相比，生活会变得更加复杂得多，并进一步刺激忧虑和焦虑。

小建议：在做决定之前搜集大量信息的好处和坏处各是什么？这如何帮助或阻碍决策？这样做会不会让你感到更加有把握？如果你决定给自己的时间或要搜集的信息的数量做一个限制，会出现什么情况？或者，如果你搜集更多的信息，会出现什么情况？这对提升信心有什么作用？是否可以从做一个小决定入手，尝试不同的应对方式？

针对相反行为的小建议：在做决定之前不去搜集信息或调查形势的好处和坏处各是什么？事先不做准备或计划对决策结果有什么影响？这如何帮助或阻碍决策？快速决策是不是会让你感到更有把握？

战略 2：像雷达扫描那样搜寻不确定性

因为担忧者觉得不确定性是一件难以忍受的事情（这是可以理解的），他们没有意识到自己几乎一直在紧张地寻找不确定性。想想患有蜘蛛恐惧症的人：他们总是高度警觉，用他们的各种感觉扫描蜘蛛的影子，因为如果意外撞见蜘蛛，会让他们受不了。因为长时间处于这种高度紧张的状态下，即使不是蜘蛛，只是看上去像蜘蛛的东西，也会触发他们的恐惧反应——例如，一团被风吹过地板的羊毛。心理学家将这种现象称为过度警觉。它可以帮助我们迅速探知环境中的威胁（在这种情况下是不确定性）。这种扫描的结果是，担忧者能够更多地迅速发现和注意到不确定性。这几乎就像是我们的大脑用特技镜头将不确定性在头脑中放大，直到它“占据了整个屏幕”。这种情况发生时，有关形势的各方面都让人感觉到不确定。我们回到案例故事中来：

亚历克斯今年23岁。他紧张时感觉身上有超常能量似的坐立不安。本来在车上都会听MP3，但是因为担心错过车站，他只好摘下耳机来听。他频繁核对车票，确保自己没上错车，虽然他心里清楚自己没坐错车。等抵达公司的时候，他已经精疲力竭了。

亚历克斯在上班的路上忧心忡忡，这是他摘下耳机的部分原因。但是，在同时，他在寻找不确定性，搜索不确定因素。他查看自己的车票（**我没有坐错车吧？**），他侧耳倾听（**我没有错过什么吧？**），他可能还不时往窗外看，看看公交车的进城路线是否正确（**这位公**

交车司机熟悉这条路线吧？）。他这样做的结果只是让自己更加紧张和焦虑，加剧忧虑情绪。和上面的蜘蛛恐惧症一样，任何微弱的不确定信号都会触发焦虑。例如，只要汽车发动机声音异常，或者司机一连将车门开关了几下，都会被他看作是不确定的征兆，他马上就会想**如果汽车中途抛锚怎么办？**任何**疑虑碎片**都会刺激忧虑，再加上我们生活在一个不确定的社会中，亚历克斯总能找到怀疑的理由，也就不难找到其他的忧虑缘由。在不知不觉中，这种扫描还总让他高度警惕不确定性的威胁，导致他总是忧心忡忡，烦躁不安。即使他“没能够”发现任何不确定的迹象，他仍旧觉得不确定的事情肯定要“到来”。这个过程会妨碍他享受上班路上的时间。他的大脑总是处于“高度戒备”状态。这让他感到疲惫。扫描周围环境、寻找不确定性就是寻找重力一样，往往只要你找，就总能找到证据。扫描并不能减少不确定性——相反，它会“推升”不确定性。

这种做法也有一个翻转版本。在翻转版本中，担忧者竭力避免注意到任何情况，他们不但不扫描，而且还阻挡任何相关“电波”，让自己无法注意到任何不确定因素。在这种情况下，“翻转后的”亚历克斯会将 MP3 播放器的音量调到很高，两只眼睛盯着脚下。虽然这样可以让他避免注意到外部的不确定性，但是这种战略也会导致催生忧虑的其他问题，比如他的音乐音量过高引起其他乘客不满、错过下车的车站、注意不到堵车、忘记通知同事他可能迟到。**你是否会想办法“干扰”或阻挡信息的接收，让自己注意不到不确定因素或令人忧虑的事情？**

小建议：你采取类似行为是在什么时候？这种行为的“马脚”是什么？它的好处和坏处各是什么？发现或避免发现不确定因素，或阻挡这种信息的接收是否会让你感觉好一些？你会采取什么其他措施？当你发现自己在这样做的时候，你会怎样提醒自己？在什么地方或什么样的形势下，才可以让自己的警惕性放松一点，顺其自然即可？

针对相反行为的小建议：能否从此开始留意所处的形势？是否可以注意不确定因素？持续的时间先从一小段时间做起，然后延长时间。观察身边环境有很多好处——可以看到清晨天空的颜色、阳光下树叶的颜色，等等。

战略3：承诺

担忧者既不承诺做事，也不承诺不做事，这让他们总是“悬在”不确定中。这只会增加不确定感，而不是减少。担忧者往往避免答应别人做某件事，这是因为他们不确定事情的结果会怎样。这包括日常交往，以及爱情或忠诚无法绝对保证的恋人关系。后者会导致担忧者避免完全或部分投入，就像一只脚在门里，一只脚在门外，以防后来两人分手。担忧者可能发现关系不尽如人意，因为他们担心关系破裂而不愿意全身心地投入。同时，因为他们担心的焦点是可能导致他们分手的事情，所以这催生了更多的不确定性和忧虑。忧虑阻碍了他们和伴侣享受愉悦时光，这让二人之间的关系更加不确定。回避承诺也适用于社交活动或工作——例如，担忧者会避免安排得不够详细、不知道什么时候或去哪里的夜间活动。担忧者也可能回避承诺参加工作上的培训活动，因为他们担心听不懂培训内容，接下来很难向同事提供足够好的反馈信息。

这种情况也存在一个翻转版本：担忧者一开始不同意但后来却过于积极。他们担心，如果他们说不，其他人会怎么想。于是，他们同意接受越来越多的安排。他们可能没有问清楚情况就草率答应，或者是到了应该放弃承诺、做其他重要事情的时候，依然让自己深陷于此。承诺过多任务会让他们感到疲惫、易怒，导致他们担心自己向别人发泄坏脾气（**如果我发脾气怎么办？**）。长期来看，承诺过多或过少都不大可能给自己带来愉悦的感觉，而且还可能降低自己的自信。

小建议：这样做有什么好处？有什么坏处？如果你“贸然下水”，可能发生最糟糕的事情是什么？首先，搞清楚什么是“有时间限制”的承诺，让你可以进行这方面尝试（例如，晚上出去活动、参加会议、同意去听一次讲座或上健身课）？

针对相反行为的小建议：你能否试着说不，以此限制自己的承诺范围？先从一些可管理的小事情做起，然后发展到大一些的事情。试着说不，看看会出现什么情况？你不敢说不是因为担心什么？将这些回答写下来。然后，试着说不，看看出现的真实情况与你担心的情况之间的差距如何？真实出现的情况与你想象的一样吗？

战略 4：回避人或社交场合

如前所述，一些担忧者缩小了自己的活动范围，为的是减少不确定性。他们每天有紧凑的日常安排，借此来管理生活中的不确定性。为了管理不确定性，他们回避接触某些人，不去参加社交活动——例如，做事说话不慎重的人、“看起来离经叛道的人”、直来直去或性格冲动的人。担忧者回避这些人，因为担心这些人给他们带来不确定性：你认识这样的人吗？有时候，这种回避和担忧者心里对其他人的行为有一种责任感有关，这促使他们进一步回避这些人。然而，这些人往往是无法回避的，因为这些人是担忧者的同事、家庭成员或社交圈子的一部分。这让担忧者感觉更加糟糕，因为这让担忧者在可能碰上这些人的时候，一直“小心警戒”或过度警觉。他们可能会担心，**如果她今晚在那儿的话，怎么办？哦，不，今晚不能去，可是如果我不去的话，他们是不是觉得我很无礼？他们出去可能再也不叫我了**，或者，**如果不巧我正坐在他身边怎么办？**这种不确定性会导致更多忧虑。

避免接触人或参加社交活动可能成为避免承诺的另一种方式。这会让担忧者有一种“悬着”的感觉，例如，他们会回避那些对他们表现出真正兴趣的人，因为他们会问比较深入或有见地的问题。这会导致担忧者想，**如果他们深入了解我之后，不喜欢我怎么办？**或者，**如果我说得不对，让对方误会怎么办？**这些想法都会导致强烈的忧虑情绪，进而刺激回避行为。如果担忧者无法回避某个形势，他们有时候会采用避险行为。在参加婚礼时的一个常见的避险行为是迅速喝几杯酒来“润滑”交流这一“车轮”，让自己的忧虑情绪缓和一点。

忧虑的另一个副作用是易怒，因此，有时候，我们回避某些人就是因为拿不准我们会不会说出某些日后可能让自己后悔的话来。或者，我们注意到，针对假设性事件的忧虑会在我们大脑里“延伸”成为激烈争吵，继而与朋友断交，甚至发生肢体冲突。就担忧者来说，这种事情可能真的会发生，所以他们回避社交活动。很难集中注意力也会给他们带来麻烦，这可能让担忧者长时间注意倾听别人说话，他们可能担心记不住别人说了什么。不难理解，这两种副作用都会给谈话加入不确定性，继而增加担忧者的忧虑，让忧虑问题更为糟糕。无需惊讶的是，担忧者往往会担心自己难以集中精力和易怒的特点暴露出来而避免社交场合，因为他们担心给别人留下不好的印象，担心其他人对他们产生不好的看法。

这种很难放松的感觉（焦躁）也会对社交活动产生影响。担忧者就像是花丛中的蝴蝶一样，在一个对话上停留片刻就赶往下一个对话。他们始终不让自己成为别人关注的焦点，从来都不深入谈论自己，在话题转向他们之前，或者话题正要转向他们之际，他们立刻告辞离开。这种急切的行为让他们疲惫而紧张，因为担忧者要与所有人保持一定距离，想方设法减少因为深入交流带来的不确定性，但是长期来看，这种蜻蜓点水似的聚会只能给自己增加不确定性。这就像成为每一个你参加的社交聚会的东道主——结果总是疲惫不堪。

这种做法的翻转版本是，尝试控制社交形势或聚会。例如，滔滔不绝让别人没法问问题（为的是限制不确定性——**接下来要谈到哪些话题？**），或者用过多的幽默让对话避开任何会导致过多分歧、让人忧心的话题。

小建议：

他人：你竭力回避的那些人身上有没有你喜欢或没有注意到的地方？如果你的社交/工作/家庭圈子没有他们的话，会是什么样子？这是他们性格唯一的一面吗？你还了解他们什么？如果你不再刻意回避他们，你遇上他们的次数是更多还是更少？总是提防他们对你的感受有什么影响？你对别人的行为负责吗？

忧虑的副作用：如果谈话中间走了神，或者忘了事情，你的朋友会很在乎吗？如果这种事发生在和你讲话的人身上，你会怎么想？如果一个好朋友对你说，他或她担心无法集中注意力或担心自己比平时更加易怒，你会对他或她说什么？避免他人或社交场合的好处和坏处各是什么？回避他人或社交场合，你事后的感觉如何？

针对相反行为：能否不再试图控制和别人的对话，可以先一点一点地来，看看会出现什么情况？如果你能少控制对话一点，你是不是感觉压力小了一点，这是不是会给你提供更加有趣的双向对话？

战略5：回避某些情境

一些情境不可避免地蕴含有某些不确定性——例如，在医生那里进行体检或在牙医那里检查牙齿——这些检查的目的就是将相对的不确定变为相对确定，通过查找那儿是否有问题（蛀牙、牙床问题，等等），然后决定如何处理。在一些情境中，有的因素明显超越了你的控制范围：一个你不知道邻座是谁的社交活动、一次乘火车出行（时间延误、吵嚷的周围乘客）、考试试卷的具体内容，等等。担忧者希望回避这些情境，结果往往让问题更糟，还增加了忧虑的“机会”。例如，他们可能因为不确定自己不需要修理牙齿，而不去看牙医，这意味着他们在让自己承担更大的风险，可能日后需要进行创伤更大的牙齿修理进而触发更多忧虑。一个与此相关的问题是，担忧者专注于一种情境，他们会排斥其他问题。他们所专注的问题往往比他们回避的那个问题更为不重要。例如，他们会在回避牙医的同时，他们会预约其他不重要的，甚至没有必要的检查活动。

小建议：这样做的好处和坏处各是什么？从这里入手：未来的哪些情境具有类似的好处，虽然其中的不确定性会让人有一点不舒服？

战略 6：检查核对——避免犯错

这种做法很常见。担忧者经常对自己做出的决定或选择没有把握，因此事后会重新考虑一番，看看自己当初做得对不对（**我没有把握这到底对不对**）。这种时候，他们做的可能是真正意义上的检查、核对行为——例如，他们会反复查阅过去的电子邮件——也可能只是在大脑里做一番核对，像过电影一样在脑海里反复回忆某件事情。有时候，担忧者会精心准备一些备用计划，以防什么地方出问题。这种检查核对会触发更多“如果……怎么办”问题，进而引起更多忧虑，进一步种下疑虑的种子。接下来，担忧者又不放心，再次检查、核对，解决这种担忧进一步引起的疑虑（而不是当初的问题）。但是，他们的担忧往往会增加，而不是减少不确定性。这种行为的相反行为是根本不去检查和核对（我不想知道当初的决定或选择是错的）。在这种情况下，担忧者担心发现错误，因此回避检查和核对。但是，虽然他们不去检查、核对，但疑虑始终啮噬着他们，让他们忧虑不已。检查核对往往耗费心神，让担忧者根本无法享受工作的成就感。根本不做检查核对工作，可能意味着无法从重要的反馈环路中获得有用信息。

小建议：检查核对的好处和坏处各是什么？从这里入手：那些我事后经常检查核对的事情中，是否有某件事即使有一次不用费那么大力气检查也不会出大乱子？了解事后检查核对对你的影响有多大，找一件你不经常检查核对的事情，然后一不放心的时候就检查。看看你会发现什么？

针对相反行为的小建议：有没有这样的事情——你一般不去检查核对，但是如果检查核对的话，会真的有收获？核对检查的时候，只做一遍！多检查核对几遍可以获得一些反馈？即使能获得好的反馈也不要这样做！

战略7：拖延——回避烦恼情绪

拖延是另一种形式的回避。用这种方式，担忧者可以用天底下的任何借口来避免面对不确定的问题或事情。这种例子包括因为不确定交流结果会如何而推迟和朋友、同事交流；因为知道账单需要整理而用收拾房间来拖延时间；因为不知道银行是否同意透支消费而拖延给银行打电话。有时候，担忧者会在解决问题过程中中途放弃，将问题留一半在那里。从上面给银行打电话的例子可以看出，不立刻解决问题就意味着问题或事情仍然没有被解决。如果放着不解决，问题可能会更糟，可能会带来更多的不确定性。另外，如果我们竭力不去做某件事的时候，大脑会用一种奇妙的方法提醒我们“事情没有做完”：它让我们冷不丁地想起这个事情或问题。这种提醒发生在我们对这件事最无能为力的时候（比如说凌晨3点），因此它会触发更多忧虑。或者，人们担心解决问题失败之后的影响——觉得他们什么问题也解决不了。

拖延解决问题的翻转版本是：做事冲动。担忧者快速或冲动地做决定，为的是避免因为面临多种选择而产生的不确定性。这可能降低决策水平，因为做决定时没有深入考虑眼前的问题。

小建议：这样做的好处和坏处各是什么？不要等到形势完全确定之后再行动；可以试着等到形势足够确定后再行动。推迟做事情对你的忧虑有什么影响、推迟做事情能否真的解决问题？从这里入手：对于一件稍微行动一下就能起作用的事情来说，应该从哪里入手来做？

针对相反行为的小建议：能否忍受不确定性，多花一些时间来做决定？推迟一小时或一天做决定；等到第二天再做决定，不要仓促下判断。

战略 8：寻求安慰——避免承担责任

这是处理不确定性时的一种常见方式。寻求安慰在短期内有用，因为从他人处得知没有任何问题之后，我们通常会感觉好很多，但是，这种感觉持续的时间往往很短。不确定性驱使担忧者寻求安慰，不久之后，他们就需要更多安慰。为什么会出现这种情况？在先前的决定触发不确定感时，或者解决了一个问题之后，想要知道自己的做法是否正确时，人们就会向别人寻求安慰。因为寻求安慰而出现的任何确定感不但持续时间短，而且还会受到**如果……怎么办**问题的破坏，因为这种问题会将这种安慰拆成碎片。在这个过程中，担忧者的不确定感增加，于是又推动担忧者寻求更多的安慰来抵挡这种新产生的不确定性。这种恶性循环再次开始。寻求安慰还有一个能够触发更多不确定性和忧虑的副作用：担忧者往往会向关系最密切的人寻求安慰。担忧者可能会反复这样做，经过一段时间之后，对方就会厌烦，厌烦之后就会用一种不以为然的态度敷衍你，或者无意识地说一些让人不快的话语——这会触发更多忧虑。

在寻求安慰的方式上，担忧者有时候直截了当，有时候颇为委婉。例如，想要知道朋友们是否喜欢晚上看的那场电影，担忧者会问一系列问题。直接的问法可能是，**你开心吗**？还有，**你觉得那个片子怎么样**？颇为委婉的问题可能是，**你喜欢那种片子吗**？或者**你注意到某某人不喜欢那个片子了吗**？询问安慰意味着，我们根本没有学会忍受不确定性或为自己的行为负责。这种做法会侵蚀我们做决定的自信心。担忧者还经常说一句“悬着”的话。这种话只有前半句，没有后半句。后半句在担忧者暗含的意思里——例如，我对……不太有把握（这句话想问的是，**你心里是怎么想的**？），或者，这个片子不如他拍的其他片子……（这句话想问的是，你真的喜欢这个片子吗？）当然，这些“悬着的话”存在的最大问题是，对方并不清楚这位担忧者想要说什么。这就有点像是给对方挖下了一个陷阱，而对方模棱两可或意料之外的回答可能会无意识地触发担忧者更多忧虑。

最后，寻求安慰会对我们的情绪产生“腐蚀性影响”，因为有时候，我们内心知道自己的做法没有任何问题，但还是要从别人那里寻求安慰。事后，我们会因为当初向别人寻求安慰而情绪低落。

这种做法的翻转版本是，不向别人征询有关我们想法或决定的任何反馈或建议。担忧者这样做是为了避免不确定性引起的忧虑，因为别人的反馈往往会让我们考虑更多的方面。担忧者这样做，还可能是因为害怕批评性的反馈和建议。但是，这样做会让他们无法从有用的反馈中获益。他们也可能是因为处在一种进退两难的高度不确定性中，从别人那里寻求一点建议或反馈可以给他们增加一些让他们略感放心的确定性，好帮助他们走出困境。或者，从别人的建议中他们可以发现一些可以鼓励或帮助他们勇于面对不确定性的东西。

小建议：寻求安慰的好处和坏处各是什么？如果你总是从其他人那里寻求安慰，你怎样培养对自己的信心？从这里入手：哪些事情我无需寻求安慰就可以做？——选择某件如果身边有人在的话，你一般会寻求安慰的事情？

针对相反行为的小建议：从现在开始，做决定或选择之后，能否征询别人的反馈或者看法？从小的决定或选择开始做起。这些反馈在引起你忧虑的同时，是不是也给你提供了一些崭新的视角或看法？

战略9：不让其他人承担责任、过度保护别人，不给其他人分配任务

担忧者往往非常关心别人，同时也为他们担忧。为了减少不确定性和忧虑，他们不让孩子和家里其他人做一些日常力所能及的事情。他们把活儿都揽在自己身上，而不是让其他人也承担一些风险。我们可以在阿比身上看到这一点：虽然怀孕在身，但是，为了减少**丈夫**开车出事的风险，她主动承担了替丈夫跑腿的责任。她这样做是因为她真的关心他，但同时也是为了管理自己的不确定感。担忧者真心关心家人和朋友，但是因为他们在担忧时大脑里浮现出的各种噩梦般的情景，促使他们想方设法让其他人远离那些可怕的假设性经历。这种战略属于“以防万一”的战略。他们还担心，如果可怕的事情真的发生，他们应付不了，于是他们会竭力保护这些亲友，而不管这会给自己和他人带来多大的代价。有时候，成为过度保护

的对象也会让人受不了：孩子们和家里其他人可能会“造反”，他们的行为变化无常，更加难以捉摸，进而让担忧者更加忧虑。另外，对于父母亲来说，应该在这方面做好微妙的平衡：一方面要允许孩子适当地冒险，甚至犯错误，帮助他们长大，另一方面，还要尽力确保他们远离各种可能的伤害。

这种行为的翻转版本是担心自己管理不了责任而让别人承担太多责任。例如，派团队里的基层成员代替我们出席一个重要会议，虽然明知道他们没有经验（并且，对这一任务很害怕）。再例如，当大家在一起做决定时，虽然心里有重要的话想说，但因为没有勇气说出来，导致事后后悔不已，陷入深深自责。

小建议：这一战略的好处和坏处各是什么？作为你保护对象的那些人的感觉如何？如果你继续对他们进行“过度保护”，会出现什么样的结果？除了不让他们做事情，你自己包揽他们的事情，是否还有更好的办法来保护你关心的人？从这里入手：哪些事情是他们可以做，但我仍旧在替他们做的？这一次，我能否忍受后果的不确定性，让他们来做？

针对相反行为的小建议：能否承担一些责任？这样做会出现什么情况？虽然你的忧虑可能会增加，但你注意到其他好处了吗？你是否感觉自己的信心有所增强？

战略10：施放烟雾

有时候，我们会施放烟雾，将自己与不确定因素“隔开”。这种人造烟雾可以是“太阳底下的任何事物”，只要它们能提供一个为什么我们不去处理不确定情境或事件的理由。其真正的原因是，他们发现自己难以忍受不确定感。例如：

> 上司要提升一个办公室职员。提升后，他的薪酬会增加很多，并且在同一幢建筑里上班，拥有一个更大的办公室、更漂亮的办公桌、更好的视野，并且将和一个很不错的团队合作，等等。上司打算提升他，是因为他非常适合新职位。但是，他婉拒了，因为他说他更喜欢目前办公室里的那张桌子，目前的工作让他很惬意，他对目前的工作内容非常熟悉，日常事务也做得得心应手，他想和朋友们在一起。每个理由都很合理，但是这些理由是在掩盖他婉拒这一提升的真实原因，即，新职位带来的不确定性让他难以忍受。这种烟雾意味着，这位职员根本不敢直面促使他回避这一提升带来的风险和新体验的那些真实看法。

上面我们举了一个和工作有关的例子，这种模式也存在于人际关系中、消费、看待健康、回避社交事件中。这种烟雾是怎样让我们无法停止担忧的？前文提到，不解决根本问题，我们无法应对不确定性这一看法就会一直存在下去。我们也从来不会知道，如果吹散这些烟雾，我们也许就能够从容应对不确定性，不断进步。不确定性将机会变成了威胁。这种烟雾还有一个次生影响：担忧者回避发展机会，这在长期上会影响他们对自己的看法。

> **小建议：**施放烟雾的好处和坏处各是什么？从这里入手：是否存在一个时间有限的形势，或者一个足够小的行为（比如说购物），让我可以不再施放烟雾，成为一个敢于行动的人？

战略 11：事后忧虑

担忧者在做决定或解决问题方面下了决心之后，他们就可能开始怀疑自己的选择是否正确。在做决定过程中，他们会一直纠结于不确定性，直到最后“硬着头皮”做出决定。担忧者会问，**如果做了错误的决定，怎么办**？然后开始担忧这一决定可能带来的影响？这种怀疑会刺激不确定性，并将简单的问题分解为一千个零碎的小部分，然后担忧者就会迷失在各种看法形成的迷宫里，开始怀疑他们的决定和他们自己。假如你的肩膀上站着一只鹦鹉，它不停地对你说：“为什么要那么做，如果错了怎么办，为什么不多征询一些建议，你有把握吗？”你会对这只鹦鹉产生什么样的感觉？它说的那些问题都带有破坏和批评的成分，它们的出发点是担忧者没有能力做出好的决策或选择。记住，我们在这里说的做决定是指平时生活中的决定——和同事一起去哪里吃午饭，或者应该把孩子放在车里的哪个座位上，或者将多少钱用作投资。如果我们将这些日常选择条分缕析，详细“审查”一番，那么，我们就会感觉到巨大的不确定性，而这不确定性不可避免地会导致忧虑。前面第 141 页关于彼得购买洗衣机的故事也间接地提出了伴随事后忧虑产生的一个次生问题，即，担忧者无法享受做决定带来的快乐和满足。例如，一个女生纠结于应该买哪个型号的笔记本电脑。最后，她买了一个回家了。上网之后，她的事后忧虑开始了。她在网上搜索了价格更低、质量更好的笔记本电脑之后，马上感觉选择这一款笔记本是一件很蠢的事情。这种事后忧虑，如果加上当初为了逃避不确定性而草率决策，会变得尤其严重。

小建议：这种战略的好处和坏处各是什么？事后将先前的决定分拆成细小的部分严格审查有用吗？将先前的决定剖开后细细审查之后，你是否还觉得该决定没有问题？如果这种情况是存在的，那么概率是多少？如果你发现自己在做这种事情，那么你的感觉如何？如果这个决定是别人做的，你还会这样做吗？如果不会，为什么不会？从这里入手：有没有一个你知道事后肯定会被分解成小碎片的待做的小决策？做出决定后忍受随后的不确定性。当你开始将它分解成小碎片时，问自己，我为什么要这样做？然后告诉自己，这一决定已经足够好。

其他战略

不确定性让那些不能容忍它的人吃够苦头。他们的身体能感觉到不确定性。不确定性影响他们的情绪，影响他们想问题的方式。有的人用药物或酒精来放松身体，缓解情绪，或松弛心神。如果第一次使用药物或酒精时感觉不错，他们很可能会再次使用。这些战略往往会让问题更糟，因为这些战略没有解决最初触发忧虑的根本问题。这些战略还起到了加剧不确定性的作用，因为在酒精或药物的影响下，人们的自控能力和条理性大为下降。另外，这些战略还存在长期和短期两方面的成本。例如，短期成本是，我们很快就会情绪低落，因为我们会因为用酒精和药物来应对和回避问题而陷入深深的自责。长期成本是，我们可能开始依赖酒精和药物帮助我们解决和应对问题，或者是，我们一直回避的那些问题越来越严重，导致我们需要饮下更多的酒精来管理它们。如果你担心自己饮酒过多或服用的药量过大，请咨询你的家庭医生，与他们做一个深入的讨论。

有的担忧者用暴饮暴食来排遣不确定感。当然，这些战略不会解决真正的不确定性，只会带来不好的感觉。这一战略也有与前述战略相类似的短期和长期成本。总的来说，我们提到的所有战略都会产生一种成本，即，虽然它们的目标是减少不确定性，但是因为我们没有足够认真地了解和解决问题，所以这些战略都起到了相反的作用。

前文提到，担忧者往往会因为不确定性而缩小自己的“活动半径”。不确定性还会让担忧者陷入不融洽的夫妻或情侣关系中无法自拔，因为他们觉得分手或结束这些关系会带来更大的不确定性。在接待处于这种形势的患者时，我们经常听到这样的话：“与认识的魔鬼打交道总比与不认识的魔鬼打交道来得好。”如果你挣扎于这样的关系中，或者是受到某种欺侮，勇敢地向家庭医生倾诉，他们会告诉你向哪里求助。没有人有权伤害或欺侮你。首先，你可能需要和对方进行一番交流，深入了解具体情况，同时帮助自己决定下一步该何去何从。在英国，网站 NHS Direct 提供了有关家庭暴力和侮辱的信息（参见附录 6“有用的信息和资料”）。

练习 10　内容整理

本练习将总结本章讨论的关键点。

1. 你用来管理不确定性的关键战略是什么？

2. 大致来说，你在管理难以管理的事情（不确定性）方面投入的精力有多少？

3. 在挑战你对不确定性的不容忍度方面，你想到了哪些办法？在学习容忍不确定性方面，你能想到什么样的行为实验？

以上所有战略中，其共同过程是越来越多地让自己暴露于少量的不确定性中，而不是总是试图消除不确定性。很简单的是，如果我们能够通过改变行为方式来容忍不确定性，那么我们就可以不再刺激日常生活中的忧虑。愿意拥抱日常生活中的不确定性，在大胆尝试的过程中忍受任何预料中的焦虑和忧虑的暂时增加，积极关注新的行为方式带来的好处，我们可以更加丰富多彩地生活，可以收获更多的惊喜和自信，进而可以从容地应对生活中不可避免的不确定性。

休整时间

现在停下来，想一想刚才看到的内容。可否总结一下你认可的主要看法？哪些内容让你印象深刻？不妨将这些内容写下来。如果有不明白的地方，也可以写下来。等到有时间深入消化这些内容，再回头来看。

到目前为止，你还记得本章的哪些内容？

1.

2.

3.

在接下来的一章里，我们将为大家提供一些行为实验的例子，帮助大家提升对不确定性的容忍度。

第 11 章

行为实验——处理不确定性

在阅读本章之前，最好回顾一下第 7 章的内容，复习一下怎样设计行为实验。

行为实验目的是通过改变自己的做事方式发现新的东西。这意味着改变自己应对不确定性的方式，而不是回避它，要有意识地直面不确定性，看看会出现什么情况。我们不期望你一头扎入不确定性的最深一端，最好是着手思考不确定性较小的、可管理的、现实的阶梯式方法。在尝试新事物的时候，肯定会感到更加焦虑和担忧——我们都是这样的。记住，不要等到有所激励才行动。**激励的到来不会早于行动，它往往在行动之后到来。**行动起来，激励才会到来。

采取什么样的阶梯式方法？

找一个当下能想到的战略，认真想一想你的生活中出现这一战略的所有形势（我们在前面几章中已经请你想过这个问题）。无需将这些战略一个个分得很清楚，因为它们在很大程度上是重叠的。重要的是，你要认真思考面对不确定性时你平时是怎么做的，找出一些消极的应对模式。

让我们拿寻求安慰来做一个例子。下面是阿比记下的她寻求安慰的所有情境：

- 关于自己的穿着。
- 在购物时该买什么衣服。
- 该准备什么食物。
- 自己的外表。
- 是不是一个称职的伴侣（母亲、朋友，等等）。
- 关于消费支出。
- 她是否搅扰了别人。
- 别人在什么地方。
- 丈夫是否依然爱她。

接下来，我们给这个清单整理一下顺序，将不确定性最浅一端的形势排在最前面，就像是将这些东西放在一个梯子的横档上，最难解决的问题放在最高的那个横档上，最容易解决的放在第一个横档上。阿比也是这样整理这一清单的：她发现对于她来说，最容易做的事情是不再问丈夫中午应该准备什么食物作午餐。对于她来说，最困难的事情是她和丈夫之间的关系问题。她想把这件事情放到后面，等到她在忍受不确定性方面获得了一些经验之后再着手行动。

在我们的例子中，我们会问阿比，“假如你不去寻求安慰，可能会出现的最糟糕的情况是什么？”这个问题可以很好地帮助我们了解经常在背后支持我们行为规则的那些结果。在阿比的案例中，她害怕如果不征求丈夫的意见丈夫会生气。她形成了这样的预测：

如果我不就中午吃什么征求丈夫的意见，那么我就不清楚

> 他想吃什么（我就不确定），我就会忐忑不安，担心我做出来的东西他不喜欢吃，让他不高兴。

这时候，我们不妨思考一下寻求安慰的其他副作用，比如，给你带来的成本，即，它如何让你一直没有自信，以及它对你周围的人的影响。在这个案例中，成本可能就是阿比知道她想做什么午饭，也不想吃丈夫想要她做的东西。思考这些副作用的目的是动摇这些所谓规则的基础，帮助你理解为什么挑战这些规则是有意义的，让你就可能出现的情况产生不同的看法。阿比终于有了不同的想法：

> 如果我不问他应该做什么午饭，我可能有一会儿会感到忐忑不安，感到忧虑，但是，如果这样做的话，我就会学会容忍不确定性，就会慢慢变得更加自信。我可能做一些丈夫没有吃过的新东西让他惊喜。另外，我也能做一些自己喜欢吃的东西。这是一举两得的事情。

阿比既然设计好了她要做的实验，接下来就需要付诸行动，看看会出现什么样的情况。她需要提醒自己她的目标是什么，为什么一定要坚持实现这些目标。她必须防止非要做到完美无缺不可的心理，谨防不要因为害怕不确定性而半途而废。她还要察觉自己的避险行为，问自己：**我是不是在用另一种方式寻求安慰？我在做些什么来让自己感到更放心一点？**例如，她可能通过询问朋友应该给丈夫做什么茶点，或者问丈夫一些间接的问题——比如他是不是没有吃饱，他吃饱没有——或者和他谈论某个菜的做法，观察他的反应等，来寻求安慰。一旦她意识到这一点，就必须马上停止这些行为。最后，她不能采取上述的其他战略做“补偿”。例如，她注意到自己开始审视丈夫说的话，搜寻他不喜欢这顿午饭的信号。

一旦阿比成功地解决了上述挑战，她就应该想办法坚持下去，同时设法应对她习惯于寻求安慰的另一个形势。这有点像杂技转盘子——让一个在那里动着，同时逐渐让其他的也动起来——不过，过不了多久，这就会成为一种第二天性。当所有盘子一起转的时候，那么能够照管过来的盘子的数量则是有限的，同样，阿比需要平衡：她需要转动足够数量的“盘子”，但是数量不能太多，否则就会照管不过来。接下来，她将这种实验转向自己的衣着。在给自己设计实验时，可以看一下196页提供的示例，好给自己提供一些启示。

这个例子看起来很琐碎，但是，需要切记的是，日常忧虑和GAD往往“冒充”针对重大事件的忧虑。日常忧虑、GAD与面对重要事件的忧虑是两回事，因为，面对重要事件时，我们都会忧虑。如前文所述，忧虑的一些方面，或者说，忧虑这种情绪，有时候对我们有好处。为了帮助你减少忧虑，并将它限制在面对重要事件之时，我们需要帮助你忍受日常生活中的不确定性，而不是重大事件或特殊事件中的不确定性。因此，一定要记住这一点。

我怎么知道这种办法管不管用？

在你积极直面不确定性的过程中，发现自己有不适感或忧虑情绪是再正常不过的事情。一般情况下（而且根据你先前的规则），这时要求你立刻罢手，设法减少不确定性的信号。在你当前的忧虑水平下，如果用不确定性给你带来的焦虑和不适感是否减少来判断新的行事方式是否管用，结论很自然：这当然不管用！因此，这个时候，你的忧虑、焦虑和不适程度不能作为正确的判断依据。正确的判断依据是结果（即，接下来出现的情况）和事后这些结果给你带来的感觉。

寻找有所改变的迹象

出大乱子了吗？结果是不是至少还算过得去？是不是比过得去好一点？其他人注意到任何变化了吗？其他人注意到某个积极的方面了吗？你发现了什么新的变化了吗？你体验到某些新东西了吗？ 你对后来实际发生的情况感觉如何？过得去？比过得去好一点？是否有了一些积极的感觉，如快乐、满足、惊喜？你是不是因为自己能够换种方式做事情而感到骄傲？你是不是由此受到激励继续尝试其他事情？你是否成功地容忍了不确定性（虽然这中间你有不适感）？

如果对上述部分问题的回答是肯定的，那么你已经有所进步。这就是行为实验之后一定要进行评估，将发生的真实情况与先前预测相对比的原因。虽然有的人在实验过程中会有醍醐灌顶般的顿悟，从此开始用新的角度看待这个世界，但是大多数人的改变来自慢慢缓解先前的日常忧虑体验。只有在几个星期之后，我们才能看到进步有多大。同时，需要记住的是，我们的目的不是让自己无忧无虑，让自己花钱如流水，什么事情都不管，对任何人都漠不关心，或发生其他的极端改变。我们的目的是让我们做事的方式更为灵活，态度更为积极，让自己的行为更加真实和自然，并可以完全根据具体情况具体分析。虽然确定性仍旧是我们向往和难以实现的东西，但是追求确定性不再是我们的主要指导原则。

表 11.1 在行为实验中增加不确定性容忍度的一些建议

不要就已做出的决定向别人寻求安慰。	不要在发出电子邮件、信件或支票之前进行核对。
赌一下，去看一场先前一无所知的电影。	购买先前从来没有买过的食物。
试着在参加一个非正式社交活动时，比平时晚 10 分钟到达。	为某个比较小、时间有限的决定承担责任。大胆尝试，不要寻求安慰。
去一个没有去过的食品杂货店买东西。	在公司里或家里，将一些不复杂的事情交给其他人做。
在餐馆里点某个从来没有吃过的东西。	去一家先前从来没有去过的餐馆吃饭（事先不要去看人们对这家餐馆的评价）。
允许孩子为他们自己做一些与其年龄相当的事情。	新买一件商品之后，反复使用它。
不要请别人检查和核对你做的工作。	来一次小规模的冲动购物。
给自己做决定需要的时间规定一个上限。	活在当下，享受眼前的快乐；在熟悉的环境里不妨随大流。
找机会与陌生人面对面交流。	尝试参加没有参加过的外出活动；尝试某项运动或业余爱好。
让熟人圈里的人深入了解你。	参加社交场合里，镇定地坐在座位上；丢掉“蝴蝶的翅膀”。
约见医生、会计师、牙医、银行经理或先前你回避的任何人。	改变家里物件的位置；调整你的生活习惯。
让你挂念的那些人**不要**告诉你他们具体在什么地方或具体什么时候到家。	不要非要按预定计划行事；如果有意外机会出现，立刻抓住机会。
改变先前固定的生活或工作程式，大胆“出轨”。	如果先前因为信不过别人而自己开车的话，将方向盘交给别人。如果先前没有自信而总是让别人开车的话，你来开车。
做一个小的承诺。	给自己去行动的想法找充足的理由，而非给想要逃避的念头找借口——然后去做。
在问题还不严重的时候及早行动。	着手解决需要你重视的问题，而不是无数阻碍你解决这个问题的其他问题。

续表

要宽容，不要苛求自己。	如果你总是仓促地做决定，不如用这些时间喝杯咖啡，把各方面都考虑清楚。
走自己的路；不要因为别人的认同而随大流；做你自己想做的事情，不要担忧别人怎么想。	多答应别人的日常邀请。

现在，行动起来，挑战对不确定性的不容忍。正如颇具灵感的诗人和作家苏珊·肯尼迪（Susan Kennedy）曾建议人们："与自由、不确定性交朋友"。

休整时间

现在停下来，想一想刚才看到的内容。可否总结一下你认可的主要看法？哪些内容让你印象深刻？不妨将这些内容写下来。如果有不明白的地方，也可以写下来。等到有时间深入消化这些内容，再回头来看。

到目前为止，本书的哪些内容让你印象深刻？

1.

2.

3.

第 12 章
忧虑摇篮

让我们用一点时间回到前面的路面交通的比喻。记住，要想管理好路面交通，必须了解和挑战那些影响车流的司机持有的规则和观点，例如，我必须一直跟着前面的车流；如果我遵守限速规定，就会惹恼后面的司机。这两条规则都会促使你开快车。很多规则和观点都会极大地影响我们的忧虑倾向。我们将在下一章探索这些规则。

与不确定性的联系

影响忧虑感受，让我们更加忧虑的规则和观点一般有三大类。重要的是，这些规则和观点出现在忧虑“时间线”上的哪个位置。它们提供了发生忧虑的平台或框架。我们称这一平台或框架为“忧虑摇篮”（参见图 12.1）。我们可以将这些规则看作是构成忧虑摇篮的材料，它们为忧虑的酝酿、发育和成长提供一个空间。正如第 7 章有关在公交车站等车的例子（见第 107 页），规则为之后的行为提供了一个框架或摇篮。记住，忧虑旋风可以被看作是具体行为或思维行为。**如果……怎么办**问题可以被看作是从形势中“发现”不确定性的信号。**如果……怎么办**问题会触发更多**如果……怎么办**问题，逐渐形成“忧虑流”。同时，忧虑会“激活”忧虑摇篮。后者，会在某种意义上，“要求”担忧者更加担忧。构成忧虑摇篮的很多规则告诉我们，总的来说，忧虑是一种对我们有意义或有用的行为。例如，**我们忧虑说明我们关心**。构成忧虑的其他规则则告诉我们，忧虑是一件没有意义的行为。例如，如果我忧虑的话，不好的事情就可能发生。最后一类规则是相对比较中性，和我们的看法、想法密切相关，例如，**我的看法都很重要**，或，**不管什么时候，我都应该全面考虑问题**。所有这三种规则“惹我们忧虑”。下面，我们来解释这些规则是怎样起到这一作用的。

忧虑摇篮由三大类规则构成：

- 推动忧虑的**积极**的规则。
- 推动忧虑的**消极**的规则。
- 推动忧虑的**中性**的规则。

下一节将逐一讨论这些规则和信念，深入阐述这些规则和信念的特点，以及它们对忧虑的影响。

推动忧虑的积极的规则

现在，我们回到前面汤姆在火车站等火车的那个例子（参见第65页）。

汤姆已经赶到了火车站。火车晚了几分钟。他想，如果我上班迟到怎么办？这一念头打开了疑虑和不确定性的大门，他开始担忧起来。他开始考虑迟到的后果，以及这对他的工作和女朋友的关系、以后生活的影响。他的忧虑迅速变成了可怕的梦魇。他感觉自己的忧虑很真实。当重重忧虑席卷而来时，就会催生更多疑虑和不确定性，导致他更为忧虑。他感觉已经无法控制自己的忧虑情绪，开始感到惶恐。随着忧虑情绪彻底控制了他，他几乎意识不到周围的一切。他开始感到忧虑、紧张、烦躁。他紧张地东张西望。他心里开始埋怨其女朋友来。因为深陷于忧虑思绪中，他差一点忘了上车。

在这个例子中，汤姆的火车晚点几分钟后，不确定性就出现了，这触发了**如果……怎么办**问题，进而催生了更多不确定性和担忧。这对他的忧虑产生了“无声无息”的影响。如果我们问汤姆下列问题：

1. 假如你**根本**不担心迟到，这说明你作为一个员工或一个人来说的哪些特点？
2. 担心迟到有什么好处（**相较于根本不担心迟到**）？
3. 如果你一点也不担心迟到，会出现什么情况？

针对第一个问题，他会说，担心迟到影响工作是因为他关心工作，如果不担忧的话，说明他不是一个好员工。针对第二个问题，他会说，担忧可以让他提前做准备，应付过这糟糕的一天。如果问到具体怎样帮助他应付过这一天，他可能会说，通过事先担忧可能发生的各种事情，让他提前做好思想准备，虽然这些事情很可能不发生。针对最后一个问题，他会说，担忧可以帮助他找到解决问题的办法。如果不忧心忡忡地将事情详细地考虑一番，那么他就可能遗漏掉重要的问题。这里列出了一些深藏于人们内心的规则：

- 如果我担忧，说明我是一个好员工。
- 如果我担忧，说明我关心我的工作。
- 如果我担忧，我就能针对这一天里可能发生的事情有个心理准备。
- 如果我担忧，我就能为最糟糕的事情做好准备。
- 如果我担忧，就有助于我找到解决问题的办法。
- 担忧能够让我保持警觉。

这些规则是形成忧虑情绪的“匿名股东”。它们支持忧虑，帮助它成长。花一点时间，看看你是否能看出汤姆的规则是怎样支持他的忧虑倾向的。这些规则“要求我们”忧虑。这些规则“告诉我们”，如果担忧的话，就可以为接下来的事情做好准备，或者表示我们关心他人或事情，或者担忧会让我们显得更有人情味。你肯定会意识到，为接下来的事情做准备、给别人一个更好的印象、表示我们关心他人和事情，方法有很多。例如，如果要你列出作为一个好员工、好父亲、好伴侣、好女儿、好客人、好主人、好同事、好朋友等应该具备的所有条件，你是否会将“喜欢担忧”列入其中？

下图意在说明我们的形势如何激活“忧虑摇篮”。忧虑摇篮既让我们开始忧虑，又让我们持续忧虑下去。忧虑本身会打开疑虑和不确定性的大门，触发更多忧虑。

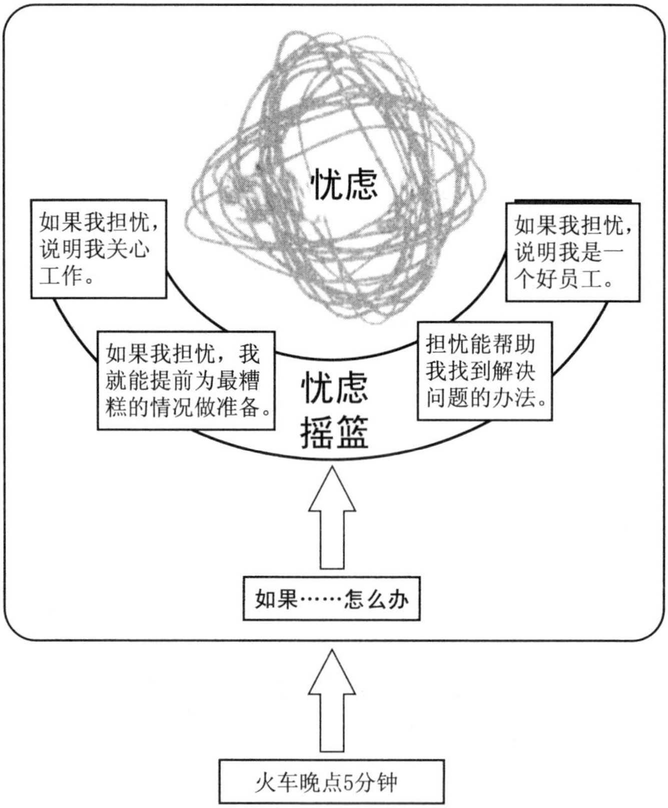

图 12.1　认识忧虑：忧虑摇篮

发现有关忧虑的规则

在等公交车的案例里，通过深入观察在触发了强烈情绪之后的人们采取或注意到的行为，来发现背后忧虑运作的规则。这就给我们带来一个问题：与忧虑的表现相比，忧虑的状态是我们看不见的。作为一种行为来说，我们看不到它！如果我们看不到它，那么怎样才能知道有关忧虑的规则是什么？我们知道，忧虑会引起很多行为，我们可以用这些行为来发现有关忧虑的规则，例如，我们在反复检查核对自己的工作时，或者，我们在面对问题想方设法采取行动时。我们还可以通过提问题来发现有关忧虑的规则。下面的一系列问题可以帮助你建立你的“忧虑规则手册”。你不妨在笔记本上将这些问题记下来，看看你是否能看出支持你忧虑的是哪些规则。在后面，本书将提供一些方法，帮助你深入了解可能影响你忧虑的那些规则。研究发现有关忧虑的规则有很多主题，比如，**忧虑促使我行动；忧虑可以让我远离非常糟糕的情绪；忧虑可以帮助我找到解决问题的办法；忧虑可以防止坏事发生；忧虑说明我们是称职的人，等等**。我们将在本章的后面部分深入探讨这些主题。另外，我们还将在第13章中提到如何帮助你打破自己的忧虑规则。

练习12.1　着手发现你的忧虑规则

这一练习可以帮助你找到和发现自己的忧虑规则。你可能需要在笔记本上写下你的答案。在空白处写下你关心的人的名字，如孩子、家庭成员、同事、朋友，或者是某个事件的名称，如考试、工作上的会议、工作或金钱。想一想你最忧虑的事情是什么，写下你围绕这个问题的答案。在第一部分里，每个问题有两个版本，一个笼统版本（a）和一个较为具体的版本（b）。每个空白处可以填两到三个事物。这可能会感觉有点重复，不过没有关系。我们的目的是寻找这些忧虑的主题和关联因素，这种办法很有效。

第一部分：

1a. 假如你不担忧的话，会说明什么问题？

1b. 假如你对________一点也不担忧的话，会说明什么问题？

2a. 假如你的忧虑没有这么多的话，会说明什么问题？

2b. 假如你对________的忧虑没有这么多的话，会说明什么问题？

3a. 假如你明天不再担忧的话，你是不是觉得心里很不安？如果答案是肯定的，为什么？

3b. 假如你明天不再担忧________的话，你是否会为此感到不安？如果答案是肯定的，为什么？

4a. 假如你的忧虑没有这么多的话，会出现什么情况？

4b. 假如你对________的忧虑没有这么多的话，会出现什么情况？

5a. 担忧有什么好处？

5b. 担忧________ 有什么好处？

6a. 担忧有什么坏处？

6b. 担忧________有什么坏处？

7a. 担忧对你有用吗？

7b. 担忧________对你有用吗？

第二部分：

1. 如果你不那么担忧（________），那么……
2. 如果你不那么担忧（________），那么……
3. 我应该担忧（________），因为……
4. 担忧（________）可以帮助我……
5. 担忧（________）可以阻止或防止……
6. 我应该担忧（________），因为……
7. 我应该担忧（________），否则……情况就会出现。
8. 我担忧（________），是为了……

9. 我担忧是为了阻止或防止……

分析你在这一练习中给出的答案。这是否有助于你理解你在某些形势中的忧虑？或者是否有助于你理解促使你忧虑的因素？针对这两个问题，你会想到什么？把你想到的东西写下来。等到读到下面，有所领悟的时候，再回到这两个问题上来。你发现了哪些规则？将你发现的规则写下来。

记住，这些规则就像是你不愿意真心承认的坏习惯一样。想一想上次有人指出你的某个坏习惯的时候：当时你的感觉如何？你是相信他们，还是坚决回击？你可能会想，**不可能！我不相信；根本不是这么回事**。但是，这可能是一个让你反思你的忧虑规则是否影响行为方式的信号。你可能会找你相信的熟人确认。在你读到这里的时候，你可能并不忧虑或焦虑，感觉这些规则是很遥远、很模糊的东西。你可以分析自己最近爆发的一阵忧虑情绪，看看你是否能够发现其中有关忧虑的规则。用笔在纸上写下你能发现的规则。如果你感觉这一规则不对劲，调整一下它的表达方式。调整它的结尾或开头，直到你感觉它符合你的情况。有时在治疗患者的过程中，我们就是用的这种方法——“摆弄”这些忧虑规则，直到相关规则完全符合患者的情况。你可以试着将“**我必须**”改为“**我不能**”，或者改为“**应该**”。如果你的规则属于**如果……那么**，那就将“如果”和“那么”后面的内容颠倒过来——例如，将**如果我做这件事，那么……**改为**如果我不做这件事，那么……**；或者将**如果我担心我的决定**改为**如果我不担心我的决定**。

休整时间

现在停下来，想一想刚才看到的内容。可否总结一下你认可的主要看法？哪些内容让你印象深刻？不妨将这些内容写下来。如果有不明白的地方，也可以写下来。等到有时间深入消化这些内容，再回头来看。

到目前为止，本书的哪些内容让你印象深刻？

1.

2.

3.

推动忧虑的积极的规则——细节

这里，我们将详细分析支持忧虑的积极的规则或观点。这些规则认为，忧虑是有用的，它能产生积极的结果。这些有关忧虑的观点往往适用于各种程度的忧虑，因此患有 GAD 的人，和较少担忧的人都持有这种信念。我们这里所说的积极的信念可以分为五大类，即，

- 忧虑有助于找到解决问题的办法。

- 忧虑能起到激励作用。
- 忧虑能起到保护作用。
- 忧虑能够防止坏事发生。
- 忧虑说明我们关心。

在阅读本小节的过程中，你会发现动一动笔是很有好处的，因为我们在后面会让你深入思考下面的哪些规则适用于你。利用下一页的量表和问题帮助你分析和评估每个小节的内容。如果你能在分析和评估之前读一下你记下的那些东西，效果会更好。另外，你也可以在你认为重要的段落或句子下面划线，或者将你不明白的问题记下来，等到读到后面，有了新的领悟之后再来回答这些问题。我们还希望你思考这个问题：如果综合考虑各方面的情况，这些规则到底有多大用处。另外，和不确定性一样，我们希望你能够思考，怎样（比如通过行为实验）才能改变自己的行为方式。

下面的几组规则在某种程度上存在重叠现象。我们希望你能够领会其中的核心观点，因为这些观点可以帮助你深入思考你的规则，并设计符合你的贴心版本。

针对各种从正面支持忧虑的规则的通用量表

- 这一战略与你的情况符合程度如何？

不符合	略微符合	有点符合	适度符合	基本符合	很符合	完全符合
0	1	2	3	4	5	6

- 这组观点与你的情况符合程度如何？

不符合	略微符合	有点符合	适度符合	基本符合	很符合	完全符合
0	1	2	3	4	5	6

• 你是否同意支持这一战略的这一观点（例如，忧虑证明我关心）？

不同意	略微同意	有点同意	适度同意	基本同意	很同意	完全同意
0	1	2	3	4	5	6

• 你能否从这组有关忧虑的规则联想到你个人的一个事例？写在这里。

• 你对上述规则的相信程度如何？

不相信	略微相信	有点相信	适度相信	基本相信	很相信	完全相信
0	1	2	3	4	5	6

• 这一规则对你的忧虑有什么影响？

• 怎样做才能挑战这一规则？

第 1 组信念：忧虑有助于发现解决问题的方案

这些规则建立在这一观点的基础上：忧虑是一种很有用的战略，有助于我们发现解决问题的办法。他们认为，忧虑能够让我们未雨绸缪，为将来出现的问题做准备。换句话说，忧虑能够帮助我们确定如果上述问题发生的话，我们应该怎么做。与这一规则密切相关的是这样的信念：如果我们担忧的话，我们就更可能制定周密、有效的解决方案。我们可能认为，如果不那么担忧的话，找到解决问题的最佳办法的可能性就会降低。

这种信念如何加剧忧虑？这类观点听上去都很有道理。在某种程度上，这些观点对于可能改变人生方向的事件或“大事件”可能有用。但是，在这些情况下，肌肉紧张、烦躁不安、失眠等问题是你在忧虑的同时必须接纳的东西。可惜的是，担忧者经常使用这些规则来帮助他们应对日常事件和问题。在这个过程中，忧虑也会带来同样强烈的副作用，让日常问题的解决变得更加困难。如果我们的忧虑处于可管理的水平，它才可能有助于我们找到更好的解决方案，虽然很可能存在其他或更好的寻找解决方案的办法。但是，担忧者无法调节忧虑的程度。忧虑的到来可能有两种强烈程度，一种是很强烈，另一种是一点也不强烈。如果我们忧心忡忡的话，它就会开始影响我们的行动能力和解决问题的能力。同时，因为对潜在问题过于警觉，我们想到的每个解决方案都是"漏洞百出"。更为糟糕的是，看到解决方案失败，就会触发熟悉的"忧虑螺旋"——再次回到"云彩耀眼银边的中央是浓重的黑暗"。

典型信念

- 如果我忧虑的话，我就会知道该怎么做。如果我一直忧虑下去，我就能找到这个问题的最佳解决方案。

小建议：这是寻找解决方案最好的办法吗？还有什么其他办法？有没有一个成本较低的办法？这种办法的优势和劣势各是什么？忧虑真的能解决问题，还是只是让你一遍又一遍地在同一个问题上原地打转？担忧导致的焦虑对你解决问题起到了推动作用还是阻碍作用？

第 2 组信念：认为忧虑具有激励作用

这是那些过度忧虑的人们中间最为普遍的信念之一。在一个小班课上，一个学生说，我的忧虑能够激励我学习；如果我不忧虑，我就不想学习。这种信念成立的前提是，忧虑的强度正好能促使我们开始工作，而且在我们开始工作之后必须不再“纠缠我们”，好让我们继续做手头的工作。就这组规则来说，就像是忧虑可以确保我们能够解决掉问题，而且，不管做什么事，都能做得更好。

这种信念是如何让忧虑更加糟糕的？习惯于担忧的人往往会发现，他们的忧虑常常会分散他们的注意力，降低他们的专注程度，而这让他们无法高效地学习和工作，导致习惯性的回避和延迟，甚至让他们无法工作和学习，而不是激励他们。在上面例子中，那个学生“必须”要忧虑才能开始学习，但是如果他的忧虑上升到一个显著的水平，就会开始影响他的专注能力，而这无疑会对他的学习和工作质量产生消极影响，继而进一步增加忧虑。在没有任何忧虑的前提下学习效果会好很多，因为很多更为重要的因素可以提升我们的学习效果——灵感、创造力、专注，甚至还有乐趣！我们知道，忧虑在情绪方面的影响，比如焦虑、疲惫，都会减少做事情的动力，导致恶性循环，让忧虑催生焦虑，让人意志消沉，继而让人更难以解决问题，导致更多忧虑，周而复始。关于这类信念，需要提及的另一件事情是和另一个默默发挥影响的信念有关，即，担忧学习和工作实际上和关心学习和工作是一样的。如果你不再像先前那样担心你的学习、工作或生活中的其他事情，是不是意味着，你对这些事情的关心也减少了？我们大多数人觉得显而易见的是，忧虑在某种程度上是有好处的。除非我们挑战忧虑有用这个看法，否则，这会让我们更加难以从忧虑中解脱出来。因此，我们需要弄清楚忧虑的好处和坏处，然后看看这两者之间的平衡点在哪里：忧虑总的来说是好处多，还是坏处多？

典型信念

- 如果我担忧一件事，我就能把它做好。
- 我应该担忧，否则，什么事也不想做。
- 如果担忧的话，我会把事情做得更好。
- 担忧说明工作对我很重要。
- 担忧能够激励我，让我做事更加高效。

小建议： 这是激励自己的最佳方式吗？除了激励你，忧虑还有什么其他作用？它的成本或副作用体现在什么地方？除了忧虑之外，还能用什么办法激励你？有没有一个成本比较低的办法？忧虑这种办法的好处和坏处各是什么？这种激励你工作或学习的方法会提升你的工作学习质量吗？是不是你担忧学习和工作就说明你更关心它们？是不是身边有的人虽然不担忧，但仍然关心他们的工作和学习？不担忧工作和学习会有什么大的坏处？

第3组信念：担忧能起到保护作用

在这一组信念中，担忧者认为在一件难以应对的事情发生之前的忧虑行为可以对他们起到保护作用，让他们远离事情真的发生时产生的情绪震动（onslaught of feelings）。当然，前提是如果事情真的会发生，会触发让人无法控制的情绪。有的担忧者认为，如果他们事前担忧的话，就可以降低可怕的事情真的发生时情绪受冲击的程度。而事实上，事前担忧很少达到那种效果。这几乎就像给你打个预防针，在坏事发生之前先忧虑，或者像是让你在无法应对的情绪出现之前先训练如何去应对它，通过事先在忧虑的思绪里练习如何应对它（一种内观疗法）。换句话说，在出现任何疾病迹象或症状之前就开始服药。

这种信念是如何让忧虑更加糟糕的？这就像是担忧者通过手持厚盾，身披全套盔甲来护身，即使他们要征服的恶龙不存在时也是如此。盾牌在手可以让他们随时保持警觉，但是长时间处于紧张状态会令人疲惫不堪。一个关键问题是，担忧者几乎每时每刻觉得不好的感觉会马上到来（其实这种感觉很少真的会到来），这种忧心忡忡的感觉在我们搜索危险时会触发更多的忧虑。这种方法可能带来的另一个严重问题是，在坏事情真的发生时，它并不能帮助我们应对这些事情。没有人能够完全准备好如何应对意外发生的真正的坏消息，如死亡。我们也无法事先准备好如何应对所有可能发生，但是概率很低的坏事情。另外，如果我们的敌人不是恶龙，而是其他事物，比如说洪水，我们的盾牌可能毫无用处。我们不可能知道在每一个拐角处会遇到什么事，虽然我们渴望知道。

典型信念

- 我应该经常担忧，因为我不可能知道在拐角处会遇到什么事。
- 如果我现在就开始担忧某个形势，那么将来它就不会对我产生太大影响。
- 如果我不担忧某个问题，那么这个问题出现之后，我就会因为没有担忧这个问题而感到愧疚（因此，我应该担忧）。

小建议：有没有更好的办法来保护你关心的人？有没有更好的办法来应对强烈的情绪？这种战略有多少次是管用的？你

担心过的那些事情，有后来真的发生了的吗？除了担忧，你还可以做什么？有没有成本相对低一些的办法？这一办法的好处和坏处各是什么？等待一件可怕的事情发生是一种什么样的感觉？如果你在无尽的忧虑中等待了一年，而这件事却没有发生，那是一种什么样的感觉？

第 4 组信念：担忧能够防止坏事发生

这些信念的中心是这样的看法：单靠忧虑这种行为就可以影响形势的走向，就像一个“心灵感应之手”从我们的头脑里伸出来，与这个世界较量。根据这些信念，心里的思维活动似乎和行为融合在一起，因此对坏事情的疑虑会降低它的发生概率。例如，17 岁的安吉利娜总是担心自己的健康，但是她从来没有得过什么病。她开始认为自己没有得病的原因就是她一直在为这件事忧虑，因此很自然地，她就一直让自己忧虑下去。可是，这种思维方式让她无法考虑到影响她健康的其他所有潜在因素，比如，年龄、饮食、患严重疾病的概率，以及她为维持健康所做的其他事情。她的这种忧虑还会引起“视野狭窄”，所有其他的解释——在这种情况下，关于她良好健康的其他所有解释——统统被忽视。这就像把焦点对准一个东西，而排除了其他所有东西。

另一方面，有的担忧者相信担忧某件好的事情会让这件事发生的概率更大。例如，斯坦担心他的朋友们不喜欢他们之前一起去看的一部电影。他们离开电影院时，他不动声色地问他们对电影的感觉如何。得知朋友们都喜欢那场电影，他感到很欣慰。斯坦没有意识到的是，他的这种行为强化了他的这一想法：如果他事先担忧朋友们不喜欢这场电影，朋友们喜欢这场电影的可能性就会增加——

因此，他将来就更可能会担忧这种事情。征询朋友们的看法可能会产生截然不同的另一种回答——他的朋友们讨厌那场电影！但是，这里有一个适用范围很广并且极为有效的心理学理念在发挥作用，这个理念名为“间歇强化”(intermittent reinforcement)。这意味着，经常做的事情偶尔得到“回报”，其效果要优于每次得到“回报”。因此，如果斯坦只是在个别时候得到肯定的回答，这就足够让他相信这种做法是管用的。另外，在前面有个不确定性的章节里，我们讲过，担忧者往往拥有一大堆信念让他们相信这一看法：稳妥总比后悔强——斯坦似乎也相信这一点。

这种信念是如何让忧虑更加糟糕的？这一信念意味着，担忧是防止坏事情发生的最好办法。这就会让我们更容易担忧。再举一个例子。凯特总担心与男朋友关系破裂而分手，但是似乎每次都能出现转机。她开始觉得是她的忧虑阻止了两个人关系的最终破裂，因此，为了维持现状，她必须担忧。承认这一点对凯特来说是一件很难的事情，因为她觉得这是一件没面子的事情。这种忧虑将内心的思维与行为融合在一起，让我们觉得忧虑真的能影响世界。这样，不做任何事情，只顾担忧就成了首选战略。伴随这种担忧产生的视野狭窄会忽视其他所有信息，让我们很难冷静分析除了担忧之外是否有其他因素影响事情的结果。

典型信念

- 如果我不担忧的话，坏事情就会发生。
- 如果我担忧一件好的事情，它就更可能发生。
- 如果我担忧工作，工作会更为顺利。
- 如果我担忧孩子，他们会很安全。
- 只需担忧就可以减少风险。

小建议：担忧是不是防止坏事情发生的最好办法？你还可以采取什么其他办法？有没有一个成本相对较低的办法？这种方法的好处和坏处各是什么？你能否证明担忧真的阻止了坏事情的发生？导致这种结果的因素可能还有哪些？你担忧的这件事情有没有你没有注意到的其他方面？为什么不去想一些好的事情：好好想一想如何彩票中奖？这管用吗？如果不管用，为什么？

第5组信念：担忧说明我们关心

这类信念很常见。这些信念的核心是：担忧表示担忧者考虑周到，体贴关心别人。更为糟糕的是，持有这种信念的人认为，如果他们不担忧，他们考虑事情就不周到、粗心，或是不关心别人。这种信念的例子有，**如果我担忧孩子，我就是一个称职的好父亲；如果我为朋友担忧，我是一个值得交往的人，他们就会更加喜欢我。**

这种信念是如何加剧忧虑的？这些信念的问题是，担忧者认为他们的自我价值取决于他们忧虑的程度。因此，这些信念认为，因为其他人看重你的忧虑，所以你真的应该担忧。不过，你是不是真的需要通过忧虑来换取朋友、家人和同事的认可？如果你告诉他们你为他们担忧是出于这种考虑，他们会怎么说？他们是否会告诉你，你可以有很多方式来表现你的关心？他们是否认为，其他方面（比如你和他们在一起的时间、友谊、诚实，等等）要比你替他们担忧更为重要？甚至他们是否会告诉你，当你忧心忡忡的时候，他们觉得和你在一起很没意思，还有，你会唠唠叨叨，对一些本来不该过问的事情过问得太多？你觉得你在关心他们，可是他们的感觉真的是这样吗？如果你不担忧的话，情况会糟糕到哪里去？他们最需要从你这里获得的是什么？你可能担心，如果你不为他们担忧的话，这意味着你不关心他们，可是，为什么不问问自己，认真地想一想，情况是不是确实如此？

典型的信念

- 担忧表明我是一个体贴关心他人的人。
- 如果我担忧，就说明我挂念家人。
- 如果我不担忧孩子，说明我不关心他们。
- 我担忧，表明我关心。
- 如果我不担忧，说明我粗心大意，不负责任。
- 担忧让我考虑问题更加周到。

小建议：忧虑是表现关心的最好办法吗？除此之外你还能做什么？有没有一个成本相对较低的办法？这种办法的好处和坏处各是什么？如果你担忧的那个人知道你因为这个原因而担忧，他或她会怎么说？有人对你的担忧有过让你不能接受的反应吗，或者因此抱怨过吗？你是不是觉得“关心别人的人”或“称职的人”就是喜欢担忧的人？你身边有没有关心别人或很称职但不像你那样担忧的人？你对此有什么感想？如果忧虑真的能证明你是一个关心别人或称职的人，那么，为什么人们都想摆脱忧虑？

推动忧虑的消极的规则

到此为止，我们深入介绍了推动忧虑的积极的规则。这些规则认为，忧虑是一种有用的行为，可以导致积极的结果。与这些规则密切相联的主要有两种消极的规则，即，——**预感坏事型规则、破坏好事型规则（foreboding** and **raining on my parade）**。下面，我们将逐一介绍这两种有关忧虑的规则。这两种忧虑的规则认为，忧虑往往会导致没有助益或消极的结果。按照这些规则，如果我担忧坏事情发生，坏事情就会发生（**预感坏事型**）。如果我担忧好事情发生，好事情就不会发生（**破坏好事型**）。因此，两种情况都不会有好结果。拿莱拉为例。正在外面度假的她担心丢失行李。她担心因为自己总是想着丢行李而让这件事更可能发生（**预感坏事型**）。这让她更加紧张和忧虑。再举一个例子。吉姆想到互联网欺诈时，开始担心自己存在银行里的钱。因为他觉得担心一件事会让它更容易发生，于是他就开始认为他的钱已经不在了（**预感坏事型**）。这让他更加忧虑了。温迪的情况有所不同。她本来很盼望去参加一个音乐节，但是她却开始担忧这件事。她认为总去想一件好事情，这件事就不会发生（**破坏好事型**）。每当脑海里出现一个好念头时，她就会想，**这种事情不会发生**。她花了很多时间说服自己不要享受生活，不去期盼任何好事情。她开始担忧她还会想到什么其他事情，因为如果她一想一件好事情，这件事就不会发生。

典型信念

- 如果过多担忧一件事，这件事就会发生。
- 如果我总想着某件好事情，它就不会发生。
- 如果我担忧某件坏事情，它就会发生。

针对预感坏事型信念的小建议：这种方法的好处和坏处各是什么？你的预感有多少是正确的？如果你担忧电烤箱爆炸，

你觉得仅因为担忧就会让这件事发生吗?

针对破坏好事型信念的小建议: 你经常有这种担忧吗,有多少次事后发现自己的担忧是不必要的?当你竭力将一个想法"推出"大脑之外时,会出现什么情况?

推动忧虑的中性规则

到此为止,我们讨论了影响忧虑的两种看法:积极和消极的规则或信念(**忧虑摇篮**)。除了这些信念,可能影响忧虑的还有其他中性规则。例如,我们有时候认为,某件事从头脑里冒出来之后,我们就应该彻底把它想清楚,找到解决办法,或者认为,这件事之所以从我们头脑里冒出来,是因为它很重要。

唐正和朋友们在剧院享受一个"不一样"的夜晚,突然想到了白天工作上遇到的一个问题。因为她认为**她想到的事情都很重要**,因此她无法把这件事放到一边。于是,她开始想她为什么会想起这件事。她开始不停地想这件事,总想**迅速**找出一个**完美**的答案。但是,她越想头绪越多,就越是忧虑。因为正在剧院看戏,所以她没法和同事交流。为了管理她的不确定性,她满脑子想的都是如何**彻底解决问题**。关于戏里演了什么,在中场时和朋友们说了些什么,她都没有什么印象了。毫不奇怪的是,那场戏她没有好好看。

在唐的例子中,影响忧虑的有好几个信念或规则。第一个是**所有想到的东西都很重要**;第二个是**如果头脑里想到什么事,我就应该把它想明白**(彻底解决问题);第三个是我应该立刻完美地解决这个问题（迅速找到一个完美的答案），而不是将它“搁置”一下，专心欣赏当前的戏剧。

运用分析推动忧虑的其他规则时使用量表来评估你认可这些规则的程度。

小建议：头脑里想到的所有东西都很重要。头脑里想到的所有东西都很重要，这句话对吗？还是应该有选择地关注你想到的事情？你想到的哪些事情不受这一规则的影响？如果世界将在一小时后毁灭，你还会觉得这件事很重要吗？它真的需要你那样关注吗？如果你眼下不去全力应对它，最糟糕的情况可能是什么？如果这件事那么重要，你真的可能会忘了它吗？如果你觉得你可能会忘了它，那么把它写下来，等回头再看，看看到时候你是不是还觉得它那么重要。这一规则的好处和坏处各是什么？

小建议：彻底解决问题。如果你不把想起来的事情考虑周详，可能出现的最糟糕的情况是什么？成功将头脑里冒出来的每件事都想清楚的概率有多大？你有多少次真的最终将这些事情想清楚了，或者说，有多少次最终进入忧虑螺旋？做这件事，有没有更好的办法，比如将它写下来，或者和同事或朋友深入探讨？这一规则的好处和坏处各是什么？

小建议：迅速找到完美的答案。这一规则的好处和坏处各是什么？如果你不迅速找到完美的答案，可能出现最糟糕的情况是什么？如果这件事真的不那么重要，现在做到“足够好”是不是就可以过得去？如果这件事重要的话，为什么不专门抽时间坐下来深入考虑？除此之外，你还能通过什么方式解决这个问题？这样做有哪些好处？这一规则还有哪些消极的副作用？

你觉得，如果挑战这些具体的规则，会让你的忧虑习惯带来哪些变化？或者说，如果你弱化和破坏忧虑摇篮，会出现什么情况？如果没有这些规则帮助忧虑成长和发展，你的忧虑就会减少。在介绍如何做到这一点之前，我们还需考虑最后一个信念。

着手改变我的规则

要想改变你的规则，必须发现影响你的具体的规则。在笼统的某一大类规则（如**担忧表示我关心**）上下功夫没有多大意义。这里的原因有很多，用最简单的话说，就是"标准化"的方法无法取代针对个人情况而设计的方法。另外，在着手解决某一大类规则的过程中，我们可能会在大量的信息面前不知所从，或者，因为没法和亲身体验联系起来，所以我们的认识可能很模糊，或者完全基于假设，让我们很难运用于实际的日常生活中。因此，和制定目标一样（参见第6章），改变一个具体的规则要比改变一个笼统的规则要容易得多。例如，相较于笼统的**担忧表示我关心**，你的规则可能是，**如果我为朋友担忧，那么这说明我关心他们**。第二个规则可以为我们提供更多的探索方向：有的看法会让我们想到一些具体的办法，比如和朋友们交流，看看他们是否同意你的看法。最后，在规则发挥作用的形势方面，规则往往会延伸。比如，你因为认为担忧表示关心而为朋友担忧，你就可能会担忧家人、工作、家里的狗，等等，因为我们也关心他们。因此，一旦你发现某个规则适用的话，问问自己这一规则是否在其他形势里也很活跃。

一定要发现活跃于特定情境下的具体规则。如果我们将改变有关忧虑的规则的努力与日常生活细节密切联系起来，这些努力就更可能起到良好效果。这就是为什么我们要找到密切符合**你的体验**的规则。虽然可能很多人拥有一系列共同的规则，但是总是有一些用于特定情境的具体的**内部规则**或**本地规则**。例如，每个地方议会都有一系列有关废旧物品回收品种、时间和场所的规定。

考虑到上面所有不同的看法，你现在能想到哪些规则？将你想到的规则写在下面的空白处。

- 我的推动忧虑的**积极**的规则：
- 我的推动忧虑的**消极**的规则：
- 我的推动忧虑的**中性**规则：

相互矛盾的规则

这些关于忧虑的规则或信念可能会相互矛盾，增加不确定性，进而加剧忧虑。例如，如果我相信**忧虑会让我为可能出现的问题提前做准备**，这一信念就会告诉我，或“要求”我担忧，但是，我也可能同时认为**如果我担忧某件事，它就更有可能发生**。这样，有的信念“要求”我们担忧，有的信念“要求”我们不要担忧，我们在担忧和不要担忧之间纠结，最终让我们更加紧张、焦虑和担忧。有时候，我们感觉自己应该担忧，因为这表示我们关心（“要求”我们担忧），但很快就会和另外一个告诉我们忧虑不利于健康的信念撞车（告诉我不应该忧虑）。如果像这样，有两个信念撞在一起的话，我们就应该选择其中的一个入手，想办法改变它。

“涡轮增压器”——有关忧虑的其他消极的信念

前面，我们讨论了推动忧虑的积极的规则、消极的规则和较为中性的规则。现在，我们来介绍另一类重要的消极的信念。在曼彻斯特工作的临床心理学家和研究人员阿德里安·威尔斯（Adrian Wells）多年从事有关忧虑的著述和研究工作。他将这类忧虑称为**元忧虑**（meta-worry），或称**对忧虑的担忧**。一般情况是，一旦忧虑开始，这些消极的信念就开始发挥作用，对忧虑情绪进行“涡轮增压”。这些信念倾向于给忧虑旋风增加强烈的焦虑元素。在这个过程中，这些信念会激起更多的忧虑。

这时候，一个典型的念头是**我要疯掉了**。这种念头出现时，我们会感觉这些念头如此真切而清晰，以至于随即出现了严重的焦虑或恐慌，极大地加剧了先前的忧虑。这些信念推高了忧虑的强烈程度，将忧虑旋风变成了忧虑飓风或龙卷风。这些有关忧虑的规则为忧虑的发生提供了一个框架。该框架出现之后，这些信念就会给它“增加马力”。患有 GAD 的病人往往认为，一旦他们开始忧虑，他们的过度忧虑就会导致大量不好的、令人痛苦的后果。详见下表。

练习 12.2　导致“对忧虑的担忧”的信念

花一点时间想一想每一种信念，问问自己哪些信念适用于你。你可以用下列量表给这些信念确定数值。认真考虑这些问题：哪个问题的数值最高？哪些信念与你的忧虑体验关系最为密切？

过度忧虑意味着……	完全不符合———完全符合
适用于你，就在小方块里打勾	0% ——————100%
□ 我无法控制自己	________%
□ 我要崩溃了	________%
□ 我要疯掉了	________%
□ 我会无法集中注意力或无法工作、学习	________%
□ 我会每天生活在焦虑中	________%
□ 我会发展为抑郁	________%
□ 我会生病	________%
□ 我缺乏自信	________%
□ 我没有气力	________%
□ 我会永远被忧虑所困扰	________%
□ 我无法控制形势	________%

问自己下列问题，看看哪些念头可能起到给忧虑“涡轮增压”的作用：

这些问题可以帮助你发现“涡轮增压器”（刺激忧虑的消极念头）

如果你无法停止忧虑，可能出现的最糟糕的情况是什么？

如果你无法停止忧虑，这对你意味着什么？

如果你一直这么忧虑下去，会出现什么情况？

如果你放任自己越来越忧虑，会发生什么不好的事情吗？

根据认知行为疗法的观点，人们对其体验的看法至关重要。“涡轮增压器”是对忧虑行为的一种评估（看法）。对忧虑的这种看法是可以挑战的。在忧虑左右了我们生活的时候，我们头脑中就可能形成这些消极的信念，阻碍我们对停止忧虑所作的努力。这一点，我们将在第 13 章详细讲述。

休整时间

现在停下来，想一想刚才看到的内容。可否总结一下你认可的主要看法？哪些内容让你印象深刻？不妨将这些内容写下来。如果有不明白的地方，也可以写下来。等到有时间深入消化这些内容，再回头来看。

到目前为止，本书的哪些内容让你印象深刻？

1.

2.

3.

第 13 章
改变你的忧虑规则

改变有关忧虑的规则的方法有很多。我们希望通过深入了解导致你忧虑的因素，帮助你减少忧虑。后面附的练习可以帮助你逐渐深入地考虑问题。但是，**想**只是学习循环的一部分 ——我们还必须帮助你改变你的**行为**方式。

帮助你深入地考虑问题

如果你偏好处理图像信息，那么第 228 页的饼状图就对你很有用。这个饼状图用最简单的形式，直观地体现出影响人们思维或规则的所有看法和因素，我们可以从中找到看问题和客观分析问题的不同方式。这种方法可以用于分析本书中的大多数规则。我们拿这个规则为例：**如果我每天为孩子们担心，就说明我是一个好父亲。**我们上面讲到，除了为孩子担忧，可能有更好的办法来证明父亲关心孩子。但是，当猛烈的忧虑旋风让人们心烦意乱的时候，我们很难看到这一点。因此，让人们在忧虑之前，而不是在忧虑发生之后，认真思考这些不同的看法非常重要。思考的结果可以帮助我们更好地察觉我们的忧虑倾向，以及刺激我们忧虑的因素，更清晰地了解自己并将我们的“忧虑阀门”调低。

具体步骤

将规则与日常生活密切结合起来，用正确的语言将它“摆在桌面上”，然后确定我们对它的相信程度。我们可以用 0%—100% 的数字来表示。100% 表示**绝对相信**。这样做，一方面是为了确保我们接下来值得在这个规则上花时间（如果认可程度太低，就说明这个规则对你来说不是一个问题），另一个方面是为了让担忧者大致了解这一规则对他们生活的重要性或影响程度。例如：

如果我每天为孩子们担忧，就说明我关心他们：认可度评估值＝ 75%

接下来，让这位父亲将他能够做的、可以证明他关心孩子的所有事情都列出来。这可能有点困难。如果他能从自己的思维里跳出来，想想其他父亲是怎么做的，或许对他会有些帮助。我们可以让他在脑海里想象一个疼爱孩子的父亲，也就是他认识的某个人，让他想想后者在关心孩子方面所做的所有事情。我们也可以问他的父母亲或抚养人当年是怎样关心照顾他的。我们也可以请他笼统地想一想“关心”这个词——人们一般会怎样“关心”别人？等等。以下是我们这位父亲列出的单子：

你怎样做能够证明你关心自己的孩子？

- 放学后接他们回家
- 给他们做早饭和晚饭
- 给他们洗衣服
- 拥抱、亲吻他们
- 听他们说话，看着他们

- 多陪他们
- 把他们放在第一位
- 让他们学会照顾自己，当我不在身边的时候

接下来，我要将“为他们担心”加在上述清单的最后面。然后，我们要求那位担忧者画一个饼状图来表示父亲关心孩子的程度，让他将饼状图分成数份，每份表示能够多大程度地证明他对孩子的关心（用每份的大小表示重要性）。有时候，为每一份赋予一个大致的百分比效果会更好。例如，拥抱和亲吻孩子能在多大程度上证明你关心他们？这不是数学计算——即使其中有一点瑕疵也没有关系。重要的是，担忧者开始思考他们做的其他事情重要程度如何，同时，让他们看到，其在证明他们关心孩子方面，忧虑的重要程度要么是零，要么只占极小的一部分，虽然忧虑每天要占去他们好几个小时。看看第 228 页的饼状图，对图中各部分的比例做了评估，将其中的三条合在一起，合称为“实际的东西”：

- 实际的东西　5%
    - 放学后接他们回家
    - 给他们做早饭和晚饭
    - 给他们洗衣服
- 拥抱、亲吻他们　15%
- 听他们说话，看着他们　22%
- 多陪他们　24%
- 把他们放在第一位　25%
- 让他们学会照顾自己，当我不在身边的时候　13%
- 忧虑　低于 1%

饼状图画好之后，我们请担忧者静下心来，冷静地想一想这张图能够给他带来什么启示。最后，我们请他重新思考对最初的那个信念的认可程度，看看有什么变化。我们可以将这一结果再向前推进一步。将一个例子探究到底往往很有好处。例如，如果你好几个钟头都在忧虑中度过，这段时间你原先打算做什么？如果不忧虑的话，这段时间你会做什么？也许，你可以利用这段时间多陪一陪孩子，或者和孩子在一起做一件快乐的事情。忧虑对你与孩子们相处的质量有什么影响？是不是很难改变在孩子面前“一脸忧虑”的面孔？在焦虑的时候认真倾听孩子讲话，亲吻、拥抱他们，和他们玩耍真的容易做到吗？

你可以尝试一下某个积极的信念。例如，除了忧虑，哪些因素会激励你？这些战略对于促使你**解决问题**到底有多大的影响力？你是否能够多做一点其他事情而少忧虑一点？如果你发现忧虑证明你关心，那么为什么不将你的信念用这种办法来检验一下？

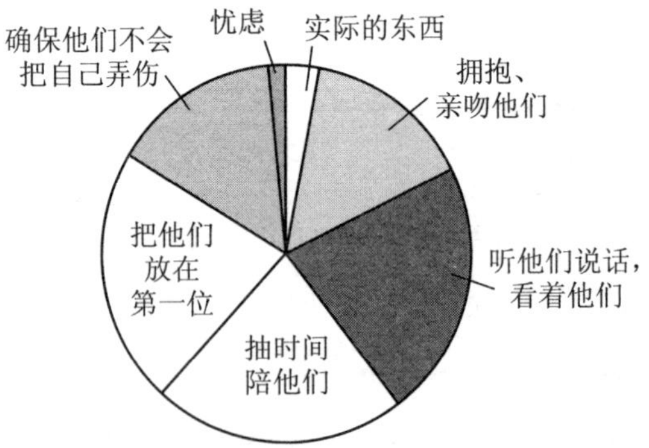

图 13.1　证明关心孩子的各种方法的饼状图

调查

在第7章里地球是平的例子里（参见第111页），我们提到了与水手交流，看看是否与他人交流能够获得帮助我们改变视角的更多信息。深入思考到目前为止掌握的有关忧虑的知识，你会向他人问哪些问题？例如，你可能会问，除了忧虑会激励他们之外，还有哪些因素会激励他们？知道别人是怎么做的，可以为我们除了忧虑之外还能做什么提供一些思路，比如，取得进步后犒劳一下自己，或者借助朋友的支持帮助我们实现目标。或者，我们可以请教其他人，问他们是怎样处理突然想到的、需要完成的任务或工作的（参见上一章唐的例子，参见218页）。发现别人也有相同的经历往往对我们看待问题有所帮助。知道别人对忧虑的看法与我们相同，会让我们觉得不那么“孤单”，可以让我们知道忧虑的力量并没有那么强大——例如，通过请教他人，问对方是否曾经觉得自己控制不了忧虑情绪。

行动起来——行为实验和其他方法

你在前面几章里提出的有关忧虑的规则会让我们想到行为实验的一些方法。下面列出了你可能需要尝试的一些方法。记住，在进行行为实验的过程中，你会感到焦虑、担忧，但重要的是，你可以尝试用全新的行为方式来挑战你的规则和信念。你可以重新阅读一下第11章“我怎么知道这种办法管用”这一节。它提供了一些很好的建议，告诉你如果你对行为实验过程中第一次遇到的不确定体验感到焦虑得很，应该怎么办。

表 13.1 打破规则

信念／规则	可以帮助你挑战你的规则和信念的方法
忧虑会让我精神失常	上一次这么想是在什么时候？ 你是怎样让自己避免精神失常的？如果你运用了避险行为（例如，数数、确保自己还认识字、在大脑里做算术题，等等），是否可以试着不用避险行为，看看会出现什么情况？如果可以，先从一个比较小的忧虑开始，看看它是否能让你精神失常（如果它真的能让你精神失常，我们不建议你这么做！）。你可以先在周围有人的时候这样做，确信不会出问题之后，再一个人做。接下来，选择一个略微大一些的忧虑，重复前面的过程，等等。警惕不要做让自己精神失常的事情。你必须事先弄清楚，有没有什么需要小心的地方。 会有什么结果？如何判断你是否精神失常？你打算接下来怎么做？你的预测是什么？
如果不能控制住忧虑，我就会崩溃	你上次有这种感觉是在什么时候？你怎样防止自己失控？如果你运用了避险行为（例如，让自己平静下来、一个人或和其他人坐一会、让自己想一想别的事情，等等），让自己不再使用避险行为，看看会出现什么情况？接下来，将意念集中于你的忧虑，尽量不去控制它。然后，和前面的例子一样，先从小的忧虑开始，然后逐步转向很显著的忧虑。但是你必须真的不去控制，放弃你所有的避险行为。你可能会感到强烈的忧虑情绪，但是这并不意味着你已变得失控。继续忧虑，看看会出现什么情况。顺便说一句，在忧虑接近失控的时候，如果门铃响了，一个朋友意外来访，会出现什么情况？你会停止忧虑吗？如果你真的马上就要无法控制忧虑或者马上就要精神失常了，你的忧虑怎么会就此停下来？如果门铃声能把你从失控或疯狂状态中拉出来，那么心理医生和其他专业人员就会失业，去五金店工作。
我无法控制自己的忧虑情绪	通过这种方式延迟自己的忧虑：将你忧虑的事情写下来，让自己过后再去看这些内容。在接下来的半天里，找个时间让自己好好忧虑一番。你会有什么发现？

续表

信念／规则	可以帮助你挑战你的规则和信念的方法
忧虑会促使坏事情发生	先从简单的事情开始。每天花 20 分钟来担忧彩票中奖是一件多么可怕的事情。你可能中奖，但那是概率很小的事情。这会让你有什么启示？现在，再尝试一次，这一次担忧烤面包机爆炸的事情。然后再发展到更严重，更棘手的事情。你会有什么发现？你看到这里的时候，你会说，**嗯，嗯，我知道**，但你只有亲自实践一下，才会发现这个规则对我们没有什么帮助。所以，亲自尝试一下吧。
忧虑可以帮助我解决问题	找一个小问题，让自己一周 7 天内每天花 20 分钟，去苦想这个问题。将这个问题写下来，将它分成几个小的部分。至少投入与先前担忧这个问题所花的一样的时间，但是这一次用这些时间来寻找解决方案，而不是担忧它（参见第 16 章）。你会有什么发现？如果你已经解决了这个问题，那么，如果你当初不忧虑，是不是会更快地解决掉这个问题？如果你还没有解决这个问题，你是不是感觉紧张情绪有所缓解？同样，你可以在头脑中慢慢增加这个问题的“大小程度”，但确保要让它触发一些焦虑。是否可以用成本较低的方法来解决问题？
忧虑有助于激励我	通过饼状图，看看还有哪些因素可以激励我（同时参见第 6 章有关进取型目标一节）。在运用忧虑来激励自己时，你的情绪如何？运用积极的激励性方法，而不是忧虑，是否会让你少一点焦虑，多一点积极的心态？下一次，想办法激励自己，而不是吓唬自己。
忧虑可以让我提前为坏事的发生做准备	我们无法为未知的事情做准备。在纸上写下你觉得担忧能帮助你解决了问题的一两个具体例子。这种办法效果如何—— 是不是用其他方法也能起到这个作用？接下来，想一想先前用除了忧虑之外的其他方式解决问题的所有情况——你是更喜欢用“忧虑策略”解决问题，还是用你想到的某个其他方法解决问题？
忧虑可以防止坏事发生	这里，我们要做的事情是不再忧虑，看看会出现什么情况。坏事情会真的发生吗？先从简单的情形开始，然后逐步加码。想象一系列越来越棘手的有“梯度”的情形。容忍不确定性。从现实角度上讲，担忧怎么会阻止事情发生呢？这中间还可能有什么其他因素？（设计一个饼状图。）这样做的成本和好处各是什么？

续表

信念／规则	可以帮助你挑战你的规则和信念的方法
担忧证明我关心	是否有成本更低的方式来做到这一点？ 上次你担忧的时候出现了什么情况——它是帮助你关心别人还是妨碍你关心别人？ 思考还有什么其他方式可以证明你的关心，并运用这些方式。（饼状图？）
破坏好事型：如果我因为好事而担忧，这些好事就不会发生	担心一件即将发生的比较小的事情（例如，去看电影、下馆子、和朋友一起喝咖啡），看看会出现什么情况。反复做这种实验。 你会有什么发现？还有哪些因素会影响好事情的发生或是不发生（绘制一张饼状图可能会效果更好）？和其他因素相比，忧虑的重要程度如何？
预感坏事型：如果我担心坏事情发生，坏事情很可能会发生	想一想过去发生这种事的两个具体例子。你的忧虑可以准确预测未来吗？你预测坏事情的准确率有多高？想一想你过去忧虑过的所有情况，看看你的忧虑在预测未来方面准确性如何。我们来检验一下。先从担忧没有生命的物体开始，比如家里的电视机、汽车或 MP3 播放器。你在担心这些东西出现什么不好的事情时会出现什么情况？你会有什么发现？接下来，考虑可能发生在你身上的其他事情，然后再考虑可能发生在其他人身上的事情。将你对未来的清晰预测写下来，深入想一想事情可能发生的具体细节，到时候看看事情是不是会真的发生。
想到的所有事情都很重要：我要是想起了某件事，那么这件事肯定很重要	将过去的一个小时里想到的所有零碎的事情都写下来。现在，运用这一标准做一个筛选：半小时后世界末日就会到来。现在，这些事情中，你愿意花时间想哪些事情？能想出一件吗？这让你从中获得什么启示？
彻底解决问题：如果我想起某件事，我就应该把它想清楚	举出一两个这样的具体例子：你非要将一件事情想得清清楚楚，直至最后的细枝末节，虽然内心里你知道这没有什么意义。这样做的成本是什么？这样做是不是可以让结果更好一些？你会不会建议别人运用这一战略？如果不建议的话，为什么？选择即刻能想到的一个琐碎的

续表

信念／规则	可以帮助你挑战你的规则和信念的方法
彻底解决问题：如果我想起某件事，我就应该把它想清楚	忧虑，让自己好好忧虑一番，确保自己将所有细枝末节都想到了。这时候会出现什么情况？一般来说，你把让你担忧的事情完全想清楚之后，会出现什么情况？情况是更明朗了，还是更不明朗了？形势是更确定了，还是更不确定了？如果你让它一直“悬着”，可能出现的最糟糕的情况是什么？做一个预测，如果让问题悬着不去想它，会出现什么情况，看看你的预测会不会成为现实。
迅速找到完美的答案：我必须马上完美地解决这个问题	如果你不去尝试解决忧虑而只是等待，会出现什么情况？你预测会出现什么结果？要想了解这一点，我们就需要一个带有某种时间限制的忧虑，让我们知道在接下来的半天里，你的预测是否会成为现实——例如，担心赶不上火车，担心不能如约和朋友一起吃午饭，或者是在某个方面你知道结果的某件事情。当你突然想起这个问题时，不要去管它，会发生什么情况？你的预测会变为现实吗？如果没有，这说明了什么问题？这是不是说明根本不用马上去找一个完美的答案？还是说明确实需要忧虑？如果你的预测变成了现实，那么你该怎么做？先前想出来的那个完美答案起了什么作用了吗？尽量不要想着如何彻底解决问题。不要纠结，不要担忧。换一种方式，你可以设计一个不那么完美的解决方案，看看到时候会出现什么情况。

这个有关忧虑的规则是怎样发挥作用的？

仔细研究我们的不合理信念，弄清楚忧虑到底对事情有什么影响，对于克服忧虑往往很有用。图表可以帮助你做到这一点。例如，对财务的忧虑会怎样防止日常消费的失控？对坏事情的忧虑如何能导致这件坏事情的发生？请看下面的这张图。

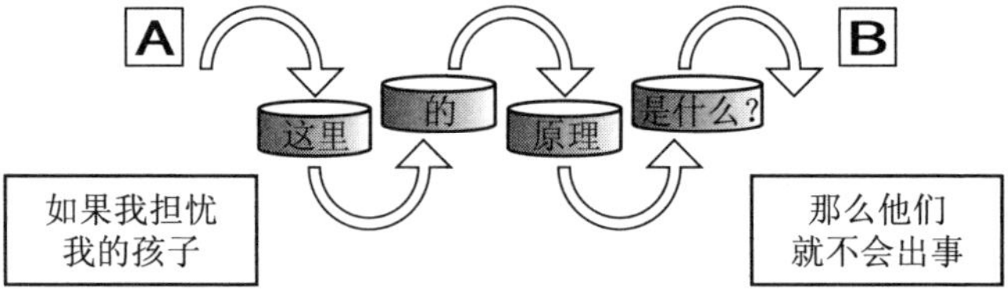

图 13.2　忧虑的踏脚石

这个过程需要走几步？

你的忧虑是怎样发挥作用的？将上述规则拆分为两个部分，看看你怎样从 A 到达 B 的？如果你觉得自己知道忧虑如何发挥作用的道理，那么将你知道的道理讲给别人听，看看别人是否能够接受。画出你的规则，看看是否能够将 A 部分和 B 部分联系起来。

结语

对于缓解忧虑来说，运用新的应对**行为**来挑战你的忧虑是非常重要的一步。虽然思考、回想和深入理解至关重要，但是俗话说"行动胜于言词"，你必须亲身体验才能深入理解事物还有你先前所不知道的另一面。你会因此感到忧虑，这是正常的。不过，你确实可以做到这一点——"调低忧虑阀门"——但是，在此之前，你必须着手改变你的行事方式。

休整时间

现在停下来，想一想刚才看到的内容。可否总结一下你认可的主要看法？哪些内容让你印象深刻？不妨将这些内容写下来。如果有不明白的地方，也可以写下来。等到有时间深入消化这些内容，再回头来看。

到目前为止，本书的哪些内容让你印象深刻？

1.

2.

3.

第 14 章

要行动，不要忧虑

2006 年，《时代周刊》杂志刊登了一个有关气候变化的封面报道，标题为“忧心忡忡”(Be worried, be very very worried)。如果我们说，《时代周刊》的记者认为解决这一问题的最佳途径就是担忧的话，你会怎么看？你是否认为，我们**只要**担忧气候变化，就可以对这个问题有所影响？当然，这是没有道理的，但是这一有点离谱的态度指出了担忧者存在的一个重要问题——他们往往将忧虑看作是解决生活中的问题的唯一战略。可惜的是，这往往会让问题更糟。

不用说，《时代周刊》好像是想说，大家应该担忧气候变化。很多人都会认同这一点。因此，如果忧虑不能帮助我们解决气候变化，我们就应该采取其他行之有效的措施。我们无法像关闭水龙头一样将忧虑关上，那么，我们要考虑的是，除了不去担忧，我们还能做什么？答案很简单，就是，我们必须以另外一种方式**行动**起来，用真正有助于实现目标或解决问题的做法来取代忧虑。我们要设法解决问题，而非继续担忧。在气候变化这一例子中，我们的行动可能包括将阁楼保温隔热措施做到“最高级别”，冬季时不要让室内温度太高，选择骑自行车出行而不是开车出行，游说政府采取相关措施。在面临忧虑时，我们必须学会积极应对，而不是深陷其中。忧虑不是你唯一可以做的事情，但是，它是你需要做其他事情的信号或征兆。

我们无需担忧某些问题，而应想办法解决这些问题。

针对真实事件的忧虑和针对假设性事件的忧虑

在第5章，我们讨论了存在两大类忧虑这一观点。若我们担忧的一些问题确实存在，我们将这些忧虑称为**针对真实事件的忧虑**。若我们担忧的另外一些问题**可能**存在，相对的，我们将这种忧虑称为**针对假设性事件的忧虑**。第二种忧虑可能根本不像我们想象的那样，即使是这样，它对我们来说就像是一场可怕的噩梦，它发生的背景是在将来，其中包括各种各样发生概率很低的事情。相对来说，针对真实事件的忧虑针对的是确实存在的问题，因此，我们可以通过解决问题来缓解忧虑——即使你不大确定应该从哪里入手去做，或者没有把握是否能够成功。实际上，我们自己的能力也是我们的一个忧虑对象！事实上，担忧者很少对自己的真实能力有信心。另一方面，**针对假设性事件的忧虑**针对的事件在本质上并不是真实存在的，而且它发生的概率非常低，往往与发生在遥远的未来的事情有关，**无法**通过解决问题来缓解这种忧虑。因此，在面对忧虑的时候，我们必须认真分析面前要解决的是哪一种忧虑。

> 针对真实事件的忧虑针对的是确实存在的问题，因此，我们可以用解决问题的方式有所作为。

另一个关键问题是，担忧者往往将担忧与解决问题混为一谈。担忧让人心力疲惫，一阵忧心忡忡之后，我们往往会感到疲惫不堪。

但是，整个忧虑过程并没有改变什么，因此，忧虑之后，最初触发我们忧虑的问题往往仍然在那里。虽然，有时候，我们感觉担忧就是在用某种方式解决问题，但是，实际上，担忧根本不是在解决问题——**担忧不等于解决问题**。

如果一直不去解决问题，就会严重影响我们的自我感觉，让我们变得焦虑、灰心、对自己没有信心。长时间不采取行动还会导致一种无能为力、无可奈何的感觉，严重影响我们应对形势的信心。如果我们长时间地担忧，而不去解决问题，那么这些问题往往会变得更加严重，进一步加剧我们的忧虑。找到除了担忧之外的另一种措施有助于缓解这一强烈的情绪。例如，一位朋友非常担忧环境问题，知道环境问题会引发很多严重的问题。他说，当他积极参与环保的过程中，他感到自己有能力改变现状，对未来也充满了信心，而不会感到无能为力、心灰意冷。即使环境问题仍然存在，但是因为他在积极地做一些有助于解决这些问题的事情，所以会感觉释然很多。

在接下来的章节里，我们将帮助你更好地解决问题，应对**针对真实事件的忧虑**。在有关如何面对恐惧的章节里（第 17 章和 18 章），我们将集中笔墨讨论应对另一类忧虑，即，针对假设性事件的忧虑——但是，我们要一步一步来。

着手解决问题

气候变化，和管理交通的那个比喻一样，要想着手解决问题，我们就必须用积极的态度看待问题。研究发现，大多数担忧者其实具有解决问题的技巧，但可惜的是，他们对待问题的**态度**很消极，增加了解决问题的难度。他们往往把问题看得很可怕，怀疑自己解决这些问题的能力。甚至在他们埋头解决问题的时候，他们也对结果持悲观态度。这意味着，总的说来，他们在**着手解决问题之初就抱着消极的态度**。这对他们解决问题的能力有着巨大的影响。这就像是戴着拳击手套做日常活计。想象早上怎样戴着拳击手套扣扣子或拉拉锁。你怎样戴着这种手套打电话、开车、写字、用键盘或做饭？手上的拳击手套让我们无法高效地使用双手，使其灵巧性完全丧失，做什么事都显得很困难。我们会对未来事情的结果感到灰心、烦躁、无用、悲观。但是，这一比喻中蕴含着一个重要的积极信息——研究也表明，它确实是事实——虽然担忧者在着手解决问题时持消极态度，但是一旦他们不再如此，他们解决问题的技巧就会和不担忧的人一样好。换句话说，一旦我们摘下拳击手套，我们完全具备完成上述任务的灵巧性和技巧，拳击手套让我们无法发现这一点。

我们可以将问题解决过程分为两大部分。**第一部分**是改进我们着手解决问题时的（消极）态度。这包括调整我们面对问题时的想法、我们对自己的问题解决技巧的认知（我们戴着拳击手套干活时的样子）、我们对自己表现的期望（摘下拳击手套）。着手解决问题时的消极态度、对不确定性的不容忍形成了担忧者管理问题的习惯性的消极方法。**第二部分**和我们的问题解决技巧有关，包括我们定义问题、思考替代方案、选择解决方案、实施解决方案、评估实施效果（或，为了提升灵巧性进行练习的效果）的能力。

这里，我们先花片刻来深入思考这两个部分。你能“看到”两者之间的区别吗？这其中的一部分或两个部分都需要关注。认真想一想这个问题——你觉得自己解决问题的障碍在哪里？是你看待问题的方法（态度和习惯）让你无法真正着手解决问题，还是在你真正开始解决问题过程中，解决问题的技巧存在问题？或者这两方面都需要做一些深入分析？下一章，我们再回答这两个问题。

为了克服忧虑，你必须学会调整自己，让自己正确地面对问题，提醒自己你已经具备或可以掌握解决问题的能力，积极运用这些技巧解决问题，而不是没完没了地忧虑。在深入探讨这一点之前，本章接下来的篇幅将就问题和如何解决问题进行一些深入思考。希望对大家有所帮助。

什么是问题？

虽然有人觉得这很简单，但我们还是需要让自己清楚地知道，到底什么是问题？这是因为，不知不觉中，我们几乎每天都在不停地处理问题，这一事实挑战着我们很难解决问题的这一看法。我们一想到问题，头脑里自然就会想到那些严重的事情或体验，如失业、被解雇、抑郁、死亡、重大疾病，等等。但是，和大多数事物一样，问题的范围很广，小至日常事件或情况，如忘记给手机充电、身上没有零钱投入停车收费器，大到诸如上面提到的重大人生事件。问题还可能会反复或经常出现，如感情上的问题，或者和健康、财务有关的问题——例如，我们银行账户上的支出略微大于收入，或者持续回避一个棘手的感情问题。下面的这张图可以帮助你了解我们可能遭遇的所有问题。它无法告诉我们某个问题对我们的影响有多大——这因人而异——但是它会提醒我们，我们在提到问题的时候，指的是生活中的所有问题，不仅包括“沉重”或严肃的问题，也包括日常生活中的问题。我们知道，经过螺旋式的发展，忧虑会从日常生活版本变为严重的忧虑，因此，我们需要密切注意这一点。

日常生活中的小麻烦，某件小事	严重的麻烦或反复、经常出现的问题	严重的问题或可以改变人生方向的事件
示例		
忘记携带投停车计费器的零钱；将包装好的午餐忘在了冰箱里；车胎瘪了	与挚爱的人吵架；无法还上当月信用卡的透支额；欠款增加；长期腰痛；经常与同事争吵	重大疾病；被解雇；一段维持很长时间的感情的破裂

图 14.1　按照重要性区分问题

问题是否严重取决于很多因素。至关重要的是，认知疗法认为，这里的关键不是问题是**什么**，而是**我们对它的看法**。因此，一个人眼中的问题对于另外一个人来说可能根本不是问题，因为后者的看法可能完全不同（记得第 4 章某人丢掉工作的例子）。换句话说，一个人眼里天大的事情在另一个人眼里可能就是小事一桩，反过来也是一样。忧心极重的人经常因为日常琐事担忧，而这些担忧经常逐步发展或螺旋上升成为严重的麻烦，甚至发展成为严重的、可以改变人生方向的事件。体现在图 14.1 中，就是**忧虑**从图的左端**发展**到右端（记住前面提到的快速升降机的例子）。在另一方面，虽然有时候，严重的问题或改变人生方向的事件感觉很有可能发生，但是这种事情并不是每天都会发生。相较于那些使人轻微忧虑的事件，严重的问题或改变人生方向的事件发生概率要低得多。想想看，如果严重的问题或改变人生方向的事件真的那么常见的话，社会的运转就会戛然而止！没有人有时间去做其他任何事情，因为我们都会埋头处理那些火烧眉毛的事情。大多数人和一部分担忧者会绕开那些严重的问题，让自己只考虑和担忧那些相较来说不甚重要的事情。例如，他们可能会打扫家，花大量时间在“外围”的事情上，这对解决“中等”或严重的问题没有任何意义。

怎样才能将各种各样的问题联系在一起？我们将它们联系在一起的一个办法是，将各种问题看作是目前的你与你想要成为的你之间的差异或差距，或者说是**你现在所拥有的一切**与**你希望所拥有的一切**之间的差异或差距。说得再简单一点，问题就是阻碍你实现目标的障碍。问题可能出现于需要我们改变自己、寻找解决方案这一过程中的任何情境。在出现问题的情境中，我们一般看不到明确的解决方案。这可能是因为解决问题的障碍要比方法醒目得多，它“遮挡”了我们看到解决方案的视线。这种情况发生时，我们实现目标的过程受阻，于是就出现了问题。

人生要面对各种各样的问题

问题是人生不可缺少的一部分。和不确定性一样，想方设法回避问题是没有任何意义的。这就像是试图生活在没有重力的世界里一样，是不可能的。想一想这句话有没有道理。你一般投入多少时间和精力去回避那些无法回避的事情？记住，在一生中，一个人一般必须处理数百个，甚至数千个小麻烦，数十到数百个比较严重的麻烦和相对来说少得多的改变人生方向的事件。可惜的是，担忧者并不只担忧大事，还担忧数百到数千个的小麻烦。

因为问题像重力一样无处不在，所以，活着就意味着每天都要解决问题——只是我们有时候没有注意到而已。我们每天都在面对和解决问题，只是有时候没有意识到。例如，要准时参加一个会议，我必须计划行程，带上开会需要带的东西，登上火车，根据通知到达具体的开会地点。每个阶段都可以拆分成很多“迷你目标”。这个例子中就有很多迷你目标。它们可能是，前一天晚上收拾公文包；定好闹铃；确定到达会议地点所在城市的最快路线；带好笔记本电脑、手机和文件；从 3 号站台登上 7：45 的火车；下火车后在 15 分钟内步行到会议地点。

从一个地方到达另一个地方，任何一个阶段都可能有很多事情阻碍我们的行程。另外，如果我们不积极应对问题，将它拆分成多个具体的步骤，这些事情中途出岔子的可能性就会大幅增加。出行这种事情我们往往不会投入过多心思，甚至不把它看作是在“解决问题”，但其实我们就是在解决问题！我们可能也不会将这看作是在“制定目标”，其实就是在制定目标——**这是我明天要做的事情，我的目标是……**在上面的例子中，障碍可能包括没有到达那个城市的快捷方式、忘记携带笔记本电脑、忘记充电、手机没有信号、7：45 的火车被取消、同事通知的开会地点不准确。这样看来，我们需要解决很多问题。每个问题都是当前形势和理想形势之间的障碍，或者说，每个问题都是实现目标的障碍。如前所述，问题要求我们调整和改变、解决它们。因此，如果那趟火车被取消，我该怎么办？给同事打电话，提前和他们说一声？查询下一趟火车的时间，乘坐下一趟火车？打出租车？去候车厅，在笔记本电脑上处理一些工作？回家？要一杯咖啡，看看报纸？可能的解决方案有很多，最终的解决方案取决于很多情况，比如，这次会议有多么重要？我在这次会议中的作用有多大？我身上有多少钱？不参加这次会议会给自己带来多大的麻烦？等等。这一日常示例说明，在日常生活中，我们在不停地解决问题，我们可能甚至没有意识到这一点。有些问题我们能立即解决掉（如交话费）；有些问题我们等到它们出现时才能解决（例如，得知航班有可能延迟后决定去干点什么）。

如果你一直在遭遇问题而自己却没有意识到，这说明你在解决问题方面做得很成功。能否想起一个今天或本周你解决了的某个问题？今天早晨，家里的牛奶是不是用完了？乘公交车时，身上有没有零钱？出门时有没有忘记带手机？是否遇上了堵车或迟到？孩子上学的时候是不是忘了带上包装好的午餐？你是不是将咖啡溅到了工作时穿的衬衫上？今天遇到和解决了哪些问题？

这里是不是提出了一个有趣的问题？为什么一些日常问题可以被解决掉，而另一些则成为担忧的对象？我们不知道这个问题的答案，但是我们知道，忧虑倾向于围绕一些主题进行，每个担忧者担心的问题各不相同。因此，我们应该问问自己这个问题，为什么我会担心一些问题，而另一些问题我能够驾轻就熟？

学会容忍不确定性，解决问题

在第9章里，我们讲到，担忧者想要避免的情况通常包含某些不确定的成分。问题往往“充满”不确定性；我们很难预料到哪里会出现问题；即使问题出现，问题的某些方面仍旧无法预测；担忧者经常怀疑他们解决或处理问题的能力；另外，不难想象的是，结果，也是难以预料的。因此，无需感到意外的是，在面对问题时，担忧者往往忧心忡忡，想方设法回避问题。担忧者很难将解决方案付诸实行，因为他们拿不准手里的方案是不是有效，或即使是最轻微的悲观征兆也会让他们中途放弃。因此，无需奇怪的是，过度担忧或患有GAD的人着手解决问题的态度或方法往往很消极。我们知道，担忧者往往对甚至是最轻微的不确定性的迹象也极为敏感——记住，只要一个“疑虑碎片”就可以加剧忧虑。因此，在面对问题时，担忧者往往从他们的视角“审查”问题。在定义问题时，我们应注意，问题往往没有一个明确或现成的解决方案。换句话说，问题解决的结果是不确定的。因此，随着学习如何容忍不确定性，你就能够更好地容忍问题解决过程中的不确定性。实际上，你可以将解决问题看作是在用另一种方式克服你对不确定性的不容忍。

学会（及早）发现问题

如果问题中“充满”不确定性，那么，触发忧虑的那些事物（记住“疑虑碎片”）还会告诉我们眼前存在需要应对的问题。但是，忧虑旋风往往会“遮掩”最初引起忧虑的问题，因此我们必须学会怎样在问题出现之际体察到它。所以，现在的问题是，怎样才能及早发现问题？下面，我们将简要介绍一些方法。

第一个办法是运用忧虑察觉日记来帮助你思考触发你忧虑的那些问题。如果你坚持写了“忧虑日记”，那么你就掌握了这方面的信息。思考“问题”的同时回想日记内容会在这方面对你有所帮助。和前面一样，做这件事的时候，一定要准备好笔和笔记本。

关于忧虑日记的建议

针对每次忧虑，都要问以下几个问题：

有没有什么问题触发了这次忧虑？你是不是在用忧虑来处理问题？除了担忧之外，针对这个问题，我还可以做什么？

第二个办法是深入察觉我们在面对问题时产生的情绪，学会运用这种情绪来提早“警示”自己：眼前有需要认真应对的问题。在一本书名为《解决人生中的问题：5个阶段循序提升幸福指南》（*Solving Life's Problems: A 5-Stage Step Guide to Enhanced Wellbeing*）

的优秀作品中，作者阿瑟·内鲁（Arthur Nezu）、克里斯蒂娜·内鲁（Christine Maguth Nezu）、汤姆斯·达·祖里拉（Thomas D'Zurilla）认为，我们的情绪是存在问题的信号，**但是情绪不等同问题**。这本书很值得一读，本章的很多想法就来自这本书。

我们的行为也会就正在滋生的问题发出某些信号——这是帮助我们及早发现问题的第三个办法。在饱受某个问题困扰的时候，你一般会做什么？忧虑肯定是首当其冲的第一件事，但是是否还有其他办法可以帮助你发现问题？你是否有某个习惯性行为可以作为眼下你有“麻烦”的信号？这可能包括加班、酗酒、抽烟、回避让你想到该问题的工作、人、地点或事情、失眠、咬手指、在屋里踱来踱去，等等。上述习惯性行为中，你有哪一个？记住，这些行为不是问题，而只是存在问题的**征兆**或**迹象**。例如，你意识到必须下决心与你的配偶面对面进行一番深入交流，但是你不去积极面对这个问题，而是在公司越待越晚。或者，你看到门厅里积存的账单越来越多，不是去翻开账单看一看到底欠了多少钱，而是进行大扫除。你是否觉得上述某个行为很熟悉？

第四，我们可以利用身体的体验或感觉来判断是否存在问题。对于有的人来说，感觉想上厕所、头疼、肚子疼可能是遇到问题的信号。我们往往相信自己的直觉，这有时候是做决定的好办法，但是，靠直觉不是唯一的办法，因为靠直觉解决问题会让我们不去对问题做深入思考。

第五，一些“露马脚”的念头或话语会习惯性地在大脑里盘旋，或者我们会下意识地咕哝出来。这些念头或话语很重要，因为它们可能是出现问题的最早征兆。例如，在电影《四个婚礼和一个葬礼》（*Four Weddings and a Funeral*）中，休·格兰特（Hugh Grant）扮演的主人公在遇到问题时就会习惯性地骂人（例如，在第一个片段里）。你可能知道你在这种情况下可能说的话——将它们写下来。我们可以将这些习惯性的话语看作是问题出现初期的“预警信号”。这些话语能够帮助我们在问题出现之初就能清晰地有所察觉。

花点时间，想一想，上述哪些办法与你面对问题时的感觉相一致。除了忧虑，还有哪些征兆或信号能够告诉你有问题需要解决？

将这一点与忧虑示意图结合起来

因为如果问题得不到彻底解决，那么其主要后果是不确定性水平就会增加，进而加剧忧虑。现在，我们回到先前讨论过的汤姆的例子（参见第65页）。继续深入探讨这个例子：到此为止，我们将有关这个例子的所有细节都概括在这里了。

还记得可怜的老汤姆吗？他要参加一个很重要的会议，并再次在火车站等火车。火车晚点了，他想，**如果迟到怎么办？**这一念头让他打开了疑虑和不确定性的大门，他开始担忧起来。他感到焦虑、紧张、烦躁，看上去心神不宁。

汤姆本来可以不必忧虑，可以针对火车晚点这件事采取其他办法。他可以换一种交通工具去开会，也可以向车站的工作人员询问火车到底什么时候来，或者提醒自己火车只是晚点五分钟，或者给公司打电话，跟他们解释一下。他站在月台上，这些想法在头脑里闪过，但结果只是让他更加忧虑。每个想法带来的只是一系列新的担忧——再次回到“云彩耀眼银边的中央是浓重的黑暗”！他担心，如果打车的话，会被拥堵在车流里；如果询问月台上的那位工作人员（现在，他对那个工作人员已经很熟悉了），他担心对方因为他反复问同样的问题而不高兴。他竭力让自己平静下来，低声对自己说，**只是5分钟，汤姆，镇定一点**，但是，当他看手表时，发现火车已经晚了6分钟。他开始埋怨自己。他暂时不给公司打电话，因为他不确信他们有什么反应，也不知道自己该怎样应对公司的反应。汤姆觉得，如果自己解决眼前问题的话，会让情况更糟。他觉得束手无策，觉得自己就要被公司开除了，他忧心忡忡起来。因为沉浸在深深的忧虑中，他差一点没有听到月台广播里播送的通知，他和其他乘客登上了另一趟火车。他赶到终点站时，只比第一趟车晚了几分钟！

可惜的是，除了消极面对英国的火车运营问题，汤姆着手解决问题的态度和方法也不正确。他觉得自己不善于解决问题，对自己解决问题的结果持悲观态度，认为不管怎么做，都会让情况更加糟糕。每次火车晚点的时候，他都会面临新的问题。每次他都会想到好几个解决方案，但是每个方案都伴随着更多的忧虑和不确定性。他想打出租车，但是担心中途堵车，可是又想，如果不打车，老板会不高兴，埋怨他不果断打车。但是如果打车的话，他又担心因为擅自增加公司支出而被处罚。如果自己出钱打车的话，又担心会没有足够的钱支付家里的账单，他的妻子会大发雷霆。这时候，如同“云彩耀眼银边的中央是浓重的黑暗”，他每发现一个潜在的办法，他的忧虑立刻跳出来干涉，让他想到好几个可怕的结果。这个过程中，他不是急切地寻找解决办法，就是避免做任何事，好像原地不动、听天由命要保险得多。

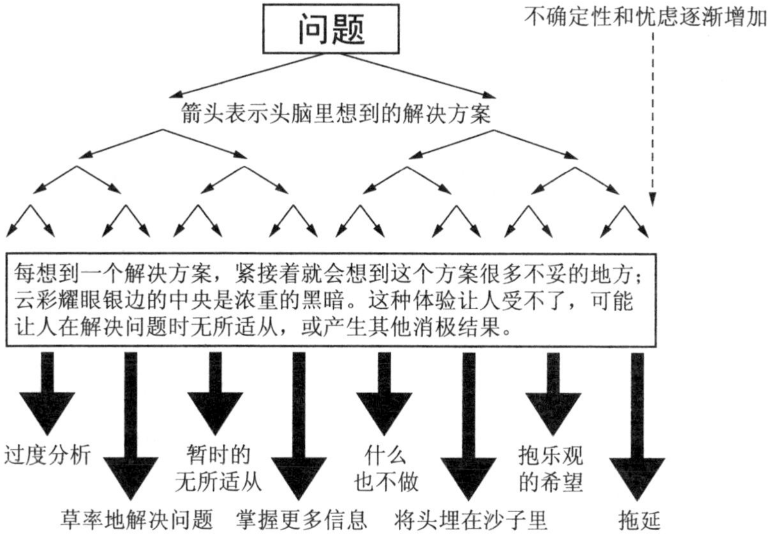

图 14.2　云彩耀眼银边的中央是浓重的黑暗

随着汤姆继续放任问题不去处理，问题变得越来越严重（时间一分一秒地过去），让他觉得自己根本不能解决问题。接下来，伴随着无法采取行动触发的更多**如果……怎么办**，他开始更加忧虑。他的忧虑催生了更多焦虑，同时还有强烈的肢体感觉（肚子疼、紧张等），极大地增加了他解决眼前的问题的难度。他在站台上踱来踱去，不停地看手表。焦虑让他将注意力完全放在所有可能出错的事情上，这让他更加焦虑的同时，也让他距离解决实际问题越来越远。每次坠入这一陷阱的时候，他都会不知不觉地强化和确认他不擅长解决问题这一看法。下面这张图描述了这一过程。

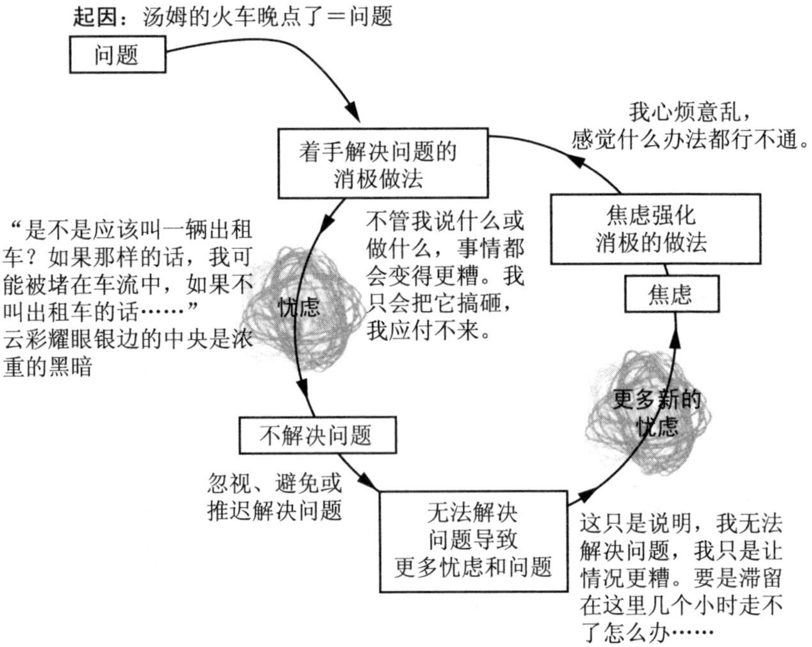

图 14.3　着手解决问题的消极做法——典型的恶性循环

如果担忧者在问题出现之际没有能够成功解决掉它，就会至少从两个方面强化促使他们采用无效解决策略的不合理信念。第一，问题仍旧没有解决，可能会越来越严重。第二，最初没能够解决这个问题会削弱担忧者的信心，促使他们用其他消极办法来解决这个问题，以后的方法也可能失败。这些消极方法包括忽视、推迟解决问题，将精力放在错误的事情上，用不太积极的方式来看待问题，或者草率地解决问题。这导致低质量的解决方案，或者让问题更为糟糕，反过来又确认了最开始的问题，即，担忧者着手解决问题的方法很消极。这两方面都强化了这一看法：**担忧者没有能力解决问题**，或者说**解决问题的努力都不会成功**，因此着手解决问题的消极方式仍然没有改变。

你能否想起这样的例子：因为对某个问题的担忧让你无法解决这个问题，最终变成了一个自我实现的预言，例如，**我认为自己不擅长解决问题，我的忧虑阻碍我解决问题，这反过来强化了这一点：我肯定不擅长解决问题。**

仔细阅读上图，看看你是否有同感。最好花一点时间画一张你通常如何解决问题的示意图。不要怕犯错误，在接下来的一章里，我们将向大家介绍很多我们在解决问题时遇到的进退两难的情况。但是，我们必须大胆尝试——在这个过程中，同样要抑制追求完美解决方案的冲动。如果心中的忧虑影响我们做这件事，不妨放一放，等忧虑情绪过去之后，问自己，**在忧虑心情出现之前我在做什么事情**？然后再继续先前的事情。

接下来的问题可能对大家有所帮助。这些问题对应着前面的图 14.3。

- 你能否想起最近面对的一个问题？
- 在面对这一问题的时候，你头脑里在想什么？
- 这些念头或想法让你感觉如何？
- 这和可能让你感到不确定的那个问题有什么关系？
- 在你面对或设法解决问题的时候，你是否能意识到大脑里出现的**如果……怎么办**？
- 你是怎样应对这个问题的（回避、拖延，等等）？
- 最后，这件事的结果如何？
- 这种结果对你的忧虑有什么影响？
- 在你开始忧虑的时候，你对自己解决问题的能力感觉如何？
- 这对你将来着手解决问题的方式有什么影响？

休整时间

现在停下来，想一想刚才看到的内容。可否总结一下你认可的主要看法？哪些内容让你印象深刻？不妨将这些内容写下来。如果有不明白的地方，也可以写下来。等到有时间深入消化这些内容，再回头来看。

到目前为止，本书的哪些内容让你印象深刻？

1.

2.

3.

第 15 章
积极地解决问题

典型的消极态度、思维模式和习惯

我们想要描述担忧者在面对问题时的表现，因为了解这一过程之后，我们就能够更好地做出改进。为了更好地解决问题，第一步是真正了解你现在是怎么做的。例如，汽车修理厂的修理工在将发动机拆开之前要想办法找到发动机问题在哪里。找到发动机的问题可以帮助他们决定从哪里入手修理，以及怎么修理。如果修理工没弄清楚症结在哪里，一上来就将发动机拆开的话，就会让人感到不安（并感觉费用会比较高）。对于忧虑问题，我们不能这样。

这一章分为两部分。第一部分集中笔墨讲述我们的思维方式和态度对问题解决方式的影响。第二部分介绍了担忧者在面对问题时容易采用的一些常见的、消极的问题解决方式或习惯。两部分都会提供如何解决这些问题和消极模式的一些小建议。对于解决问题的每一种态度、思维方式和习惯性模式，我们用下面的量表来判断这一模式是不是你解决问题的典型模式。这可以让你知道你需要专注于解决什么问题。

这种模式对你符合程度如何?

不符合	略微符合	有点符合	适度符合	基本符合	很符合	完全符合
0	1	2	3	4	5	6

针对符合程度高的模式，问下列问题:

你是否能想起之前解决问题的某个时候? 这种问题解决模式是否影响了你?

这种模式对于你要解决的问题有什么影响? 它对你的忧虑有什么影响?

怎样才能挑战这一模式? 用一句简单的话来做一个高度概括。

我们针对每一种模式提出了一些小建议，但是哪一种思路都不如针对你自己的问题解决模式来解决问题。

第 1 部分

思维模式 1：将问题看作是威胁

如果每次问题出现之后，担忧者将问题**完全**看作是**威胁**，那么担忧者自然而然会觉得问题很难解决。更为糟糕的是，这种视角让他们只看到了问题的消极方面，这会让他们形成一种狭隘的视角。实际上，正是因为这种看问题的角度，让他们会不惜一切成本去避免问题。将问题看作是一种威胁或可怕的事情，意味着担忧者无法意识到问题有积极和消极两个方面。前文提到，问题的严重程度各不相同，将所有问题都看得相当严重或一点也不严重既是消极的，也是不现实的。只有凶险或只有机遇的问题很少。挑战消极的问题解决方式的一个办法是彻底改变你解决问题的方式。要做到这一点，首先你要认识到问题同时蕴含机遇和威胁两方面。美国福特和克莱斯勒汽车公司的前任首席执行官李·艾柯卡曾经说过，“我们不断遇到装扮成难以解决的问题的良好机遇。”

我们用一种新的方式演绎“乌云总有耀眼的银边”。这里的机会可能包括个人成长、改善人际关系、学习新技巧、提升现有技巧或者干脆就是增长见识。个人成长和发展往往发生在我们的“舒适区”之外，因此准备好接受焦虑情绪，但同时不要忘了发现机会。这样说，不是让你过度乐观，而是说，在你意识到威胁之后，要寻找其中的机会。在做决策之前，要考虑两个方面。

小建议：选择一个小问题，看到其中的威胁，然后问自己，问题中是否有“隐藏”的机会。能够从这一经历中获得或学到什么？是否存在个人成长、培养新技巧、提升人际关系或学习新技巧的机会？面对这一问题对我的成长可能会有什么好处？如果不把这一问题看作是威胁的话，我的处理方式会有什么不同？

思维模式2：将问题看作是只针对自己的

有时候，担忧者认为，他们容易“招惹”问题，或者经常遇到问题在某种程度上是不正常的，认为大家在串通起来不停地给他们找麻烦。用这种观点看问题会让人很消沉，让人很难找到积极解决问题的动力或很难对自己的努力感到自信。这种情况下，问题仍旧存在，并且迟早会触发更多忧虑，让人心情低落。但是，人的看法是可以改变的，一旦担忧者发现有这种感觉的并不止他们一个人，其他人也有类似的苦恼，他们那种被人故意为难的感觉就会减轻，就会开始积极地解决问题。

小建议：问一问朋友们和家人，把他们日常生活中遇到的问题列出来：看看他们和你共同都面临的问题有多少？你还可以问问他们，他们是否也觉得遇到问题是不正常的。如果他们说不是，这对你有什么启示？

思维模式 3：预断自己的努力结果，怀疑自己

担忧者往往觉得，不管自己用什么办法来解决问题，结果都会更加糟糕。这实际上是对自己进行预断。不难理解的是，持有这种想法会减少自己积极解决问题的可能性。这可以从这句话中体现出来：**如果想办法解决问题的话，事情就会搞砸，我就会倒霉，所以最好什么也不干**。这种态度会让他们退后，不去解决问题，虽然他们心里清楚，如果无所作为问题就会更糟，但他们也会这样做。如果不挑战**"任何解决问题的努力都会导致灾难性后果"**这一看法，那么不去解决问题就是合情合理的事情。但是，如果我们不去解决问题，问题不会自己消失，问题触发的担忧也不会自己消失。使用这一战略，缓解忧虑的消极方法就会被强化，因为它支持问题具有威胁性、我们没有能力解决问题这一看法。在这一战略下，我们对自己解决问题的结果极度悲观。

小建议：在解决问题之前，写下你觉得会出现的情况——完整的"灾难版本"。然后大胆尝试一下。你的预测准确吗？事实是不是和你想的一样？你开始时怀疑自己，后来发现情况虽然不完美但还算"过得去"的频率如何？这种思维方式对解决问题有什么帮助？

其他常见模式——思维滑道

担忧者还可能不知不觉地使用其他思维模式。这些思维模式“帮助”我们针对眼前的问题迅速做出决策。在某种意义上，这些思维模式是思维上的“捷径”。但是，它们对我们解决问题没有积极作用，因为我们只是习惯性地运用这些思考模式，并没有深入考虑它们是否有用。这些思维模式就像是思维上的脏衣服通道[①]一样，一旦进去之后，就很难改变方向。这意味着，我们的思维一旦被投入某个通道，我们往往就不会考虑该通道之外的其他信息。如果思维受到这样的禁锢或限制的话，它就会极大地影响我们能够想到的**内容**。因此，发现这些思维滑道对于解决问题非常重要，因为如果我们根据这些思维滑道催生的不全面、错误的或者误导人的信息做决定的话，问题解决的难度将大幅增加。

例如，如果担忧者经常因为出现问题而自责的话，就会很快被送入自责的通道，他面临的问题就会让他感到极度忧虑。自责通道让他无法想到相关的其他人，或者影响这个问题的其他因素。就像洗衣通道让脏衣服迅速到达楼下的出口处一样，思维滑道将担忧者迅速“送达”结论，担忧者只能接受这一结论，因为其他办法或观点没有机会影响这一结果。正是因为这一原因，我们必须**让一切慢下来**，让我们充分看清楚影响我们思维的因素，弄清楚我们习惯性运用的是哪些思维滑道。

我们说的话，比如经常用的**应该**、**不可能**、**总是**、**从来不**会透

---

① 脏衣服通道：在西方家庭里，主人为了方便将楼上卧室或浴室里的脏衣服直接送到楼下的洗衣房里，就会在二者之间设计一个通道，将脏衣服投入卧室或浴室的通道口之后，它们就会直接滑到设在洗衣房的另一个出口。——译者注

露出这些思维滑道的存在。一旦我们发现了这些思维滑道，就要想办法挑战它们。下表简单介绍了一系列思维滑道，并帮助你挑战它们的问题。

表 15.1 思维滑道和其他路径

思维滑道	帮助你发现思维滑道的问题	帮助你挑战结论的问题
非黑即白	我是不是用非黑即白的方式看待问题？	这个结论很确定吗？是否有不那么绝对的方法来看问题？
将情绪和事实相混淆	我是否感觉到强烈的情绪？在这种情绪下，你想到了什么？是不是强烈的情绪经常让我无法看到“事实”？	我了解的真实情况是什么样？我的情绪如何？
过度引申（普遍化）	我是不是认为这个问题和其他很多问题没有什么不一样？我是不是根据一件事或一条信息就给这个问题下了笼统的结论？	这个问题真的和其他问题没有区别吗？这个问题的独特之处或不同之处在哪里？
专注于消极方面	我是不是过于专注于问题的消极方面或令人担忧的方面？	在这一形势或事件中，我忽视了哪些方面？
消解积极因素	我是不是在“毙掉”有助于我解决这个问题的所有积极因素？	我“毙掉”了哪些积极因素？列出来。这对我自己公平吗？
仓促下结论	面临问题时，我是不是没有考虑所有证据就草率下了结论？	所有证据是哪些证据？我忽视了什么？
猜测别人的想法	我是不是在猜测别人内心的想法？也就是说，我是不是自以为知道别人对这个问题怎么看，或者我感觉自已知道别人行为背后的目的？	能否张口问问他们真实情况到底是怎么回事？

续表

思维滑道	帮助你发现思维滑道的问题	帮助你挑战结论的问题
卜算未来	我是不是在预测这个问题（甚至在我开始解决它之前）的发展情况？	预测正确的概率有多大？
夸大或小看问题？	我是不是在夸大这一问题的某个方面？我是不是在小看这一问题的某个方面？	在夸大问题的时候，我轻视了哪些方面？在小看问题的时候，我忽视了哪些方面？
盲目崇拜别人	我是不是在盲目崇拜别人（**他们能解决这个问题，我却不能**）？我是不是在贬低自己，抬高别人（我解决不了这个问题，可是他们能解决）？	我是否解决过其他类似的问题？其他人是否真的比我更善于解决问题？用**这种方式**着手解决问题**有什么帮助**？
在心里将问题滚雪球或者灾难化	我是不是只专注于问题可能最为糟糕的结果？	最糟糕的结果变为现实的次数有多少？可能还有哪些其他结果？我是否需要调整这种灾难性的预期？
施加压力	针对这个问题，我是不是在专注于觉得自己应该做的事情，而不是我真正可以做的事情？	我真正能够做什么事情？
个人化	我是不是经常因为出现问题而责备自己？我现在是不是在将责任归咎于自己？	问题还和谁有关系？影响这一形势的还有哪些其他因素？

专注于最近的一个问题——最近你为之担忧并必须有所作为的一件真实的事情。根据上表对形势和你的忧虑进行深入分析，可能会对你解决问题有所帮助。你可能使用了哪些思维滑道？

你肯定会意识到你将问题灾难化的这种思维模式，除此之外，还有哪些思维模式是你思考问题时采用的典型模式？将你需要着手改变的思维模式标出来。如果你能够发现这些模式，那么你将能更好地改变视角，发现应对人生问题的新方法。同时，意识到这些思维模式还有可能打断“忧虑流”。

第2部分

典型的消极模式或习惯

在这一部分里，我们发现了一些常见的模式和习惯。像追着自己尾巴咬的狗一样，每一种模式或战略都会增加不确定性、忧虑和焦虑，极大地增加我们解决问题的难度，进而导致更多的忧虑、焦虑和不确定性，强化消极的问题解决方式。一定要认识到哪些战略是你的典型战略，以及它是如何让你的问题变得更为糟糕的。

模式1：将担忧和解决问题混淆在一起

面对问题时候，担忧者就会习惯性地担忧。这往往让他们产生这样的印象：他们在认真分析问题，设计行动方案，但是，如果他们的所作所为只是忧虑的话，问题就永远不会得到解决。拖延解决问题会触发更多忧虑和其他消极情绪。忧虑给人感觉就像是一种行为，看似你在设法解决问题，但实际情况并非如此。

小建议：将担忧与解决问题区别开来。我是在想办法解决问题，还是只是在担忧？除了担忧，我还能做什么？

模式2：回避或推迟解决问题

担忧者往往会回避或推迟解决问题。这样做的结果是，使原本一个小问题发展和加剧成为一个大问题，并催生出一些（次生）问题，甚至更多忧虑（例如，不去支付信用卡欠账，导致额外费用，增加债务）。除了让问题更加糟糕之外，这一战略还会影响我们分析问题的方式。如果我们面临的很多问题“越滚越大”，越来越糟糕，那么，很自然的是，随着新问题的出现，我们就会紧张，会对形势做出灾难化的预测。就这样，这种战略让我们继续用消极的方式着手解决问题。

小建议：直面问题，情况可能会有所改善。问自己，如果现在直面问题，可能出现的最糟糕的情况是什么？将你想象的最糟糕的情况写下来，然后想办法解决问题。看看结果是不是和你想象的最糟糕的情况相一致？

模式3：尽力不去想它——将它置之脑后

在有关忧虑的积极的信念一章里，我们发现，尽力不去想某件事有一个不好的影响：它会时不时地跳入你的脑海。这种“闯入”的念头可以看作是“事情没有做完”的标志，我们的大脑在提醒我们解决这个问题。因此，只要问题不解决，它就会时不时地跳出来，直到我们着手解决它。问题跳出来，往往发生在另一件事使我们想起这个问题的时候，或者是在做其他事情时突然想起来（例如，记着回电话）。问题出现时，伴随忧虑流而来的“思维退缩”（mental flinch）接踵而至。因为这一问题反复出现，经常出现，所以它往往会触发更多的忧虑——最终，将来再出现问题时，我们会更加忧虑。

小建议：将某个想法或念头“推出”大脑之外是不可能的——该问题只会更加频繁地出现。因此，一定要直面问题——这样做不会让问题变得更糟。将问题写下来。这也许能够帮助你意识到该怎样解决问题。把能够想到的需要做的事情列出来。

模式 4：请别人帮忙解决问题

如果总是请别人帮我们解决问题，我们就剥夺了发现自己是否有能力解决问题的机会。这就会让我们总觉得自己没有能力解决问题，或者，要是我们自己解决问题，肯定会搞砸。这样一来，消极的问题解决方法就不会改变。

小建议：先从解决小问题开始。解决问题过程中不向别人寻求安慰。等到在解决小问题上有了信心之后，再试着解决相对大一点的问题。问自己，如果在做决策时不向别人寻求安慰，可能出现的最糟糕的情况是什么？

模式 5：草率地解决问题

处理问题的另一个方式是草率应对，不去认真分析形势，想到哪个方案就用哪个方案。用这种方式解决问题经常导致仓促拼凑的或者是不完整的解决方案，可能让问题变得更加糟糕。不难想象，这些解决方案可能导致更多的问题，最终催生更多的忧虑。虽然对不确定性的不容忍对各种问题解决方式都有影响，但是对这种问题解决方式影响尤其大。这种不容忍往往促使人们快速做出决定，以消除心里的不确定感。如前所述，这种应对问题的方式有时也会产生好的结果，但是，这种战略就像是扔骰子做决定一样，如果总是这样做，我们就无法学会相信自己的判断。我们也会一直怀疑自己解决问题的能力，可能会觉得运气是解决问题最重要的因素（我们知道，这完全不是事实）。

小建议：如果着急解决问题，一定要给自己思考的时间。

至少要给自己留10分钟下结论的时间，甚至可以第二天再下结论。问自己，如果15分钟后再解决问题，可能出现的最糟糕的情况是什么？

模式6：总想尽快解决所有问题

忧虑有增加和延展的倾向。这种倾向在解决问题过程中也有体现。担忧者经常在投入部分精力解决一个问题过程中，又开始着手解决另外一个问题，不久后又开始解决第三个问题。这就像是表演在杆子上转盘子的杂技演员，不断让更多的盘子加入转动，在转动的盘子之间奔来跑去……或者就像是逐渐让越来越多小球加入抛接的杂耍演员。往好了说，这是一件让自己兴奋但同时也是很疲惫的事情；往坏了说，我们都清楚这种表演最后的结果是什么，不停转动盘子的演员最后会精疲力竭，盘子掉在地上摔碎。在问题解决过程中，这意味着一个问题也没有彻底解决，问题都处于解决了一半的状态。这个时候，人精疲力竭，同时会因为事情没有做完而焦虑不已。在这种状态下，他们的努力实际上会引发更多的不确定性和忧虑，极大地增加了专心而彻底地解决问题的难度。同时，这还会让担忧者“确认”他们头脑中的这些看法：他们不擅长解决问题，虽然多番努力但总是漏洞百出，半途而废。另外，这还会强化这一信念：虽然他们努力解决问题，但结果总是不尽如人意。

小建议：记住，一次解决一个问题。不要在彻底解决一个问题之前又开始解决另一个问题。如果同时有几个积压的问题需要处理，先处理那个需要优先解决的问题。你不能让飞抵希斯罗机场的众多飞机同一时间着陆，一次只能让一架飞机着陆。问自己，一次解决一个问题有什么好处？如果一次解决一个问题，这种事情经常做，这对我有什么好处？

模式7：在解决问题和回避问题之间来回摇摆

这是担忧者不知不觉坠入的另一个模式。他们想要解决问题，但是在有意识地解决问题和回避问题之间来回摇摆。根据这种战略，他们会在解决问题时难以投入——就像在清洁马桶时竭力不往马桶里看，既不闻也不想。要想把马桶清洗干净，必须仔细看清楚哪里需要清洗，若采取这种“回避”态度，不可能将马桶清洗干净！这种清洗马桶方式与上述解决问题的方式异曲同工。问题解决效果很不好，而且要花大量的时间，随即产生的不确定性还会触发更多忧虑。担忧者可能会走近厨房餐桌，看放在上面的账单，把它们整理好，但随后，解决这个问题让他感觉力不从心，于是将这个问题放置一边。后来，他可能会回到这个问题，于是给电话公司或电力公司打电话，但是在听到“有关账单问题，按5键”的语音之后就挂断了电话！

小建议：一次专注于解决一个问题；在解决好一个问题之后再解决下一个问题。注意发现你在什么时候会从处理问题转向回避问题。发现这一点之后，不要自责，让自己精神饱满地回到先前的问题。（不要因为回避问题而陷入自责；只需对自己说“回来”即可。）

模式8：过度分析

既然问题会导致焦虑，所以担忧者会设法减少自己的忧虑。他们的办法是对所有可能解决问题的方案，以及每个方案可能产生的结果一一进行分析。可是，每个方案又会产生新的问题，于是又需要解决新问题的新方案，而新方案又会产生新问题，等等。担忧者还会反复思考替代方案。在这个过程中，他们很可能会迷失在众多替代方案的迷宫里，根本无法解决问题。每个方案都会带来更多的忧虑和不确定性，进而导致更多的焦虑，让问题的解决变得更加困难。过度分析往往会让他们将小土堆想成大山，将小猫想象成吃人的猛虎，让他们总是觉得问题具有威胁的“味道”。

小建议：给自己限制时间。如果做一个不那么完美的决定，事情会糟糕到哪里去？问自己，如果要把这个决策做到完美（无限完美！），需要多长时间？

小结

你能想起哪些办法来改变你看待和解决问题的方式？

-
-
-
-
- 现在，动手解决问题！

第 16 章

问题解决技巧

研究表明，过度忧虑的人也具有解决问题的技巧。实际上，他们解决问题的技巧并不逊色于其他人。可惜的是，从整体上来说，人们解决问题的最高水平往往没有完全发挥出来。如果将这些技巧发挥出来，很多人的问题解决能力将大为提升。因此，和大多数人一样，认真阅读本章之后，你可以根据自己解决问题的特点，决定本章中的哪些看法会对你有所帮助。例如，一些担忧者属于草率决策型（为了避免不确定性），本章可能会帮助他们放慢做决定的速度，全面考虑问题。另外一些人则过度分析问题，将各种解决方式和想法分析到极致。本章可以帮助他们加快解决问题的速度。不管你属于哪种方式，都要记住这一点：**一衣难合众人身**。你必须根据自己的情况寻找相关的信息。

看看第 15 章介绍的各种消极的问题解决方式，想一想你一般是怎么解决问题的。你是不是经常太过匆忙，需要放慢速度，认真考虑解决问题的每个步骤，还是属于过度分析型，需要加快做决定的速度？

这对我有什么帮助？

分析自己的问题解决技巧会使你解决问题增加条理性。这要求你通过新的思维路径来获得解决方案，而不是通过忧虑这一先前用滥了的途径，可以让你的心绪和思维远离忧虑，重新回到你的控制之下。当我们看到纸上的白纸黑字详细地阐述自己的问题解决方式时，我们就会后退一步，从其他角度分析问题。解决问题是一种技巧，既然是技巧，那么学起来就可能需要费时费力，但是你一旦掌握了这种技巧，很快就可以驾轻就熟。以学开车为例。在学开车的过程中，每一个技巧都要逐个掌握，比如，如何观察车的前后左右、换挡都需要逐个记忆，但是开过几个月之后，这些操作就会成为第二天性。因此，只要你坚持下去，就会收获回报。

培养技巧

解决问题的几个阶段

下面列出了解决问题的几个阶段。我们会充实一些细节，但这几个阶段是基本框架。

如何迅速解决问题

1. 遇上了什么问题？

提炼和定义问题。

选择一个针对真实事件的忧虑的问题。

选择一个不会改变人生方向（相对简单，容易解决的问题）、不涉及、不用依靠其他人帮助的问题。并且，这个问题还需要你能够很快看到结果。

2. 把这个问题分为几个小步骤。

这个过程的第一步是什么？你需要做的第一件事是什么？不要想得太远。

在这一点上，你有几个备选方案？

在所有可能性中，挑选两到三个感觉不错但还不能说是完美的方案。

花一点时间，分析一下这两到三个方案。

从中挑选一个相较于其他方案好一点的方案。

在这里，好一点的意思是较为现实，最简单，最可能成功，性价比高（时间、精力、金钱），结果足够好。

3. 实施这个方案。

4. 结果如何？

结果是不是至少还算过得去？在这种情况下，是不是就算是“足够好”了？

你对这个问题的担忧，有什么变化？

向着最终解决这个问题迈进了一小步，是一个什么样的感觉？

不要想得太远：花一点时间总结一下自己的进步。没错，还有很多事情没有做，但不要总是想自己还没有做的事情，也要想一想自己做过的事情。现在取得了一些进步，这很不错。下一步该做什么？……

回到问题的起点。

阶段 1：学会定义问题

遇上了什么问题？

要想真正解决问题，需要花很长时间弄清楚你面临的是一个什么样的问题。问题经常以一个陈述句的形式出现：**我很紧张；我讨厌现在的工作；孩子们让我很头疼；我总是没钱**。我们在第 6 章讨论了怎样定义目标：这些话就像是“大标题”式的目标，我们无法从中看出具体应该如何改善当前形势。因此，我们首先必须将模糊、笼统、复杂的问题分拆成几个小的、明确的、容易管理的问题。要做到这一点，这里有一个真正有用的办法：反复问一个问题：“这会给我带来什么问题？”这种提问可以帮助我们理解问题的影响，并且深入定义问题。

阿瑟的例子

我们来看下面这个例子：阿瑟对什么事情都放心不下，他也说不清楚是怎么回事。为了深入了解问题，他画了下面的这张图——“问题豪猪[①]图”。首先，他画出了他认为生活中可能受紧张感影响的各个方面，然后他问自己，在生活的这些方面，忧虑给我带来了哪些问题？参见第 270 页的示意图（图 16.1）。

这是阿瑟第一次试着定义问题，虽然这还需要做一些其他工作，但关键的是，他已经开始**动用纸笔**，想办法解决问题了，而不是回避问题或者反复在**所有**问题周围打转而不设法解决任何**一个**问题。

---

① 豪猪：豪猪科动物，以背部与尾部生有长而硬的棘刺而闻名。此处是用豪猪的外形比喻此图的形状，像棘刺一样呈放射状。——编者注

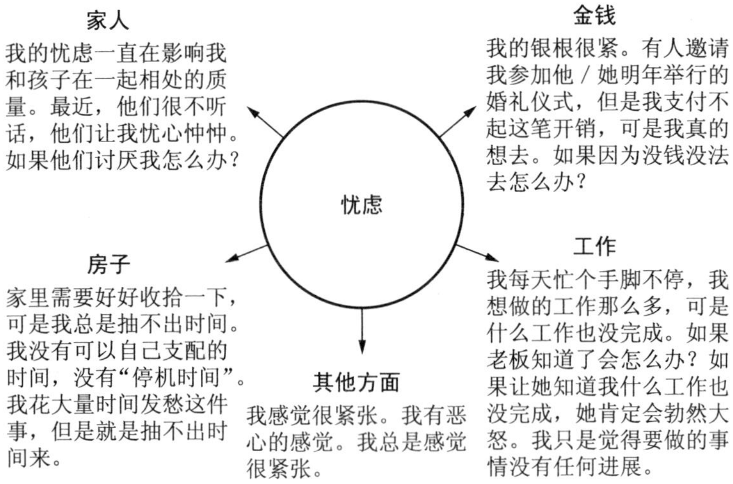

图 16.1　阿瑟的问题豪猪图

这个行为本身就针对先前的起点（对什么都忧心忡忡）有所进步。他甚至看出了一些问题之间的关系——例如，他经常不在家是不是导致孩子不听话的原因。这能够让他后退一步，感觉忧虑缓解了很多。大致来说，将东西诉诸于笔端是一件很有用的事情：它有助于我们将问题“摊开”，让你可以后退一步，深入思考。

你的问题处于生活的哪个方面？画出你的问题豪猪图。存在问题的几个方面之间是否有什么关系？

选择要解决的问题

阿瑟应该做什么来进一步筛选出需要解决的问题？他需要做的第一件事是弄清楚需要解决哪个问题。虽然这可能很难决定，但是选择一个他最能控制、不需要依靠其他人解决的问题能让他获得一些初期的成功。这也意味着选择一个**真实性事件**，而不是**假设性事件**。如果我们深入分析阿瑟的问题，我们就能看到这些问题中既有

假设性事件也有**真实性事件**——例如，他关于孩子讨厌他的忧虑（**假设性**）和没有花很多时间和他们在一起（**真实性**）密切结合在一起；或者，他关于财务的忧虑（**真实性**）和他拿不出足够的钱参加婚礼（**假设性**）密切结合在一起。上述两个**假设性**事件都处于“下游”，发生的时间是在未来——在这两件事上，阿瑟眼前都无能为力——所以他从所有问题中选择最为真实的问题是明智的。一些问题可能是真实性问题和假设性问题的结合。但是，至关重要的是，在这些例子中，我们着手解决的问题要**足够真实**，这样，我们才能**真正**地采取某些措施。在阿瑟的例子中，他可以选择解决他的财务问题，或者选择抽时间多陪孩子。

我们面临的众多问题之间往往联系密切，我们必须解决了一个问题再解决另一个。阿瑟看到，孩子的顽劣行为和他关于他们不听他的话的担忧可能都是因为他陪孩子时间太少，因此想办法怎样抽出更多时间陪孩子可能会对问题有所帮助。另外，问题的轻重缓急有所不同，专注于重要问题有助于缓解其他问题。阿瑟意识到，工作仍旧是主要问题，因此他需要首先专注于解决工作问题。如果他选择解决工作问题，他仍然会明智地选择他最能控制，同时不需要依赖其他人，属于**真实事件**的那个方面。在**工作上**存在好几个这种问题。思考阿瑟关于工作的忧虑：哪些忧虑针对的是真实事件？例如，他在工作上不开心，他担忧自己的工作太多了，他担心不知道怎样和老板交流，他挣扎着让自己专心工作。不管他选择解决哪个问题，重要的事情是，他已经开始着手逐个解决这些问题。

在你想到的这些问题中，选择一个真实的，相对来说比较简单，容易解决，并且在你控制范围内，不依赖其他人的问题。如果有这样的问题，看看能否将它分拆为几块。

用具体明确的语言写出你的问题

要想深入解决问题，阿瑟就必须**放慢**节奏，弄清楚相关形势的细节，然后专注于**事实**。我们在感到烦躁或忧虑的时候，我们说出的话就会体现出我们的这些情绪。阿瑟说他“每天忙个手脚不停”，我们可以感觉到他面临的问题。但是，上述文字中透漏的有关阿瑟面临的形势的具体细节很少。因此，我们就必须深入了解这一点，办法是询问他这句话是什么意思？他的意思可能是驾车长途奔波，从一个会议赶往另一个会议。我们必须用明确具体的语言来描述当前的形势，不能有任何模糊不清的地方。这意味着，我们对目前的形势判断不能有任何假设，只能说我们确认是事实的情况。这就像科学家只能汇报事实，而不能猜测或假设。大致来说，事实就是其他人很可能认可的东西，而假设更多指的是我们个人的看法、观点、意见。这对于担忧者来说尤其如此，因为他们往往感觉他们担忧的那些事情很真实，因此往往将这些事情看成是板上钉钉的事实。你能否从阿瑟的描述中发现任何假设或思维滑道？他似乎假设（担忧）老板会“勃然大怒”（**如果老板勃然大怒，怎么办？**）。这里假设的是老板会有什么反应。同时，他说的话也很模糊——“勃然大怒”真正意味着什么？阿瑟还独自做了一些假设，他忽视了其他重要事实，例如，他**实际**完成的工作。他还将问题完全归咎于自己，责备自己，而没有考虑可能影响这个问题的所有其他因素（参见上一章思维滑道部分）。

你能否只用事实来描述问题？你是不是在做假设？发现了你做的假设之后，运用上一章的小建议和问题帮助你研究这些假设，寻找帮助你重新评估这些假设的证据。你能否将问题中的假设与事实区分开？这是否会从某种程度上让这一问题有所改变？

关于这个问题你的目标是什么？

在阿瑟的例子里，我们考虑了他目前的情况，以及他想达到一个什么样的情况，也就是说，他关于这个问题的目标是什么？因此，记住，根据 SMART 原则（参见第 94 页）制定目标对我们非常有用。阿瑟的目标是**我要专注于这些项目，并完成这些项目**。我要运用 SMART 原则实现的新目标是**在这一星期结束之前完成一个新项目**。

我们解决这个问题的目标是什么？（用 SMART 标准回答这个问题。）一旦制定目标之后，就将这个问题变成“**怎样才能……**”。对于阿瑟，制定了目标之后，他的问题就变成了“我怎样才能在这周结束之前完成一个项目？”

发现路障

既然头脑里有了一个目标，就可以看看阻碍我们实现这一目标的障

阻碍我马上解决问题的障碍是什么？	
路　　障	**寻找解决方案**
是否有某种强烈的情绪阻碍问题的解决？	这会给我带来哪些问题？我该怎样管理这些问题？
其他人的预期是不是和我自己的预期相冲突？	我可以找谁求助？ 我们怎样解决这个问题？
我是否具有相关的技巧或资源？	我可以从哪里学到这些技巧？ 我可以从哪里可以获得这些资源？
不确定性和完美主义是不是在阻碍我？	如果是这样，那就采取行动。问题都是不确定的，不要等待你感到有把握了才行动。没有哪一个解决方案是完美的。每个解决方案都既有好处，又有坏处。
目前的形势是不是太复杂、太棘手？	我是不是需要将问题拆开？怎样将问题拆分为几个小一些的、更容易管理的部分？

碍或路障是什么？是什么因素让它成了一个问题？请看下面这个练习。

练习 16.1　发现路障

误区——寻找完美的解决方案

对不确定性的不容忍也会影响你的问题解决技巧。为什么？前面说过，问题“充满”了不确定性，问题解决过程的每个阶段都会触发不确定感，你可能想在一个阶段结束，准备开始下一个阶段时，有一种确定的感觉。不要竭力从不确定性的“虎口”中获得确定感。**抑制住寻找完美解决方案的冲动**，因为这可能是在做一件不可能的事情。完美的解决方案根本不存在，所有解决方案都是相互矛盾的要求折衷后的结果。任何方案“一般的好”就可以了，如果我们时而能做到优于这种标准，那么我们就可能获得成功。生活中唯一确定存在的事情就是不确定性。关于如何解决问题的这一章提供了面对不确定性，大胆行动的另一个机会，其办法就是合理冒险。如果不确定性让你谨小慎微，回避某个问题，或者让你深陷某个阶段，那么你就可以问，**如果我此时行动，我害怕会出现什么情况？如果我现在就将这一解决方案付诸实行，我害怕出现什么情况？或者，可能出现最糟糕的情况是什么？**将你的预测写下来，看看结果是不是和你想象的一样。

广泛适用的一些小建议

- 将问题写下来。
- 将事实与假设分开。
- 借助于表格和图片。
- 发现习惯性的思维模式或问题解决模式。

- 你可能需要多花时间，放慢节奏，也可能需要加快节奏，限制自己在分析上花的时间（取决于你着手解决问题的方式）。
- 将大问题拆分为多个可管理的部分。
- 制定明确的目标——将目标转化为“怎样才能……”问题。

阶段 2：想出足够多的解决方案

在这一阶段，你应该广开思路，想想解决眼前问题的所有解决方案。要做到这一点，必须记住三件事。第一，**不要急着判断**你想到的任何一个解决方案有用还是没用。第二，对想到的解决方案不做判断有助于你增加解决方案的**数量**。第三，你需要的是**多样**的解决方案，而不是带着各种面具的同一种解决方案。例如，提升自己健康水平这一目标会催生属于同一类别的很多类似方案，即，通过锻炼提升健康水平。你可以使用上述的多样化思路作为触发因素，来帮助你寻找更多的解决方案。在这个例子里，可以考虑食用健康食品、在外面吃饭时用咖啡代替啤酒、爬楼梯而不是乘坐电梯、获得充足的睡眠，等等。这些解决方案可以提供多样性。研究表明，在寻找解决方案时，如果我们用上述三个观点做指导，我们就可能想出更为有效的解决方案。我们用来做选择的解决方案越多，我们选出理想解决方案的概率就越大。

想出大量不同的办法就是一件体现创造力的事情和技巧，同时，和所有技巧一样，它需要练习。你提出的每一种新想法和解决方案都应该被视为积极的一步，即使它看上去有一点“怪异”。我们经常不等将一个办法想清楚，就匆忙将它“毙掉”（参见前面一章讲到的消极思维模式）。如果你注意到你的大脑在想这办法根本不行，或者**这办法很幼稚**，**这办法很蠢**，就赶快提醒自己，**在这一阶段**，所有办法都是有效的。我们要求你将心里的想法摆在桌面上，并且不要急着对它们下判断。你可能对这些办法心有疑虑，不过没有关系，只要你明确地将它们摆出来就行。将你想到的所有办法都写下来：取一张纸，在最上面写上“解决方案”，然后从第一行开始，从上往下，列出十个解决方案。

给每个问题至少找10个解决方案。切记不要下判断。大胆思考，打破常规思维。如果需要的话，使用幽默——将问题颠倒过来。假如你在帮助别人解决这个问题，你会提出什么建议？别人会怎么解决这个问题？甘地、纳尔逊·曼德拉会怎样解决这个问题？或者说，如果一个十岁的孩子要解决这个问题，他或她会怎么做？如果玛吉·辛普森①（Marge Simpson）、斯波克医生②（Dr. Spock）、鲍勃·马利③（Bob Marley）解决这个问题的话，他们会怎么做？他们会提出什么建议？或者你认识的某些人——他们会提出什么办法？

评估你列出的所有解决方案

列出十个解决方案之后，下一步就要对这些方案进行评估。你可以运用第6章有关制定目标的方法进行评估。例如，如果工作压力太大，做一个蒸气浴放松一下是一个很不错的解决方案——这个方案具体、明确、实用。这会出现什么样的结果也是很明显的事情

---

① 玛吉·辛普森：Marge Simpson，美国动画情景喜剧《辛普森一家》中的辛普森太太，喜欢道德说教。——译者注

② 斯波克医生：Dr. Spock，美国儿科医生，写了大量关于养育孩子的书，在世界范围内影响很大。——译者注

③ 鲍勃·马利：Bob Marley，牙买加歌手、作曲人、吉他手，让世界各地的人们了解了西印度群岛的流行音乐。——译者注

（不过，你仍旧需要计划时间和地点！）。可是，怎样解决其他问题，比如说如何改善对时间的控制？这个问题需要详细讨论。怎样才能改变你的时间控制方式？怎样做才能实现这个目标？这些问题需要更为具体、实用的解决方案。我可以再想出几个迷你方案，添加到上述的十个方案中，比如说，“买一个好的闹钟”，“记日记”，“教会孩子们自己做三明治”，等等。如果将这几个迷你方案结合在一起，是不是就是一个很好的解决方案？

你是否注意到你在解决问题方面的固定模式？除了忧虑，你是否存在一些经常性或习惯性使用的解决方案？这些经常性的解决方案可能经常会起到一些作用，但是有时候，我们会直接运用这些方案，也不管它们是不是适用。

阶段3：决策

既然你手里已经有10个解决方案了，现在就该确定哪一个是最佳方案。你很清楚，做决定可能触发忧虑，因为这一步要迈入未知和不确定。要谨防完美主义——努力是为了获得足够好的方案，而不是完美的方案。记住，一次只向前迈一步。如果忧虑情绪控制了你，等这阵忧虑过去之后，再回到问题上来，如果这一过程再次发生，在可能的时候，再次让思维回到问题上来。但是，在这个过程里，要宽容自己，**不要反复责备自己**——因为如果这样的话，只能加剧你的问题，根本无助于问题的解决。独立做决定可以帮助你培养自信，挑战不确定性。

在这一阶段，可以取消不得评判解决方案这一“禁令”，严格审视每个解决方案。

将不中用的方案剔除出去

对 10 个解决方案进行的第一轮清理中，我们要看看是否有真正不中用的方案。有没有根本无法付诸实施的方案？有没有太复杂，可能回火，或成功率很低的方案？评估这些解决方案，确定要把哪些方案剔除出去。用笔将要剔除的方案划掉。有没有两到三个看似符合要求的解决方案？按照理想程度来排列这些方案，将最理想的方案放在最前面。如果你想现在就实施某个方案，那么尽管实施好了。走到这一步，你已经做了大量的“沙里淘金”（sifted and paned）工作。如果你看到了“金子”，那就无需犹豫，不过，不要忘了先停下来分析一下形势的变化。如果随着时间的推移，你发现这个方案效果不大好，那么，这个时候，首先要庆祝自己在解决这个问题上采取了有意义的行动，而不要只是担忧，然后回到列着解决方案的那张纸，尝试下一个方案。

评估解决方案

如果对你提出的解决方案进行评估之后仍然不知道该选择哪个方案，那么，你可以从中选择三个方案，花一点时间深入分析每个方案。感觉哪一个方案比其余两个略好一些？你可以用 0—10 这几个数字给这三个解决方案打分（0 表示最差，10 表示最理想），帮助你做选择。你也可以权衡每个方案的优势与劣势，然后选择略微优于其他方案的方案。记住，略微优于指的是最简单、最可能成功、性价比最高（时间、精力、金钱，等等）、结果足够好这几个方面的结合。我们根本无法找到**完美**的解决方案。因此，选择一个当时看来最适用的方案。在评估解决方案的时候，看看首先需要实现哪个方案？能否有计划地逐步安排这些方案？

阶段 4：将解决方案付诸实施

到目前为止，中心理念是必须现实地看待形势的发展。完美的解决方案是不存在的！

现在要提醒自己为什么一定要克服忧虑。在有关目标的一章里，我们提醒你在明信片上写下你决心克服忧虑的原因，同时，列出让你坚持实现这些目标的方法。想一想，如果你只在遇到大事时才担忧，而不会为每个形势或事情担忧，那么你的生活将是什么样。

泰恩-威尔郡纽卡斯尔位于英国东海岸。北海，保守地说，即使是在夏季，有时候也会有丝丝寒意。变化就像是在北海里游泳。初次下水，寒冷的海水和海水刺激下的战栗会让你很想赶快上岸。但是，过一会儿，等你身体适应了海水温度之后，你就可以畅游一会儿——真的是这样！一些人对这里的温度已经习以为常，他们很喜欢这里，一年里每天都在这里游泳！因此，在实施解决方案的过程中，有不习惯的感觉是正常的，随着你对新感觉的适应，这些不习惯的感觉就会过去。

一旦开始实施解决方案之后，你很快就会全面了解实现目标途中的路障。这是正常的。我们现在生活在一个重视体验与实践的社会。如果我们积极地体验与实践，我们对于实际情况的了解就会全面得多——任何信息都无法替代亲身体验。回到先前的阶段，将新获得的这些信息补充进去：它现在是你的“新原料”。和其他阶段一样，如果你感到不确定或担忧，那么就容忍它吧。解决问题本身就是在挑战对不确定性的不容忍。它就像是校园里的小霸王，不好好吓唬你一番是不会放过你的。要尽可能地忍受这种情绪，不要乱了方寸。

帮助你制定计划的问题和提示

- 我的目标是什么?
- 我的解决方案是什么?
- 我该怎样实施解决方案?
- 列出你可能需要做的事情。
- 制定实现目标过程中的一系列步骤。运用这一解决方案实现目标,需要先具备什么条件?
- 如果运用该解决方案来实现既定目标,你怎么知道路没有走偏?
- 你怎么才能知道解决方案效果不好?同样需要注意的是,我们不能跟着感觉走,必须专注于事实。

阶段 5:你是怎么做的?

做了上述的辛苦工作之后,一定要坐下来,想一想自己过去是怎么做的?哪些事情做得比较好?有些什么体会?下次你会怎样做?你恐惧的事情是不是被证实了?你关于事情形势发展结果的预测准确吗?自从将计划付诸实施之后,是不是感觉好多了?你是否注意到了这样做产生的“副作用”?是否发现了意料之外的好处或坏处?你可能想要重新过一遍定义解决方案的那些步骤,看看能否想到新的想法。

接下来怎么办?

关于如何解决问题的讨论就要结束了。既然你心里已经知道怎样解决问题了，那么下一步就是解决其他问题，而不是担忧这些问题。回到《忧虑日记》：还有哪些问题需要用这个过程来解决？**练习、练习、练习**。这里没有什么捷径或特效药。你实践得越多，解决起问题来越是娴熟，就越能领会我们在前文中讨论的那些过程。在面临问题的时候，你就会构思出新的思维路径，而不是一味地担忧。

休整时间

现在停下来，想一想刚才看到的内容。可否总结一下你认可的主要看法？哪些内容让你印象深刻？不妨将这些内容写下来。如果有不明白的地方，也可以写下来。等到有时间深入消化这些内容，再回头来看。

到目前为止，本书的哪些内容让你印象深刻？

1.

2.

3.

第 17 章
深入了解针对假设性事件的忧虑

我们知道，忧虑大致分为两种。我们担忧的一些事情真的存在：这种担忧我们称之为**针对真实事件的担忧**。我们也知道，我们可以通过直面这种忧虑，通过处理引起这种忧虑的事情来解决这种忧虑。但是，其他忧虑针对的是并未发生的事情，相对应的，我们称这种忧虑为**针对假设性事件的忧虑**。我们在这种忧虑中“看到”的那些事情，其存在方式和我们想象的完全不一样，但是，我们在忧虑的时候，这些情节就像噩梦里的情节一样，感觉真真切切。这种忧虑发生的背景往往是遥远的将来，担忧的事情通常是不大可能发生的事情。这种忧虑无法用解决问题的方法来克服，因为这些问题当时并不存在，因此，我们必须用其他方式来克服这种忧虑——本章和下一章将帮助你做这件事。

忧虑往往会延伸，因此由于日常的小麻烦引起的**针对真实事件的忧虑**可能会延伸成为**针对假设性事件的忧虑**，而后者往往针对的是可能在未来某一时刻会对我们有重大影响的事件。下面的这个例子描述了忧虑的这种延伸倾向。担忧者可能会担忧洗衣机发出的砰砰的响声。他们会进一步担心洗衣机发生故障，需要修理。对这种声音的担忧可能会延伸为家里满地是水的念头（一闪而过的想法），他们想到洗衣机里漏出的水可能会破坏电器，毁掉家具；想到万一洗衣机完全坏掉而自己无法修理或买不起一台新机器，那他们该怎么洗“堆成小山的脏衣物”；想到如果孩子穿着脏衣服出门，别人会怎么看待他们，等等。可以看出，忧虑的内容不是静止不动的，它会延伸并沿螺旋方向运动，先进入临近区域，然后进入遥远的未来。虽然无法知道忧虑要将你带到哪里，但是忧虑往往有一些关键的主题或路径，而且忧虑往往会围绕这些主题“即兴”进行，很像是围绕和弦或音阶即兴弹奏的吉他独奏。

因此，**针对假设性事件的忧虑**往往会发展成为“恐怖片”，清晰、逼真的一幕幕情景让人心烦意乱，就像真真切切地发生在眼前一样（记得第一章里关于海市蜃楼的那个比喻吗）。如果这些情节真的发生的话，真的会让人心烦意乱，而且很可能让人很难应对。但是，这些情节当下并没有发生，而且可能不会发生，可是我们在情绪上的反应就像是它们马上就要发生似的。

一个关键的信息是**针对假设性事件的忧虑**属于一种“想法流”或“念头流”。这些想法或念头描述的不是真实的事件：它们不是事实、预感或预测，而只是一些想法或念头。即使是这样，它们只是大脑想象力的产物。这些念头或想法有时候对我们的影响非常大，因为它们在我们脑海里飞速地盘旋打转，看似要威胁对我们来说很重要的人或事情，这个过程会产生真真切切的情绪。因此，针对假设性事件的忧虑最终担忧的是可能改变人生方向的事件（那些目前还没有发生，很可能根本不会像他们想象的那样发生的事情）。这些事情可能包括亲人逝去、被别人拒绝、重要关系的破裂、财务危机、疾病和痛苦、无法面对和解决上述任何一项等主题。很自然，这种忧虑会催生让人无法自已的焦虑和不确定感。

有时候，人们会担忧可能改变人生方向的真实事件，就像是我们的某个亲人被送到医院，医生在全力给他或她做检查，设计治疗方案，做预断，或者像是洪水水位上涨，但是我们不知道它要涨多少，防洪设施是否能顶得住（2013—2014 年，我们在忙碌于本书的第二版时，很多英国人非常担忧这种事情）。在这些情况下，每个人，而不仅仅是担忧者都会担忧。可以这样说，在这种情况下，担忧是正常的。

休整时间

现在，花片刻时间回到《忧虑日记》，想想你担心的那些事情。你是否看明白我们现在说什么？你有没有似曾相识的感觉？记下你曾经有过的**针对假设性事件的忧虑**。你针对假设性事件的忧虑中出现了哪些主题？上述内容中，哪些事情让你印象深刻？将它们写下来。

1.

2.

3.

深入了解忧虑——忧虑的核心是什么？

忧虑的核心是我们的梦想和渴望、抱负和目标。当我们看重的东西受到威胁时，我们所有人都会担忧。在医院等待亲人检查结果的例子中，威胁的到来可能有多种方式。它可能是亲人的离去、生者的痛苦和损失、对我们独立面对和解决问题能力的威胁。在第二个例子中，逐渐升高的洪水水位不仅会威胁房屋的物理结构，还会将屋里弄得乱七八糟，甚至造成物品和生命的损失。另外，它还会威胁我们的房子和我们在房子里的生活。对于担忧者来说，威胁他们最为看重的东西的是会触发他们**针对假设性事件的忧虑**的日常事件。因为我们实现目标和抱负的时间都是在将来，而未来又是不确定的，这些抱负和目标是否能实现总是存在不确定性。日常事件中含有触发忧虑的**疑虑碎片**。而触发了忧虑之后，这些**疑虑碎片**就会威胁我们的期望和渴望。在下面的图中，我们考虑了这一方面，将它放在忧虑的核心处：忧虑**跳动的心脏**和忧虑情绪的核心。忧虑的核心可能包括我们的目标和抱负，同时，还包括清晰的视觉映像或关于忧虑威胁我们内心渴望的清晰的念头。

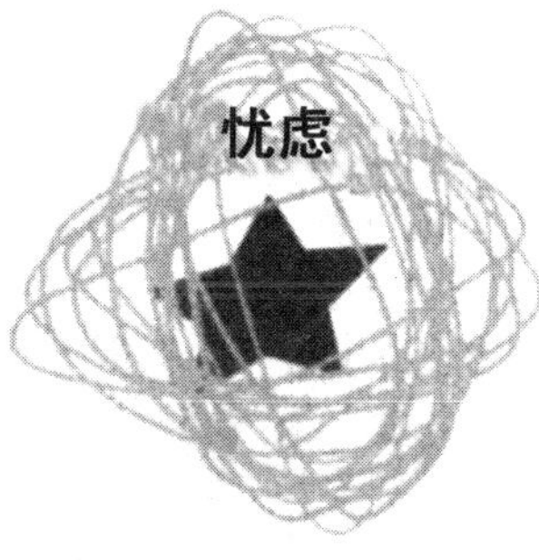

图 17.1　忧虑的情绪核心

我们来考虑一个具体的例子。我们中间的很多人都渴望住在一个安全可靠的房子里。想一想上一次你坐在那里盯着墙壁看的情景。如果一心想的是安全可靠的房子，那么，当你第一次看到墙壁的石膏表面有一条缝隙，心里会想到的第一个**如果……怎么办**（what if）是什么？如果……怎么办？忧虑会将你带到什么时间、什么地方？如果第一条缝隙和看到的其他缝隙连在一起的话，那么，这一忧虑就会首先延伸到必须重新装修房子，然后螺旋发展到要花大笔钱对房子做重大修缮——并且，这个房子想要出售的话，没有人会要。而且墙表面的小缝隙可能是严重结构性问题的征兆，最终可能导致房子的坍塌，我们家人会因此严重受伤，并被困在废墟里。再说一遍，如果这一情况真的发生的话，结果当然很可怕，但是，你能否看出从微小的裂缝螺旋发展成的噩梦幻象对情绪的影响吗？石膏表面的缝隙就像是对我们的目标和渴望是否能够实现的怀疑。这些怀疑，就像是缝隙一样，可以扩展和联结，直到忧虑从中螺旋而出。**针对假设性事件**的忧虑相对其起点来说完全不合比例。但是，在你坐在扶手椅上盯着墙时，这种忧虑延伸入噩梦桥段之际，你可能会体验到一股力量强大的情绪袭来，而你几乎可以断定，只有当你的房子真正坍塌在你身旁时，才能体验到这样的情绪。当这一忧虑继续盘旋，威胁你的目标和渴望的时候，逐渐增加的不确定性就会伴随这股情绪而产生。

忧虑是心怀期望、具有韧性的标志？

这可能听起来有点奇怪，但是，让担忧者认识到担忧是心怀期望的标志，这有时候确实能够对他们有所帮助。对大多数担忧者来说，问题不是他们认为自己性格脆弱或者觉得家人、房子、健康或收入会受到严重影响，而是他们**害怕**这些事情**可能**变成真的。这种害怕会威胁那些他们希望能够为自己和别人做的事情，继而让他们感到焦虑。实际上，担忧者内心有一种奇怪的乐观心理：他们仍然心怀渴望，想要为自己和他们在这个世界上关心的人做一些事情，改善形势。这看起来很奇怪，他们确实心怀期望，我们可以从他们的忧虑中看出这一点。简单地说，如果他们心里没有期望，他们就会感到失败、抑郁，而不是焦虑。大多数担忧者一直没有**放弃**这种期望，他们在担忧失败的同时，继续努力去实现自己的目标和渴望。他们可能缺少自信，但还没有到认为自己失败了的地步。担忧是一种负担，担忧者往往会将这种负担背在身上，竭力应对生活，虽然在不停地担忧，但很少屈服。在生活中，担忧者经常同时疲于应付好几件重要事情。尤其他们还具有精力和韧性，从他们持续应对**海量的麻烦事**中可以表现出来。不难看出，忧虑很容易被视作我们为解决问题而作出的努力的一部分。只有当忧虑让我们无法忍受，或者当忧虑风暴缓和下来之后，我们才能注意到我们花在保持现状上的精力和努力，才开始意识到忧虑的真实成本。在你思考过去——或者是童年，或者是开始注意到你的忧虑要失控之前的那段时间——之际，你就会觉得这种持续不懈的努力似曾相识。你当时是不是在追求某项重要的东西，或者竭力实现好几个目标？是不是虽然你害怕成功不了，但仍旧不懈努力、奋斗（和担忧）？

澄清另一点，忧虑引起的情绪低落与身体疲惫、自信被侵蚀密切相关。这种低落的情绪被称为消沉，它往往与担忧者是失败者、这个世界不可救药这一稳固的基本认知没有关系，它倾向于反映这样的事实：担忧者担心某件事**可能发生**，他们可能对此**感到无能为力**。他们感觉这会威胁他们的核心想法：他们是谁，他们想成为什么样的人，想和自己最关心的人生活在世界的哪个角落。需要具备一定的能力和韧性才能忍受这种几乎一直持续的威胁。

为什么忧虑会从一个主题跳向另一个主题，为什么忧虑让人感觉很真实？

我们知道，当思考忧虑体验的时候，忧虑会迅速扩展，从一个忧虑跳到下一个忧虑。各种念头在大脑里飞驰而过，我们可能一开始担心的是一件事，可是转眼又开始担忧完全不同的另一件事。一定要弄清楚为什么会这样，为什么我们动辄从一个忧虑跳到了另一个忧虑。部分原因可能是因为忧虑飞快的变化速度、它迅速增加的特点与我们实现所有目标的渴望、以及害怕这些目标无法实现的恐惧密切相关。更为重要的是，担忧者似乎往往不会为了要解决某个忧虑而在这一忧虑上停留足够长的时间，不管他们忧虑的是一个可以解决的实际问题，还是一个同样可以解决的情绪体验。因此，对于**针对真实事件的忧虑**，担忧者发现他们很难处理和解决这种问题（参见第 14 章）；而对于**针对假设性事件的忧虑**，他们发现自己很难处理有关尚未发生（也许根本不会发生）的可怕事件的想法与感受，以及这些忧虑催生的不确定性。因此，针对假设性事件的忧虑主要是如何**看待**这种事情的发生。虽然只是一种看待问题的方法，但是不要忘记，这些担忧者会让自己感觉非常不好，让自己心烦意乱，比如，他们会担忧亲人的死亡，或者无法实现对于满足自己渴望极为重要的目标。随着忧虑思维的展开，担忧者的感受就像坐上了情绪的过山车，并且，这种忧虑催生的情绪是非常真切的。但是，同时，随着忧虑思维的展开，他们往往又竭尽所能地避免**真的看到**那些噩梦般的情景。这有点像透过你捂着眼睛的手指缝看电影，或者躲在沙发后面看《神秘博士》①（*Dr. Who*）。用这种方式看电影或电视剧，效果远比坐在沙发上或不用手捂眼睛可怕得多。

忧虑为什么会持续存在？

担忧者只“允许”自己经历噩梦的一部分。他们会“保护”自

---

①《神秘博士》：*Dr. Who*，英国科幻剧，讲的是一个外形很像人的外星人的时空冒险经历。——译者注

己，让自己回避忧虑过程中最糟糕的时刻。他们的做法是，通过专注于较为缓和的部分，让自己回避那些痛苦的部分，或者尽力不去想让自己痛苦的部分，或者用让自己高兴的事情或映像代替让他们忧虑的事情。最终效果就像照相没对准焦距一样，将忧虑“模糊化”，这样就可以避开令人痛苦和心烦的细节。用这种方法来减少不确定性和忧虑催生的焦虑，在很大程度上是不成功的。治疗师将这种做法称为“认知回避”。

在忧虑的过程中，担忧者想要尽快回避这种令人不快的情绪化的念头，这是可以理解的。在这样做的过程中，担忧者就会发现一种缓解**针对假设性事件的忧虑**催生的强烈情绪的方法。下一次，这种情绪出现的时候，他们就更可能使用这种“有用的”回避战略。这样，他们的这一回避战略就被强化了。结果，他们就一直无法知道他们其实有能力应对和克服出现在他们忧虑过程中的情绪或体验（前文提到的模糊内容）。他们也无法学会忍受这些情绪或体验带来的不确定性。不去深入分析这些情绪或体验，他们就没有机会知道“噩梦”是否真的会成真——短暂一瞥后的感觉是真实的，于是就认为它是真实的。运用回避战略时出现的另一个情况是，我们往往将没有做完的事情搁置一边。这可能是一个没有彻底解决的问题，或者是一个关于自己的我们无法面对的想法。没有做完的事情往往会“扎根”在我们的脑海里，不时地要求我们关注它。大脑的思维就是这样。已经解决或已经彻底面对的问题不再要求我们关注：它们已经被“归档”，不会像没有做完的事情那样突然跳出来。

处理**针对假设性事件的忧虑**意味着，把节奏放慢，将“焦点”对准这些忧虑，**看看**它具体是怎么回事。这样，我们就可以知道我们其实可以解决这些忧虑，它并没有什么可怕。忧虑可以用来避免处理或面对痛苦的“情绪材料”这一观点出现于20世纪80年代，提出者是美国宾夕法尼亚大学教授汤姆·博尔科维克（Tom Borkovec）。博尔科维克教授是忧虑探索领域的先驱者。他提出的理念影响了该领域的很多研究人员。我们这里介绍的治疗方案也受到了他的很多影响。

深化对情绪核心的认识

前面讲到，忧虑的活动围绕“情绪核心”进行。情绪核心由对于我们最重要的东西、我们生命中珍视的东西组成。在某种程度上，情绪核心是你想要你的个人世界成为什么样的——例如，想要成为称职的父亲或母亲，拥有健康的身体，好照顾好孩子，成为单位里的骨干，受人爱戴，体贴和关心他人，帮助和保护你深爱的人，希望你生活的小天地安全、稳定和可靠。

在针对假设性事件的忧虑中，担忧者担心的坏事情是那些威胁所有他重视的人或事物（做称职的父母、财务安全、自己的健康、人际关系、家人，等等）的事情。在前文洗衣机的例子里，被重视的事情可能是拥有安全、稳定的住房，做称职的父母，被社区所接受，孩子快乐生活，孩子在学校里和同学们相处融洽。我们很多人都有这些期望。但是，当洗衣机发出砰砰的响声，担忧者对不确定性敏感的神经立即触发了忧虑：**如果洗衣机漏水怎么办？那样的话，我珍视的所有东西都要离我而去。**这些忧虑就会描绘出一幅消极黯淡的图画，告诉他们那些期望和目标很可能会受挫。例如，延伸出房屋被水淹、漏出的水破坏电器设备等想法或念头的忧虑会威胁他们想要一个安全的家这一目标。你能否看出这种假设的忧虑如何威胁他们想要一个安全的房子这一期望的吗？他们的另一个期望，即，想被邻居看作是称职的父母，也会因为担心洗衣机完全坏掉，我无法修理或购买一台新洗衣机而被威胁到，邻居就会认为我没法让孩子们穿着干净的衣服去上学。你能否可以看出，这一忧虑会怎样威胁做称职父亲或母亲这一期望？

就这样，一件日常小事就会触发不确定感，特别是对于那些对不确定性尤其敏感或不能容忍的人。这种不确定感又会导致忧虑，而忧虑又会延伸，催生出担心他们自身珍视的重要期望或渴望受到威胁的忧虑。

再普通不过的日常小事都会触发忧虑。我们会将日常活动中遇到的不确定性变成噩梦，进而威胁我们所珍视的一切。你能否想到其他例子，说明无关紧要的事情也会触发你的忧虑。想一想你在家里听到的噪声、开车时从窗外飘入的异味、身体某个部位莫名其妙的疼痛、取款时取款机运行速度突然变慢、某人没有立即回短信、火车剧烈晃动、老师皱眉、你关切的人迟到或者不舒服。你**针对假设性事件的忧虑**有哪些？这和你珍视的某个事物，或者你的某个期望或目标之间的关系如何？接下来，我们将通过一个练习帮助你"追兔子"，把这个问题弄明白。这种方法叫做"下箭头法"。

用语言和图片的形式体现的忧虑

忧虑的另一方面，即，忧虑中相对缺少视觉映像，在客观上有助于人们回避痛苦的"情绪材料"。人们在忧虑的过程中，脑海里出现的一般是语言，往往没有很多清晰的图片，虽然在整个忧虑过程中，我们会体验到某些闪过的念头或图像。研究者认为，头脑中的映像会触发强烈的肢体感觉和体验，立刻产生诸如战斗、逃跑或静止不动等反应。因为头脑中这些"心理图片"会令人极为不安，所以担忧者学会了运用基于语言的忧虑来逃避这些图片。忧虑几乎成了担忧者的逃跑用车用来逃避（处于忧虑情绪核心的）他所珍视的人、目标或项目遭遇厄运的可怕场景。下一章将继续讨论这一点。

从图像到想法或念头的转变之所以发生，还存在其他原因。第3章在从人类进化角度探讨忧虑的过程中，我们提到，我们在忧虑的时候，负责计划类活动的大脑区域的大脑活动就会增加。如果我们脑海中闪现出将来可能发生的可怕事情，采取行动（比如提前计划、解决问题）来预防这些事情的发生，这在进化角度上对人们是有益的（对于那些可能发生的事情）。对于那些将来可能发生，但现在绝对不会发生的事情，让我们的相关大脑区域（边缘系统）有过激反应，进入“恐惧模式”，并立即采取战斗、逃跑或静止不动的方式来应对是没有什么价值的。因此，关于将来发生可怕事情的映像或迅速闪过的情景如果真实到可以触发计划行为或提前解决问题，那么这些映像和情景就可能有价值。

关键是要只将忧虑行为用于大事件，而不能一天几十次用于那些向前延伸并装扮为具有重大潜在威胁的足以改变人生方向，但发生概率很低的重大事件。

发现构成情绪核心的针对假设性事件的忧虑的主题

出于很多原因，找到支持你忧虑的主题可能有助于克服忧虑。认识到这些主题之后，就可以通过发现忧虑固有的路径，从而轻易地打断忧虑思绪。这有助于提醒你，你的忧虑思绪的运动和变化是围绕这些主题进行的：你的忧虑中往往有这些主题中的一到三个主题。这意味着，你的忧虑不是随机或无法预测的，这还有助于深入理解你是谁，对你来说什么是重要的或你看重什么。这后一个问题很重要，因为了解这一点可以帮助你深入理解你为什么要担忧那些事情。例如，在**针对假设性事件的忧虑**中，担忧者会“看到”自己的孩子被绑架，或者在车祸中严重受伤，或流落街头、吸毒，等等。这**并不**意味着担忧者在某种无意识的层次上希望这些事情发生，而是明确地告诉我们，他们的主要目标之一是照顾和保护自己的孩子。他们的忧虑因为一些事情可能威胁他们的目标而加剧，而触发因素往往是日常情境（例如，孩子从学校步行回家、乘校车出行、在家里和大人争吵）中的不确定性。

发现忧虑背后的主题

我们可以运用一种非常有效的办法来发现忧虑的中心主题——**下箭头法**。这种方法用向下的箭头将忧虑链接在一起，然后循着各个环节找到忧虑的核心。在这个过程中需要反复问一些问题，如**假如这是真的，接下来会出现什么情况**？还有，**假如这是真的，能糟糕到哪里去**？

第一步是确定一个假设性忧虑作为目标。上面那个例子里的假设性忧虑可能是，如果我陷入财务危机怎么办？我们可以通过问“假如……”问题，用箭头将各部分连起来，看看这些问题会将我们带到哪里。为了帮助你发现支持你忧虑的主题，我们先举一些例子，让你大致了解怎样追踪到忧虑的核心。一旦掌握了这个方法，你就可以选定一个你自己的忧虑，看看你是否可以照样做。

在下面的例子中，你认为这个人的核心价值观和渴望是什么？前面的两个忧虑告诉我们，这个人最看重的是家庭，他的目标是做一个好父亲，这样就可以拥有一个幸福的家庭。你可以看出他的忧虑是怎样围绕这一主题发展的吗？对于第三列，有关朋友的重要性的新主题慢慢浮现出来。我们需要向下一环一环地将更多的忧虑串起来，看看朋友是否能够成为一个忧虑主题。对于我们的忧虑来说，所有道路都能到达忧虑的核心，因此选择哪一个**针对假设性事件的忧虑**并不重要。另外，我们可能很快就能发现忧虑的核心，也可能需要花上一些时间。不要指望像前面的例子一样，只需三步就可以看出忧虑的主题。一般说来，当你进行到这个链条的底端的时候，

表 17.1　下箭头法

如果我乘坐的飞机坠毁怎么办？	**如果孩子长大后成为罪犯怎么办？**	**如果我的健康恶化了怎么办？**
假如这是真的，接下来会出现什么情况？	假如这是真的，接下来会出现什么情况？	假如这是真的，接下来会出现什么情况？
↓	↓	↓
我会死掉。	**我将很难再亲近他们。**	**我就不能出门做我想做的事情。**
↓	↓	↓
假如这是真的，能糟糕到哪里去？	假如这是真的，能糟糕到哪里去？	假如这是真的，能糟糕到哪里去？
↓	↓	↓
我的家人会受不了。	**我将不再搭理他们。**	**我没法再和所有朋友联系。**
↓	↓	↓
假如这是真的，接下来会出现什么情况？	假如这是真的，接下来会出现什么情况？	假如这是真的，接下来会出现什么情况？
↓	↓	↓
他们会作奸犯科，最终流落街头。	**我将是一个非常不称职的父亲。**	**我将长时间一个人待着。**
这个忧虑的主题可能是什么？ 这个人看重的是什么？ 他在忧虑中的目标是什么？	这个忧虑的主题可能是什么？ 这个人看重的是什么？ 他在忧虑中的目标是什么？	这个忧虑的主题可能是什么？ 这个人看重的是什么？ 他在忧虑中的目标是什么？

你会注意到，你给出的答案开始重复，那么这说明你可能已经走得足够远了。如果这时候，你的答案是一种感觉，比如，**我感觉害怕**或**我感觉很不好**，那么，就尽量将这种感觉弄清楚，你可以问自己，如果我有这种感觉，那么，**这意味着什么**，或**这种感觉可能给我带来什么问题**？

练习 17.1　发现忧虑的核心——忧虑的主题

选定最近的一个**针对假设性事件的忧虑**。运用“下箭头法”中的问题，看看你是否可以追踪或联系到你的核心想法。分析过一个忧虑之后，你会有什么发现？

现在，选择另一个忧虑，重复上面的过程。这两个忧虑之间的相似之处是什么？有什么不同？他们的主题可能是什么？你能从中发现哪些有关你的价值观、目标和期望的东西？将这个练习放在一边，静想几分钟后，再回到刚才写下的东西：你看出自己某个固定的思维模式了吗？你觉得答案有些道理？还是觉得太牵强？

现在来看第三个忧虑：对这个忧虑做同样的分析，过一会儿，重新审视你的分析结果，等等。一旦你找到两个主题之后，就可以用它们来分析其他忧虑。能否看出这些主题对于了解其他忧虑的作用？能否看出你**针对假设性事件的忧虑**如何围绕这些主题进行？

这是理解**针对假设性事件的忧虑**的第一步。下一章将告诉你如何面对你在忧虑过程中“看到”的东西。

休整时间

现在停下来，想一想刚才看到的内容。关于情绪核心，你有哪些收获？你看重的是什么？可否总结一下你认可的主要看法？将你觉得印象深刻的观点写下来。本章让你有什么启示？如果要将本章给你的启示印在T恤衫上，你会选择一句什么样的话？如果有不明白的地方，也可以写下来。等到有时间深入消化这些内容，再回头来看。

1.

2.

3.

第 18 章
学会面对针对假设性事件的忧虑

认识恐惧和回避

现在，我们来讨论该怎样面对恐惧。在讨论这个问题之前，我们略微回忆一下我们小的时候。你可能和我们一样，觉得床底下藏着“怪物”或其他可怕的东西。如果你也是这样，那么，运用下列问题，看看你能回想起什么。

当时，我们是怎样避开怪物的？你躺在床上的时候，大脑里在想什么？是不是有图片在脑海里闪过，并引发忧虑——例如，**它抓住我怎么办？如果没有人听见怎么办？如果我被抓到遥远的地方怎么办？**这些忧虑来临的时候，它会产生什么样的感受？你是不是会竭力将想到的怪物从脑海里推出去？你是不是去想一些好事情来替代它？你是不是会数羊，或专心看墙纸，而不去想那个怪物？你是不是断然拒绝了父母亲要你上床睡觉的要求或者找了其他借口，比如，再过几分钟就去睡觉，我保证！你是不是曾经让人查看床下面，或者到了睡觉的时候，从门口跑过去，直接跳到床上？如果你和我们一样，你可能会在睡觉的时候将双臂和腿脚蜷缩成一团，为的是“以防万一”。你可能还会满屋子搜索噪声来源，你还会屏住呼吸，为了听得更清楚一些。这时候，你能听到自己心跳的声音，分析你听到的每一个划擦、吱嘎、敲击声，问自己，**这是什么声音？怎么回事？谁在那儿？**你的大脑可能已经将这些声音变成了图像。这些图像在大脑中闪过，却消失在“浓雾”里。这些映像触发了念头和忧虑，就像是你在想象中看到床下的东西一样——尖利的巨齿、滴着口水的下颚、凶恶的面目，促使你用羽绒被将自己捂个严严实实。你会侧耳细听有什么东西藏在床下，但是什么动静也听不到，或者你会大声唱歌，为的是不去想这种“可怕的存在”，可还是忍不住地停下来，怕错过了什么声音。你可能通过想一些好的事情，让自己不去想那个怪物，可是它还是不时地跳出来，而且次数越来越多，或者它出现在你白天忧愁的思绪里，冷不丁从大脑深处里跳出来。你会紧紧地抱着一个泰迪熊，觉得它可以保护你。你会避免往床下看，因为害怕看到藏在那里的可怕东西。你可能一次又一次地鼓起勇气往床下看，但是每次只是匆匆地扫一眼就算完事。只迅速扫一眼，你就无法真正看清楚那里有什么。你可能会看到影子或怪异的形状，而这些会马上在大脑里转化为怪物存在的迹象，随即引发更多忧虑。**如果它移动怎么办？它可能顺着床腿爬上来……**

这是不是听起来很熟悉？我们还希望你注意另外两点。第一，这一过程中最突出的行为模式是回避与处于恐惧核心的那个可怕的事物（那个怪物）有关的任何事物。第二，我们的回避往往会极大地增加问题的严重程度。关于回避的不同层面如何让这种恐惧一直存续下去，我们会在下文详细阐述。不过，这就像是洋葱的多层外皮。每一层都会阻止我们接触位于我们恐惧核心的可怕的东西。帮助孩子或成年人克服恐惧往往必须要直面位于他们恐惧核心的事物。直面恐惧并不意味着我们一定要喜欢我们害怕的事物，但是我们必须敢于面对，深入了解它。害怕狗的人不需要喜欢狗，他们需要在看到狗的时候不害怕、不惊惶。这最好通过循序渐进的方式进行，先从最容易的事情开始，然后一步步地向让你害怕的那个事物过渡。根据我们的临床经验，我们的大脑往往将事情想象得比实际情况糟糕得多。在面对令人恐怖的形势时，我们的头脑既是我们最强大的助手，也是我们最强大的敌人。

拿出笔记本和笔，分析床下有怪物的例子，看看能否找出让恐惧一直存续的因素是什么（参见练习 18.1）。如果你觉得这个难度太大，那么先读下面有关回避的一节，然后再做这个练习。

练习 18.1　怪物

- 让我们对怪物的恐惧一直持续下去的因素是什么（倾听异常的声音、睡觉时跳上床）？
- 忧虑作为一种回避战略有什么作用？
- 这里出现前几章里讨论的那些战略了吗？这些战略是如何让这种恐惧持续的？
- 怎样才能克服对怪物的恐惧？

回避战略

在接下来的几页里，我们将介绍人们为了回避假设性忧虑而采用的一些常见战略。运用下列评估表给每个战略确定数值，看看你最倚重的是哪个战略。介绍各种战略之后，我们还就如何改变形势提出了一些小建议。

这一战略与你的符合程度如何？

不符合	略微符合	有点符合	适度符合	基本符合	很符合	完全符合
0	1	2	3	4	5	6

你能否想到过去你运用这一战略的某个具体的忧虑或映像？在这个例子中，这一战略对你的忧虑有什么影响？

战略1：压抑

担忧者往往会通过将可怕的映像和强烈的情绪“推”到大脑的后端或者尽量不去想它们来回避它们。可惜的是，其效果很难长久，这种方法为什么效果不好，原因有很多。在深入探讨这个问题之前，我们先来做一个练习。

练习18.2　粉色的大象

取纸和笔。用一分钟的时间选择一个你想要深入思考的主题，然后让自己的思绪围绕这个主题漫游。在这个过程中，我们希望你做一件事：**不要去想粉色的大象。**不要以语言、念头、图片或映像的形式去想粉色的大象。现在，将本子放下，闭上眼睛，花一点时间任由你的思维天马行空。每次粉色的大象在脑海中出现的时候，就用笔在纸上做一个标记。

在你往下阅读之前，花一点时间想一想，如果尽量不去想粉色的大象，会出现什么情况。对于大多数人来说，尽量不去想粉色大象意味着他们想的次数会更多。**我不能想粉色大象**这一念头会提醒我们去想粉色大象。即使我们做到了不去想粉色大象，它还是会以另一种方式出现，从我们用来将之推出我们脑海的东西的后面露出头来。粉颜色可能出现在我们的思绪里。还有，我们有意识地给头脑里塞满其他事情来阻止粉色大象在脑海里出现这一事实意味着，如果这些东西离开我们大脑，粉色大象就会跳出来。也许，尽量不去想某些念头的背后可能存在某些隐情：这就像是将气球按在水里——你一松手，它就会浮上来。因此，**尽量让自己不去想某个事物往往会让我们更频繁地想起它**。你能否看出这在多大程度上适用于闪过你脑海的忧虑或图像？在你尽力将忧虑的念头或映像"推出"脑海过程中会出现什么情况？

在忧虑的时候，我们需要花很多力气和精力将我们的念头"按在水面下"，但是可惜的是，这不会让这些念头消失。像气球一样，这些念头最终还会浮上来。你在将忧虑"推出"脑海上花费了多少力气和精力？在这方面投入那么多精力值得吗？忧虑往往在最糟糕的时候浮出水面。在这种时候，我们对忧虑无可奈何，比如，在清早起床后的几个小时里，或者有其他事情要求我们必须处理的时候。

从粉色大象实验中，你会发现，之后你的脑海里或以后几天的梦里，会突然出现粉色大象。这被称为**反弹效应**——我们竭力不去想的事情会突然出现在我们的脑海里，即使我们不再竭力回避这些事情，也是如此。同样，你能否看出这在多大程度上适用于你的忧虑或者从你的脑海里一闪而过的映像？

那么，我们应该怎么做呢？答案很简单，我们不要想方设法将自己内心的念头"按在水面下"。虽然这不会缓解或消除忧虑，但这样做至少会起到三个方面的重要影响。第一，你无需花那么多精力和力气将这些念头"推出"脑海。第二，通过打破越是要将忧虑推出去越是想起它这个恶性循环，可以减少忧虑数量。第三，从此你就可以直面处于你忧虑核心的恐惧，学会容忍它。总之，可以减少忧虑的数量。

小建议：我们不要竭力将图像或者忧虑推出去，而是允许它们浮出水面。将它们留在脑海里，对它们做一番深入分析。如果你发现自己将忧虑思绪往外推，那么，你要留意你此时的感觉，然后允许它们回到你大脑的“前端”来。

战略 2：转移注意力

这是另一个避免面对问题的方法。不同于竭力将念头推出脑海，这个方法是去想或做别的事情。这意味着，我们会让自己忙于其他活计，让自己没有担忧的“空间”——例如，你会选择看电视、阅读、打扫家、收拾东西（食品柜、工具箱、袜子抽屉）。有时候，担忧者会采用“腰带 + 裤带”这种双保险措施，同时做两到三件事情，以确保你没有忧虑的“心理空间”（mental space）。转移注意力也会采取心理活动的方式，例如，在脑海里做算术题，或想象某个棕榈树耸立的无人海滩，等等。但是，很可惜，分散注意力这种方法很少管用：忧虑会悄悄而缓慢地回来，因为忧虑往往和某件没有了结的、需要你继续设法解决的事情有关。担忧者面临的另一个问题是担忧造成的，即，伴随强烈的肢体感觉产生的焦虑。虽然担忧者的大脑也许能够专注于忧虑之外的其他事情，但是肚子的紧张反应或肌肉的紧张感会提醒他们自己在担忧。例如，如果担忧者可以运用白日梦的方式来分散注意力，那么在大脑的“后端”，他们会注意到肚子的紧张反应并将这种反应注入白日梦里。在这之后会慢慢地出现其他想法和忧虑，这些想法和忧虑会消融这一白日梦，让担忧者回到忧虑的“现实”。虽然我们会尝试，但是我们不可能远离脑海里装着的那些事情。我们必须直面这些让我们感到痛苦和棘手的忧虑，而不是回避它们。

小建议：不要竭力让自己找其他事情做，而是要有意识地多想想让你忧虑的事情。如果你直面让你忧虑的事情，而不是分散自己注意力，这时候，你留心一下会出现什么情况？

战略3：回避忧虑思绪中的心理图像（mental pictures）

前文提到，忧虑是一个很有意思的东西，因为它相对缺少构成忧虑旋风的图像或映像。研究发现，忧虑是一种主要基于语言的体验，也就是说，我们忧虑的时候，内心里表达忧虑用的是语言，而不是图像。想一想这个问题。你是怎样体验这种“旋风”的？你内心表达忧虑一般采用的是图像、念头，还是语言？

当图片出现在我们忧虑思绪中的时候，这些图像往往会突然从我们头脑中冒出或闪过，其出现和消失都发生得很快。内心里主要用语言表达的忧虑似乎可以帮助我们避免意象产生的极其痛苦的体验。很奇怪的是，忧虑还有一种抚慰的作用，因为它可以让担忧者远离那些从脑海中闪过的痛苦映像。意象或心理图片会触发我们身体更为强烈的反应，进而引发更为强烈的情绪，因此，如果我们用语言来表达忧虑，我们就不那么烦躁，生理上也不会那么紧张。现在，我们就能理解为什么忧虑被用作是逃离这些往往如世界末日般恐怖映像的“汽车”。

为了说明意象的巨大作用，试着做下面的这个练习：

练习 18.3 巧克力蛋糕

想象一块很厚的巧克力蛋糕（或者其他会引起你胃口的美食）。用“心灵之眼”想象一张图片：想象蛋糕最上面覆盖的那层光滑、松软、可口的半固体巧克力，以及表面那层亮晶晶的糖衣。想象蛋糕的味道，捧在手中的分量。然后，“看到”你自己轻轻咬一口，碎屑纷纷落下，香味在舌齿间停留。“看到”自己的品尝巧克力的时候舔着嘴唇，你有什么感觉？发现自己有什么反应？

意象里含有丰富的信息，你可能注意到，运用“心灵之眼”来想象巧克力蛋糕触发的唾液分泌量增加可能触发了吃巧克力蛋糕的欲望！

小建议：不要回避这一意象，而是要直接面对。描述一下：闭上眼睛，在心里想象这样一幅图片。你会看到什么？将你看到的写下来，画出来。要反映它的真实情况——这只是你头脑中的想象。

战略 4：心理体操

人们会通过做一些看上去很小、不甚重要的事情来管理假设性忧虑中出现的意象和念头。顾名思义，心理体操指的是我们在忧虑思绪中为了绕开这些意象而采取的各种闪转腾挪。例如，为了“中和”我们体验到的忧虑，我们会有意识地去想其他的事情，自言自语，用积极的意象和念头取代消极的意象和念头，或者通过“快进”忧虑，来避免最糟糕的部分。我们还会让头脑始终专注于过去的事情，而不去想将来。这些类似体操动作的回避行为产生的总体影响是，担忧者无法直面让他们恐惧的事情，而现在我们知道，这正是他们的恐惧心理一直在持续的原因。

在床下的怪物的那个比喻里，孩子要想克服这一恐惧，最重要的是必须直面自己的恐惧心理，看清楚床底下确实什么也没有。这同时也意味着不再做心理体操，比如用数羊、去想好事情或大声唱歌的方式去“淹没”可怕念头。当然，说起来容易做起来难，因为恐惧感是非常真切的。要想克服恐惧，孩子必须挑战恐惧感背后的想法——床下藏着一个怪物。这也适用出现于**针对假设性事件的忧虑**中的那些可怕意象。对于令人痛苦的意象和“忧虑流”，我们需要直接面对，而不是通过做心理体操想方设法地躲开它们。

小建议：你使用的是哪一种心理体操？如果你直接面对最糟糕的时刻，而不是回避，会出现什么情况？如果你放慢节奏，或专注于这些意象，会出现什么情况？如果你不竭力通过去想好的事情来回避消极的事情，会出现什么情况？是否可以试着不再使用心理体操，看看会出现什么情况？

战略5：怎样才能避免触发忧虑

前面章节提到，担忧者可能会回避他们觉得可能触发忧虑的情境、人、地方或物体。

在一些情况下，担忧者会尝试回避那些在某种程度上与他们在**针对假设性事件的忧虑**中想到的情况相匹配的情境。在这些时候，担忧者无需延伸他们的忧虑，因为忧虑的材料已经具备了，而且，因为担忧者对于这些材料很熟悉，所以他们很容易产生害怕的感觉。

因此，如果担忧者头脑里出现亲人遭遇车祸的意象，他们就会不去看有车祸镜头的电视节目，因为他们知道，如果节目触发了他们的忧虑，他们就会害怕。这时候，现实与忧虑之间的界限就模糊了。

如果他们在**针对假设性事件的忧虑**中“看到”的事情和他们在现实世界中体验的事情存在一致之处，那么这就会被担忧者视为应该担忧的征兆，因为他们害怕的事情真的会发生。需要思考的是，担忧者可能在哪里发现可能会坏事情的“证据”。这种证据一般会出现在电视剧或电影里，因为电视剧和电影需要用这些材料来制造紧张感和扣人心弦的完美结局。这种证据也可能出现在新闻里，而且几乎是清一色的坏消息，比如多起连环撞车事件、火车或飞机失事或差一点失事、可怕的犯罪活动、重大财务丑闻。这些事件在网络、社交网站或个人博客上的报道越来越多。但是，这不是生活的真实体现——数百万人次驾驶或乘坐汽车、飞机、火车和其他交通工具出行都平平安安，数百万人次夜晚外出都没有发生谋杀，数十亿的金融交易都在公正守信的情况下进行，而这些事件都没有人对它们大张旗鼓地进行报道。那些“坏消息”事件确实可怕——这也是它们之所以被大肆报道的原因——但是，这并不意味着这些事情每天都会或者很快就会发生在大多数人的生活中。但是，这些事情令人心烦意乱的特点，再加上它们催生的强烈情绪，会让他们感觉更加真实和真切。

对于其他人，真实情境和**针对假设性事件的忧虑**之间的联系是可以扩展的。例如，如果担忧者的目标和期望是让孩子保持健康的身体，那么关于一个人突然身染重病不治而亡的一部电影或一本书就很可能径直进入他们的忧虑核心，导致他们回避所有围绕健康主题的书籍，不去探望住院的朋友。

担忧者可能还会回避触发忧虑的实物。他们所回避的东西形形色色，可能是自行车、啤酒、气球、猫、樱桃、蜡烛、狗、尿布，甚至是油炸圈饼！每件实物都和担忧者的**忧虑碎片**有关，都会触发一连串的假设性忧虑，而这些假设性忧虑会触发针对这些物体的回避行为。例如，**如果我打算给孩子抱养的那只猫闯祸了怎么办？我会被起诉，我会失去我的房子，孩子们的学业就会受影响**，导致**孙子们无法获得一个良好的人生起点**。这种假设性忧虑会促使担忧者不去购买小猫，而不顾他们的孩子仅仅五六岁，他们有孩子还早得很这一事实！你是否能想到上述物体可能引发的其他**如果……怎么办**？

你为了减少或防止忧虑而回避的东西有哪些？你因为忧虑而回避的东西有哪些？你的这种回避行为是否会影响你在日常生活中的选择？如果答案是肯定的，具体是怎样影响的？

我们极少谈论自己的假设性忧虑，有时候，我们会泛泛而谈，而从来不谈及细节，我们不敢将我们的体验告诉别人。其原因是：如果告诉的话，我们害怕增加这些忧虑成为现实的可能性，或者担心对方会认为我们很怪异。很多有关忧虑的规则（参见第12章）在这个层次上对人们的影响很大。例如，**如果我去想——更糟糕的是，如果我谈论——这件事，就会增加它真正发生的可能性**。

小建议：列出所有因为与你在针对假设性事件的忧虑中“看到”或想到的东西有关系而回避的形势、人、地方或物件。选择一个比较容易面对的形势、人、地方或物件，然后将自己暴露在其面前。你可能会担忧、感到焦虑，但同时要留意可以从中获得什么启示。这是一种新的体验、新的认知，也是一个成长的机会。

学会面对让自己忧虑的事情

前文提到，这一章专注于帮助你处理**针对假设性事件的忧虑**。我们集中介绍了抑制忧虑念头、转移注意力、回避触发忧虑的形势、地方或人，以及我们用以管理这些可怕体验的巧妙的心理体操最终在克服忧虑过程中所起的消极作用。在床下怪物的例子里，我们了解到，我们必须面对我们的恐惧心理。我们的忧虑心理也是如此。这意味着什么？这意味着勇敢面对让我们害怕的东西。这意味着专注于我们**针对假设性事件的忧虑**，放慢节奏，深入分析闪过脑海的意象。

不去全力克服**针对假设性事件的忧虑**意味着这些忧虑会继续主宰和影响我们的生活。担忧是一种极其糟糕、令人疲惫的执念。担忧的成本很高。学会面对和处理忧虑在短期内会让你更加焦虑和烦躁，但是从长期来看，这会让你逐步克服它。

将针对假设性事件的忧虑写下来

这可能会让你产生些许畏惧感，这完全可以理解。你可能心里说，**这可能会极大地加剧我的忧虑！**或者你会说，**面对让我忧虑的事情会让我受不了**。不过，这你是怎么知道的？你有什么支持这一想法的证据吗？这种想法为什么会让你进入一个恶性循环而难以自拔？

如果你迅速瞥一眼就将这些事件推到一边的话，那么你可能至少每天都要，而且往往每次都要长时间体验可怕的白日梦中的部分片段。如果你竭力回避或不去想这些事件，但这些忧虑仍然存在，那么所有在回避上的努力都没有意义。一位患者说过，“我尽力不去谈论或想这件事，但是没有效果。”因此，你可能有很长一段时间一直在尝试运用某个战略（回避）来管理你的忧虑。回避帮助你减少了忧虑的影响了吗？

现在回到床下怪物的例子。往床底下瞥一眼是没有用的，因为这无法让你看清楚床底下是否**真的**有什么。因为我们根本就没有看清楚，所以仅仅瞥一眼对我们没有什么帮助，我们的努力只会触发疑虑和不确定性，导致更多的忧虑。要想让恐惧远离你，就必须认真地查看一番——看看角落里，床下各种物品的背后，将可能隐藏怪物的东西都彻底翻一翻。将床下的衣服都彻底抖一抖，打开灯仔细往里瞧，甚至可以将床移开。在各种情况下仔细查看——完全根据你具体的恐惧情况而定。

该怎样深入了解我们的忧虑？首先，我们不一定要一蹴而就，我们可以一步步来。实际上，我们必须一步步地来，因为每一次你在写下你**针对假设性事件的忧虑**时，你都会发现先前没有注意到的新“角落”。因此，这需要一系列步骤，最后才能将处于我们忧虑核心的所有恐惧暴露出来。

最重要的是，我们知道，将我们担忧的事情付诸纸笔总的来说是有用的。这里有各种各样的原因。这种方法适用于各种各样的问题。这一点，我们将在下面做详细介绍。

纸笔有什么好处

将我们担忧的事情写下来有助于我们克服忧虑，这里的原因有很多。首先，思考写在纸上的东西有助于我们远观处于我们忧虑核心的恐惧，而不是身陷其中。同时，这还可以帮助我们改变对忧虑的看法。我们将能够看到那些事情的真实性如何，发现其中真正让我们烦心的地方，而不是根据飞速闪过的念头来猜测。研究发现，付诸纸笔是一种效果奇好的治疗性干预。这可以帮助我们审视自己的情绪：因为我们在将体验写下来的过程中，我们也在感受这种体验，所以付诸纸笔可以帮助我们用词语来探索相关的忧虑主题，进而深入理解忧虑，增加条理性，这对克服忧虑也是有帮助的。付诸纸笔还可以强迫自己梳理思路，让你无法回避。有人说，**在我听到自己说话的时候，我就知道自己在想什么**。对于动笔写，这也适用。

第一次尝试用笔记述自己的忧虑时，可以选择某个**针对假设性事件的忧虑**入手。你可能会从下箭头练习中的那些忧虑中选择一个。拿出笔记本和笔，将你担忧的事情写下来。想象你要帮助某人拍摄一个有关你忧虑思绪的电影——想一想对方需要获得的所有**细节**。运用下面的提示帮助你丰富这些细节。

小提示：应将哪些内容写出来

布置场景：你的忧虑思绪中涉及哪些人？发生了什么事？这件事情发生在什么地方，什么时间？你在忧虑思绪中看到了什么？准确而详细地描述你看到的内容。是否还有什么其他东西可以帮助对方理解你忧虑的背景？想象剧组如何表现你的忧虑。他们还需要什么？

行为：在你的忧虑思绪里，你或其他人在做什么？如果答案是什么也不做，那么，是什么促使你或别人什么也不做？

你的情绪反应：经常地问自己，**我此时的感觉如何**？并将这一回答加到有关忧虑思绪的记叙中。你感觉怎么样？

肢体感受：你现在有哪些肢体感受？你的身体有什么感觉？身

体的哪些部位产生了这些感觉？

感官信息：你能嗅到、听到、触摸到、感觉到、看到什么？

含义：随着忧虑思绪的展开，头脑里想到了什么？这些忧虑对你说了什么或对你意味着什么？在你的忧虑思绪中，其他人的行为意味着什么？这一图片或意象意味着什么？最糟糕的情况是什么？这能体现出你作为一个个人来说的哪些方面？

时间信息：这是在白天还是在夜里？是早上、下午还是晚上？是夏天还是冬天？

意象：专注于并具体描述这些意象：你看到了什么？将看到的情景用一幅速写表现出来。意象里有谁？他们在什么地方？他们身上发生了什么事？看到这张图片，脑海里会产生什么念头？

主题：你可能担心出现几种最为糟糕的情形。最近的研究表明，让忧虑局限在同一个主题里相对会好一些。例如，忧虑的主题可能是某个亲人遭遇伤害：在这个忧虑得到缓解之后，再进入下一个主题。

针对假设性事件的忧虑是一连串想法或念头。这些想法或念头描述的不是真实的事件，不是事实，而是大脑里的想法或念头，它们是大脑想象的产物，围绕着你看重的事物高速旋转。

其他建议：如何写

选择一个安静的时间，一个你感觉不会被打扰的时间——同时也是你觉得一个不大会忧虑的时间。这样，你首先可以避免在夜里很晚的时候做这件事。提醒自己可以控制这个过程，没有人强迫你做这件事。如果需要提醒自己为什么要做这件事，你可以重读上面几节。

动笔的时候，要用第一人称和现在时，也就是说，就像是这件事正在发生一样——例如，**我看到17岁的儿子出车祸了；我看到他的脸痛苦地扭曲着，他哭喊着，说要见我，他哭着说**……而不是采用类似事后新闻报道的语气——**17岁的儿子遇到了车祸，他哭喊着要见我。**你是否能看出第一个版本相对来说更能产生身临其境之感，让你很难回避?

关键是要用积极的态度应对你的忧虑和处于忧虑核心的恐惧。这意味着，我们需要提防抑制、分散注意力、心理体操等形式的回避行为。同时也要注意不要回避在忧虑思绪中看到的意象的细节。在纸上记叙的同时，你可能想用一些好事情来“中和”你记在纸上的坏事情，因为你的内心觉得将不好的事情记在纸上会产生某种可怕的后果。不过，对于最初的个别尝试，即使是动用心理体操或其他回避策略也没有关系，只要你最终能够实现目标，即，在不动用这些回避策略的情况下，将你担心的事情完整地记叙下来就行。

有时候，你会感到忧虑思绪好像没有结束的时候：只管径直写下去，直到度过了那个对你来说最为可怕的时刻；如果你注意到自己在原地打转，你就该停下来了。记住，这同时也是在帮助你忍受不确定性：我们的目标不是发现一个好的结局。实际上，对于很多担忧者来说，最糟糕的是不知道结果是什么，因此，不如让事情的结局悬着，因为这样可以触发更多的不确定性，让你学会容忍这些不确定性。记住，**针对假设性事件的忧虑**指的是那些从理论上来说可能发生（很多事情在理论上都可能发生）于虚构的可怕未来的事情，而不是肯定要发生的事情。

记叙忧虑思绪过程中感到心慌烦躁是正常的——那些念头和意象可能确实让人感到恐怖。之所以感到这些念头和意象可怕，是因为你真的在意，这些事情是你最不愿意看到它们发生的。容忍令人心烦焦躁的念头、想法或意象不会让你变得麻木或冷漠，而是意味着你可以真的区别开想象与现实，能够将念头、想法看作是无需管理、控制或回避的心理活动，并且能够将精力投入到解决现实问题上，即，追求当下对你来说很重要的事情。因此，忍受当下的烦躁不安，学会将烦躁的想法看作是心理活动可以帮助你去注意那些对你真正重要的事情。你就不会被忧虑"劫持"或吓倒，接受不确定性，用心地享受当下——生活在当下，而不是担心将来会发生什么可怕的事情。

重新看一遍上面的内容，然后拿出纸笔，开始动笔。

第二稿

完成了第一稿之后，马上检查一遍，看看是否有漏掉的细节。是不是有故意跳过的部分？哪些时刻是对你来说是最可怕的时刻？你是否将忧虑思绪的所有细节都写下来了？你是否动用了心理体操？

详细记叙了忧虑思绪之后，你就做好了进入最后阶段的准备工作。这需要你系统地将自己暴露于你记下的所有内容面前。在做这件事之前，我们可以花一点时间讨论一下怎样克服你可能要面对的恐惧心理。

克服忧虑、克服对床下怪物的恐惧、对狗的恐惧，原则是相同的。要克服对狗的恐惧，就要想办法和狗待在一起，**学会**面对自己的恐惧情绪。要想让这种"暴露"发挥作用，就必须一直和狗待到对狗的恐惧逐渐缓和下来——这种恐怖情绪迟早会缓和下来。对于床下的怪物，我们要弄清楚那是一只被丢弃的袜子，还是尘土和毛发在静电作用下形成的一团东西，还是完全是你的想象。要克服对狗的恐惧，就要弄清楚狗的行为习惯、知道如何与狗相处、发现真的狗与自己想象中的恶狗之间的区别。我们不会一开始就让你和体型硕大、容易发怒或反复无常的狗相处，而是让你和体型中等、安静的、习惯和人待在一起的性情温顺的狗在一起。

有人还担心，焦虑这种情绪，一旦开始之后，就会停不下来，其实事实并非如此。我们的焦虑会慢慢缓解下来，即使不采取任何措施来缓和它，它也会自己缓和下来。我们必须学会接受波浪般的恐惧的冲击，放弃所有回避或控制这种恐惧的努力，为的是让我们认识到事情没有什么大不了的。实际上，我们会从这种波浪般恐惧的另一面，找到相对的平静。前文提到，焦虑是一种很有用的情绪。在进化的意义上，它告诉我们应该什么时候战斗、逃跑或静止不动，但是对于恐惧症、忧虑或对怪物的恐惧方面，焦虑就没有任何积极作用了，这是因为它与真实的危险不成比例。**针对假设性事件的忧虑**会催生焦虑，因为这种忧虑会针对我们所看重和珍视的人或事情，产生理论上有可能发生的威胁。这正是我们需要暴露于其中的威胁。

担忧者还需要深入了解并将自己暴露于这种对不确定性的绝对确定。他们总会觉得自己的渴望和目标受到了威胁，这是因为他们非常看重这些渴望和目标。有时候，有的人确实因为受到阻碍无法实现自己的目标和渴望。生活就意味着调整、适应、娴熟应对，然后去寻找新的目标。

事情可能中途出错的这种可能性绝对存在，因为天底下没有不可能的事情。坚持称某件事不大可能发生的事情是让人无法信服的——因为永远存在这一逻辑：**没错，可是如果这事真的发生**

了，怎么办。担忧者必须学会容忍不确定性，将试图通过担忧来管理不确定性及其影响的精力用在当下，学会如何容忍不确定性。

最后

到此为止，要想**克服针对假设性事件的忧虑**，一定要容忍自己的强烈情绪，而无需做任何缓解这种情绪的事情。在面对我们害怕的事情时，即，直面忧虑思绪的细节时，我们产生的第一反应就是逃避。问自己，**可能出现的最糟糕的情况是什么**？没错，你会感到焦虑，但是随着学会面对恐惧情绪，焦虑就会得到缓解。随着时间的推移，恐惧情绪就会自行缓解，但是这需要你自己用心去体验。

运用填好的完整版《针对假设性事件的忧虑》，每天反复阅读30分钟。用下面“面对你的恐惧”练习来记录这一体验。注意，该表需要你用我们提供的量表在你焦虑之前、之中、之后对你的焦虑进行评估。一旦完成了针对一个忧虑思绪的表格之后，选择下一个忧虑。也许，你需要反复进行这一操作，为的是了解处于忧虑核心的恐惧的不同部分。

在填表时，一定要记下你在这个过程中的所思所想。例如，做这个练习时你是否体会到了有关忧虑的新东西？你与**针对假设性事件的忧虑**的关系是否发生了变化？如果答案是肯定的，这些变化体现在哪里？你对**针对假设性事件的忧虑**的看法是否有所变化？你是否能够早一些意识到这些变化？你是否能够中止**针对假设性事件的忧虑**，或者说，你是否发现了可以帮助你“刹车”的东西？

练习 18.4　面对你的忧虑

每次面对**针对假设性事件的忧虑**时，使用下面的量表来给自己的忧虑或不适感确定数值。记住，要想缓解忧虑，你必须在这种情绪上下足够长的功夫。

焦虑 / 不适感量表

没有		轻微		中度		深度		极度
0	1	2	3	4	5	6	8	9

编号________

日期______________开始时间____:____结束时间____:____

地点______________________忧虑______________________

焦虑 / 不适感　　在____与____（最大）之间（填量表数字）

是否动用了心理体操？　没有动用____略微动用了一点____动用了很多____

你是怎样运用心理体操的？______________________________

没有		轻微		中度		深度		极度
0	1	2	3	4	5	6	8	9

编号________

日期______________开始时间____:____结束时间____:____

地点______________________忧虑______________________

焦虑 / 不适感　　在____与____（最大）之间（填量表数字）

是否动用了心理体操？　没有动用____略微动用了一点____动用了很多____

你是怎样运用心理体操的？______________________________

编号________

日期______________开始时间____:____结束时间____:____

地点_______________________忧虑_______________________

焦虑 / 不适感　　在____与____（最大）之间（填量表数字）

是否动用了心理体操？　没有动用____略微动用了一点____动用了很多____

你是怎样运用心理体操的？________________________________

编号________

日期______________开始时间____:____结束时间____:____

地点_______________________忧虑_______________________

焦虑 / 不适感　　在____与____（最大）之间（填量表数字）

是否动用了心理体操？　没有动用____略微动用了一点____动用了很多____

你是怎样运用心理体操的？________________________________

剖析回避行为

现在，你已经面对了你的恐惧心理，接下来就应该分析那些因为在某种程度上触发了**针对假设性事件的忧虑**或与其密切相关联而回避的情境、人、地方或实物。你很可能已经开始做这件事，不过，你需要问自己，是不是还有其他地方或实物因为你觉得会触发忧虑而仍在回避。你可以翻阅第 11 章列出的有关不确定性的行为实验，看看其中是否有符合你情况的例子？你可能会注意到，当你面对这些情境时，你会略感忧虑。这是正常的，这说明你正在处理与你**针**

对假设性事件的忧虑密切相关联的情境。你越是积极面对**这些形势，**你触发**针对假设性事件的忧虑**的机会也就越多。这不是危言耸听，这其实是一件好事情，因为这可以让你有更多的机会来挑战忧虑。这一章阐述的是如何直面我们害怕的事物。到此，我们希望大家现在能够明确这一点：虽然直面恐惧情绪是一件让人痛苦的事情，但是这有助于你克服它。

目前的进展如何？

从下面的这张示意图中可以看出，我们给这张图添加了忧虑的情绪核心。同时，图中还增加了“认知回避”、连接忧虑与认知回避

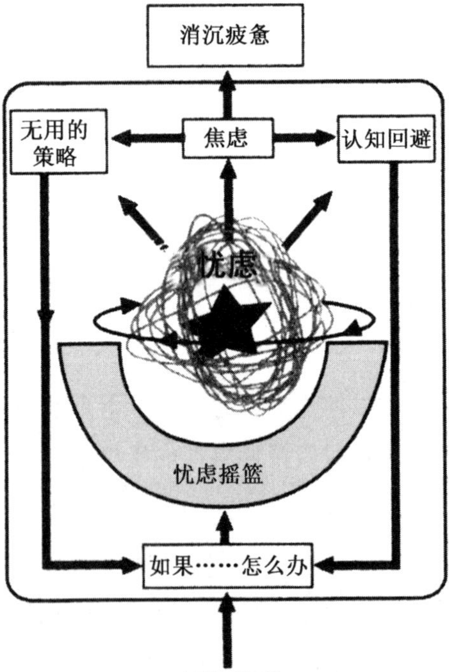

图 18.1　认识忧虑：忧虑的情绪核心与认知回避

的箭头。我们将详细解释新增加的这些部分。

忧虑的核心是我们的梦想和渴望、我们的期望和目标。当我们看重的东西受到威胁时，我们都会害怕。对于担忧者来说，威胁这些期望和目标的事物往往以忧虑的形式出现，而且往往是以**针对假设性事件的忧虑**的形式出现。**针对假设性事件的忧虑**中的那些不好的事情往往会威胁担忧者所看重的所有方面。这些可怕的事情往往以意象或一闪而过的念头的形式出现。我们竭力回避这些可怕的事情，这是可以容易理解的，但是，我们用来管理这些事情的战略会让我们更加忧虑（参见上图中从认知回避向下到“如果……怎么办”方框的箭头）。本章的中心是学会如何面对忧虑心理，让自己认识到，直面忧虑心理没有什么大不了的。

认知回避由下列几部分组成：忧虑中的“心理意象”（mental imagery）；抑制忧虑念头、转移注意力、心理体操等行为；触发忧虑思绪的形势。现在，我们知道，回避**针对假设性事件的忧虑**的细节意味着你不可能真正直面这种忧虑核心的恐惧心理，进而意味着这一忧虑还会继续存在下去。在这一章里，我们已经知道了打破回避模式的重要性，了解了位于忧虑核心位置的忧虑主题。并且，你还知道，忧虑是一种心怀期望的标志，因为在忧虑思绪中受到威胁的那些事物是你真正看重的东西，是你希望实现的事情，是你想要成为的那种人、是你想要的生活状态。应对**针对假设性事件的忧虑**意味着，在学着忍受不可避免的不确定性的同时，要不顾一切代价地不再生活在可怕的、充满忧虑的虚构未来里。它意味着让自己生活在当下，积极追求自己的目标。

我们的旅程快结束了：现在，前面是克服忧虑最后的一个阶段。我们已经在忧虑治疗之路上走了很久，现在应该坐下来，好好地回想一下到此为止我们的收获，以及我们对忧虑看法的转变。开始的时候，上面的这张示意图可能会让你不知所云，但是现在，我们希望现在的你能够理解它。你可能想翻到本书开头的那些故事，看看现在能否运用了解到的知识来解释这些故事。或者，能否看着这张示意图，在纸上试着画出你的忧虑模式。

休整时间

现在停下来，想一想刚才看到的内容。你能想到哪些理念或看法？你对你**针对假设性事件的忧虑**的看法是否有所改变？哪些事情让你印象深刻？

1.

2.

3.

第 19 章

解决部分遗留问题

——而不是全部

我们很想将本书在写到本章的中间时就结束，为的是在不确定性中给本书画上句号，但是我们最终没有这样做，因为我们想**解决遗留的一些小问题，虽然不是全部**。我们现在已经到达了最后一章。在本章里，我们将专注于一些新的材料，即，处理睡眠问题。忧虑经常发生在夜里，因此，我们将在本书第一小节里给大家提供一些小建议。接下来，我们将复习忧虑示意图。最后一小节将专注于怎样保持良好心情，怎样规划未来。

凌晨——失眠

我们借用史努比和卡通连环画《花生》(Peanuts）的创造者查尔斯·舒尔茨（Charles M. Schulz）说过的一句话："有时候，我晚上躺在床上睡不着，担心生活会在什么地方出岔子。然后一个声音告诉我，这种情形不仅发生在一个晚上。"对于担忧者来说，睡眠问题是一个很严重的事情。实际上，我们前面提到过的汤姆·博尔科夫克教授早在 20 世纪 80 年代初期就因为失眠症方面的研究率先对忧虑产生了兴趣。他和他的团队做出了这样的结论：人们失眠的一个主要原因不是因为他们太紧张，而是由于太担忧。限于篇幅所限，我们这里不去深入讨论改善睡眠的方法，但是我们给严重失眠的朋友推荐本书系中另一本书，即《克服失眠和睡眠问题》(*Overcoming Insomnia and Sleep Problems*)。作者科林·埃斯皮（Colin Espie）是用心理方法治疗睡眠问题的专家。这本书很值得一读，你可以将这本书看作是本书的姊妹篇。

改善睡眠的方法可以分为四类。第一类是很实际的方法，比如，检查床铺是否舒服。如果不舒服，想办法换一个更好的床垫或买一个新床。卧室是不是不够暗、不够凉爽、不够安静？是不是可以采取一些实际的步骤，比如买一幅遮光帘、打开或关上窗户？

第二类办法与养成好的模式和习惯有关。例如，白天和睡觉前饮下多少咖啡因（包括气泡饮料、巧克力饮料和茶）？在下午三点之前不再喝带咖啡因的饮料，代之以不含咖啡因的植物饮品或牛奶饮品。你的睡眠是否规律，也就是说，你入睡和醒来的时间是否规律？如果不规律，你希望自己的睡眠时间是多长（平均时间是8小时）？然后，想一想怎样做到这一点（8小时可以是晚上11点到早上7点或晚上10:30到早上6:30）。自己感到疲倦的时候就上床睡觉，坚持每天在同一时间起床，即使感觉没有睡好也要如此（不要睡过头）。你是不是经常用电脑工作到很晚或者熬夜打电子游戏？你是否还能想到缓解情绪的其他办法？尽量早一点吃晚饭，这样在你上床睡觉的时候，你的肠胃就没有负担。你是否依靠酒精或其他药物帮助你入睡？酒精要慎用，它看似可以帮助你入睡，但是它会阻碍你获得高质量的睡眠。将闹钟显示屏对着墙壁——你无需知道你醒来的时候是凌晨3:45。看闹钟会提醒你你已经醒了，会让你更难入睡。你需要的时候，闹钟会完成它的任务，把你叫醒。锻炼方面怎么样？是否每天做充分的锻炼？散步或游泳有作用吗？锻炼之后不要立刻上床睡觉，因为锻炼之后我们往往会感到头脑清醒，体温升高，很难入睡。

第三类办法和你看待卧室的态度有关。一定要将卧室看作是睡觉的地方，而不是忧虑的地方。因此，如果忧虑袭来，就从床上起来，在其他地方坐一会，感到困倦想睡的时候再回到卧室。采用这种办法的时候事先要考虑清楚，尤其不要打扰别人。原则是找一件不会令人兴奋或激动、可以让人很平静的事情做，用它来转移我们的注意力。**你能想起的符合这种要求的事情有哪些**？有时候，我们会在凌晨 3 点钟起来，原打算看一个我们喜欢的、能够吸引我们的电视节目，帮助我们将注意力从忧虑的事情上转移开，可是结果往往会让我们更加忧虑，原因是想知道该节目的结局是什么！看某些电视节目（例如有关大自然的节目，如探索黑熊和北美灰熊之间的不同之处），听听舒缓放松的音乐，做正念练习（参见附录 1）、阅读（艺术 / 摄影类书籍）、饮用不含咖啡因的茶水，还有我们提到过的将忧虑的事情写下来，都可以起到一定作用。

最后一类是用来处理忧虑的战略，比如将你忧虑的事情写在便贴上，或者将担心明天会出现的问题简单地写下来。如果某件事让你放心不下，而当时你又无能为力，不妨在上床睡觉前将它写下来，**告诉**自己明天想办法解决这个问题。如果你在上床睡觉前还在回顾这一天里担心的事情，那么可以在上床之前安静地做这件事，也可以将这些事情写下来。

睡眠不好会让很多忧虑症状更加严重。例如，如果睡眠严重不足，我们就会烦躁易怒，或者很难集中注意力。即使是在睡着的时候，人们也无法摆脱忧虑的纠缠，因为这些忧虑的主题，或者说白天的那些忧虑，会出现在他们的梦里。有关其他情绪问题的证据表明，如果能够改善或缓解白天的忧虑，睡梦中的忧虑就会有所缓解。

从实用的角度来说，另一件需要做的事情是将梦到的内容写下来。这可以帮助你深入了解位于你忧虑核心的东西（参见第 17 章）。

完整的忧虑图

在下一节里，你会发现有关忧虑示意图的完整版本。我们将该图最后的两个部分添加了进来，即，指向对不确定性的不容忍的“腹部”的箭头。这些箭头表示人生中的重大事件或者说高压力事件可以影响整个系统——其作用类似强烈的情绪体验。这些事件会加剧不确定性，进而增加忧虑。我们由此可以知道，忧虑是一种日常事件，遇到难以应对的重大问题时，我们都会忧虑。这些问题包括考试、退休、生病、晋升、孩子出生。这些事件中的任何一件事都可能加剧一个人对不确定性的不容忍。强烈的情绪也会产生这种效果。

我们再回到汤姆的例子中来。汤姆现在还在火车站。我们根据忧虑图来分析这个例子。

情境 / 事件

不知道你是否记得，汤姆在上班途中遇到了麻烦，担心火车晚点。他要赶去参加一个重要会议。他听说距离他家大约 300 英里（约 482.8 千米）之外的火车沿线可能受到大风的影响（情境 / 事件）。他很快发现了其中的不确定性，他想，**如果火车晚点，我迟到了，怎么办？**他体验到的不确定性加剧了他的忧虑。他很重视自己的工作，觉得如果他不担心迟到，就表明他对工作不上心。这些形成忧虑摇篮的信念“要求”他担忧。在担忧过程中，他的忧虑延伸成为各种大灾难。他**针对假设性事件的忧虑**围绕工作这一主题旋转。

这一忧虑的核心是渴望成为一个负责任、可信赖的人。他脑海里似乎“看到”老板对他失望的情景，这会威胁他想做一个可信赖的人的想法。他开始对工作和生活感到空前的不确定，这触发了更多忧虑。他不顾一切地想将忧虑推到脑后。虽然他努力这样做，但无法撼动心里的忧虑情绪，因为这种情绪很强烈。他注意到肢体方面的感觉很强烈，心脏在胸腔里砰砰乱跳，他还感到紧张不安。忧虑思绪在脑海里飞速旋转，他感觉自己快要疯掉了，消极信念的“涡轮增压”作用开始显现，加剧了他的焦虑，让他感到心惊肉跳。他无法相信自己能够找到一个去开会的好办法。其实，他只是回避解决问题。他坐下来，希望忧虑情绪能够缓解。他精疲力竭，因为自己被忧虑情绪所支配而消沉不已。

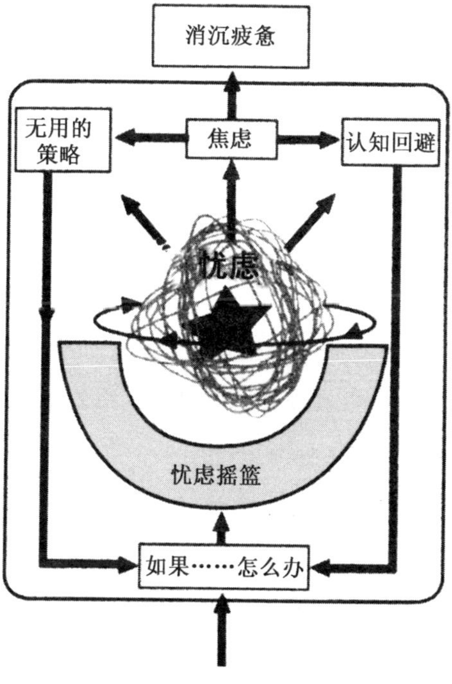

图 19.1　忧虑示意图

对于汤姆来说，这其实是一个算是不错的一天！想一想，假如他发现女朋友怀孕，会有什么样的反应。虽然他会很兴奋，但是肩上新增加的责任让他更加重视当前的工作。想一想，如果他从与妹妹的谈话中知道对方公司可能裁员，他会怎么想。他会为她担心。他在上班的时候会忐忑不安，老想着可能会被裁员的事情。

汤姆的变化

汤姆学会了如何发现触发自己忧虑的因素。他发现，他之前将很多精力都用来担忧工作和人际关系，尤其是与女朋友的关系。他开始认识到自己过去不容忍不确定性，于是开始承担一些小的风险，学着容忍不确定性。他甚至尝试上班迟到一点，看看会出现什么情况。他发现，忧虑不是表示自己对工作负责的最好办法。在着手解决忧虑问题之前，他以为只有他会遇到各种问题，他要是大胆地解决问题，准会弄得一团糟。学习解决忧虑问题之后，他开始意识到自己其实一直都在不停地解决问题，并且，自己很善于解决问题。他在公司解决了几个不大不小的问题之后，信心大增。他认识到自己看重当前的工作和与人际关系，知道了**针对假设性事件的忧虑**为什么会带来可怕的意象？他开始意识到自己在什么时候登上“忧虑电梯”，意识到他担忧的事情只是自己大脑里的想法或念头，并不是真实的。他不再将忧虑从脑海里推出去，而是直面忧虑，这样他的忧虑就不再那么严重。随着忧虑情绪的消退，焦虑也会跟着缓解，紧张易怒的感觉也就随之缓解。他的睡眠质量有所提升，开始更加享受工作。他开始承担风险，敢于说走就走去度假，而无需做任何事先的安排。他与女朋友的关系也大大改善——因为两人能够一起做很多事情，所以两人的关系更加亲密了。他感到更加自信，于是再接再厉，开始大胆地与陌生人交流。虽然他仍旧时而忧虑，但是他可以管理自己的忧虑情绪。

回顾你的功课

担忧是正常的，我们每个人都会担忧。本书不会帮助你彻底消除忧虑，因为忧虑是日常生活中常见的事情。我们都会经常受忧虑困扰，忧虑有时候很强烈，虽然这种忧虑不会持续很长时间。不要期望无忧无虑。

在第6章里，我们请你给自己拟定一些目标。这些目标的实现情况如何？是实现了一部分，还是基本都已实现？是否需要对照你取得的进步来评估你的目标？你现在想实现的目标是什么？现在，完成这些（有关忧虑或对不确定性的不容忍的）调查问卷或本书前面的评估结果，将这一次获得的数字与第一次填写时获得的数字做一个比较。比较结果能说明什么问题？是不是还有工作需要做？这个治疗方案的哪个部分还需要你回头重复进行？

你有什么收获？

在这本书中，我们多次请读者暂停一会儿，想一想前面看到的内容。你能否对本书的内容融会贯通？本书让你获得了哪些收获？本书让你印象深刻的地方是什么？哪些内容帮助你改善了情绪？哪些内容你觉得效果不理想？如果重新浏览一遍先前的章节，看看从每个章节收获了哪些东西，将所有使你忧虑继续存在的所有具体信念、行为和战略写下来，也许你会收获更大。你能否画出自己的忧虑图？本书介绍了好几个版本的恶性循环——看看你属于哪一个。

保持良好的状态

对于任何新掌握的技巧来说，要想运用得娴熟，就必须经常练习。你在本书中看到的新方法也是如此，因此你最好将这些新方法融入你的日常习惯中。你必须运用书中提供的忧虑练习勤加“锻炼”，尤其通过逼自己容忍不确定性，来保持精神的健康。我们在附录 2 中有文字注释的示意图中增加了主要的治疗目标。在分析自己忧虑时，看看需要在该示意图的哪个地方下功夫。你最脆弱的地方在哪里？

失效和复发

只要存在任何情绪问题，它都有略微加剧的时刻。一个星期情绪低落并不意味着忧虑复发了。实际上，即使连续两个星期情绪低落，也不意味着你的忧虑复发到先前的水平。实际情况可能是，你刚刚体验的是针对“大事件”的忧虑，而且你的忧虑程度和这件事的困难程度是相匹配的。因此，问问自己，最近你的生活中发生了什么大事件。同时提醒自己过去的忧虑情况如何，想一想在着手解决忧虑问题之前你的忧虑是多么严重，怎么能与目前的忧虑相提并论？你是真的回到了起点，还只是一个星期情绪不好？

当人们感到情绪好转之后出现的另一个情况是，他们会忘记之前的情况是多么严重。心理上的改善就像是头发生长一样——有时候，我们几乎不可能注意到。运用调查问卷和评估量表帮助你评估现在的忧虑程度，看看是否存在失效或复发情况。

什么情况会导致失败？

你觉得什么样的人生大事件会触发你的忧虑情绪？有时候，这些事件与人生转折相关。这种事件包括孩子开始上学或第一次独自步行回家、退休、晋升、走上工作岗位。情绪改善过程中的挫折可能发生在考试、家庭聚会等可预测事件之前或之后。你是怎样为这些事情做准备的？怎样应对这些事情更为有效？

记住，忧虑是正常的，我们很多人都会担忧这些事情。想一想过去你在面对这些事情时是多么忧虑，然后再想一想你现在已经学会了怎样用不同的方式来应对这些事情。察觉自己的忧虑，**站在岸上体会你的忧虑流**和影响忧虑的各种因素。体会形势中的不确定性并容忍它，而不是担忧。发现要求你担忧的那些信念，并挑战它们，挑战“涡流增压器”，体会自己在什么时候登上忧虑的“快速电梯”。着手解决问题，而不是回避问题。将问题看作是运用问题解决技巧的机会。**针对假设性事件的忧虑**会让你知道你看重的是什么，同时也会让你知道哪些因素会威胁它们，因此要直面这种忧虑带来的恐惧。与其骑墙观望，不如设法解决问题，克服忧虑，与相关的人深入交流，深入了解当前的时刻，深入了解你的生活。

如果我还需要帮助怎么办？

如果虽然觉得本书中的方法很有用，但是还是觉得自己很难付诸实施，那么，不妨去拜访你的家庭医生，和对方探讨适合你自身情况的治疗方案。如果你坚持使用CBT疗法，那么你可以打听当地是否有受过训练的CBT专家。英国国家健康临床优化研究院

（NICE）认为，CBT 是克服忧虑的首选治疗方式。如果你不想去看全科医生，而想找心理治疗师，本书后面为你提供了这方面的详细信息。告诉你的医生或心理治疗师，你在使用这本书里的方法。告诉他们哪些方法有用，哪些方法没有用。

承认情绪问题，着手解决情绪问题是需要勇气的。心理治疗就是寻找做事情的新方法。这感觉有些冒险，但是这样做的收益远远大于成本。祝你好运！我们希望这本书能够帮助你缓解忧虑，多享受一点生活。

附录

1. 建立在正念基础上的 CBT

最近有关 CBT 方法和理念的研究中，出现了这样一种趋势：将情绪上的痛苦看作是一种改变的过程。这些新领域的研究数量在增加，但可惜的是，在本书写作期间，这方面的依据还很单薄：关于专注于忧虑的研究相对较少。但是，多年以来，心理治疗师一直在用类似的理念来帮助担忧者缓解忧虑。例如，将忧虑看作是飘过脑海里的云，不要理睬它，不要判断它，不要打扰它，让它轻轻飘过。这个办法对于克服忧虑来说，道理很浅显。如果我们能够容忍不确定性及其触发的忧虑旋风，不去干涉忧虑，也不对它做任何判断，不大去注意它，那么我们的忧虑就会缓解很多。

在基于正念的 CBT 中，人们会学会留意自己如何集中意念或察觉自己的体验，学习如何发现自己的忧虑情绪。在发现自己的忧虑之后，他们要不断地将忧虑与眼前的现实联系起来。治疗师往往要求患者专注于自己的呼吸，将这种办法当作是帮助他们把自己稳定在眼前现实中的“锚”或同伴。根据正念理念，如果你不小心又忧虑了起来，那么只要积极让自己的意念回到呼吸上来即可，无需对自己的这一“失误”做什么判断或批评，也不要心怀任何欲念，只需注意当下的呼吸。这种做法的道理很明显：如果你不“招惹”你的忧虑，那么就可以后退一步，冷静地观察你的忧虑流的流动，而不会打乱我们的情绪——这样，忧虑就会成为我们观察到的东西，而不是我们体验的东西。

目前，我们认为，正念最适合用于治疗方案的中期直至结束，这时候患者已经深入了解了忧虑的原理，略微知道如何摆脱忧虑。随着时间的推移，我们也许会发现，正念也可以用于治疗方案的较早的时期，但是现在看来，它最多被用来保证我们不会退回到先前的习惯。实际上，基于正念的治疗方法效果极好，它能让人们保持良好的情绪、健康的心理。如果想了解有关的正念的更多知识，请参见附录 6（也可以阅读“延伸阅读”一节）。

2. 带有文字注释的忧虑图

这里的第一个示意图让你知道忧虑的各个组成要素。第二个示意图提醒你怎样应对忧虑图中的各个组成要素，以达到缓解忧虑的目的。

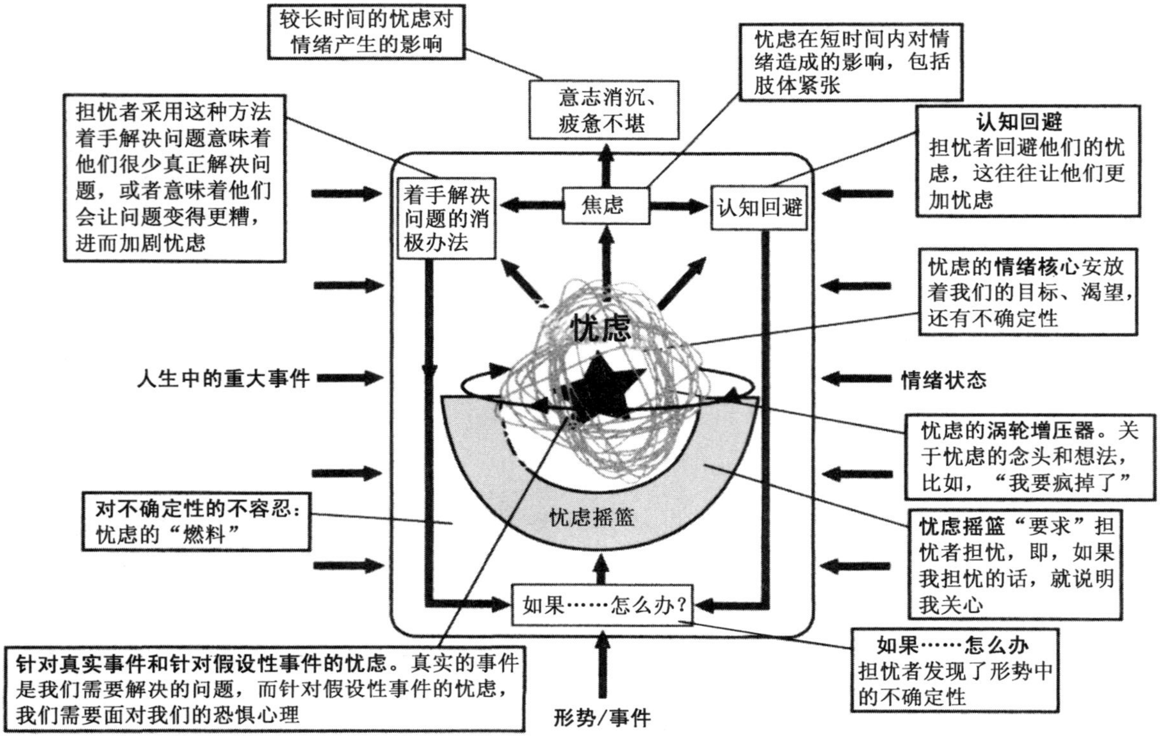

附录图 2.1　全面认识忧虑——忧虑的组成要素

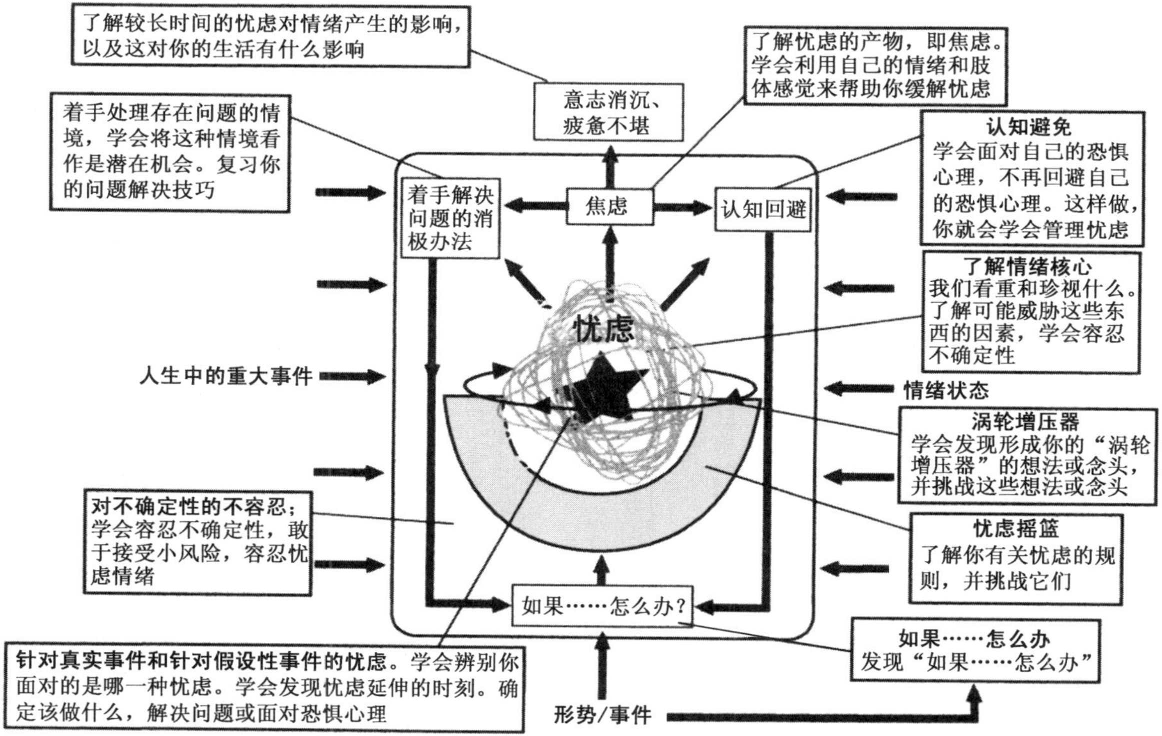

附录图 2.2 全面认识忧虑——怎样改善情绪

3. 忧虑日记

日期 / 时间	内　　容	痛苦程度	忧虑种类
	你担忧的是什么事情?	忧虑的感受有多强烈? 这一忧虑的可控制程度如何? 数值:（温和）= 0 到 100 =（很严重）	你担忧的是否是一个真实的、现在存在的问题:这个问题真的存在吗? 存在 / 不存在 如果不存在，它是不是一个假设的问题? 我是不是想得太远了?

4. 利用“宾州忧虑调查问卷”[①]

帮助你填写“宾州忧虑调查问卷”的表格

将你填写在“宾州忧虑调查问卷”里的分数填到第 2 列。注意，第 1、3、8、10 和 11 个问题的分数在加入总数之前，要进行反向处理。根据这一提示进行处理：将 1 转换为 5，将 2 转换为 4，3 保持不变，将 4 转换为 2，将 5 转换为 1。将第 1、3、8、10、11 个问题的分数反向转换之后，就可以删去最初的分数，为的是避免在计算过程中加错数。接下来，将 16 个问题得出的分数加在一起求和。得数应该在 16 和 80 之间。受忧虑问题困扰的人，这个分数一般在 57 及以上范围。每两周填写一次问卷，用这种方法查看自己在克服忧虑方面的进展。

① 宾州忧虑调查问卷：宾夕法尼亚州立大学教授汤姆·博尔科夫克和同事在 20 世纪 80 年代后期、90 年代初设计的调查问卷，详细参照本书第 43—44 页。——编者注

提示	一点也不典型		比较典型		很典型
我的分数 =	1	2	3	4	5
	=	=	=	=	=
反向处理后的分数	5	4	3	2	1

	示例 我的分数	第__周 我的分数	第__周 我的分数	第__周 我的分数
1.	~~2~~ 反向处理 = 4	__ 反向处理 = __	__ 反向处理 = __	__ 反向处理 = __
2.	3	__	__	__
3.	~~1~~ 反向处理 = 5	__ 反向处理 = __	__ 反向处理 = __	__ 反向处理 = __
4.	5	__	__	__
5.	5	__	__	__
6.	5	__	__	__
7.	3	__	__	__
8.	~~1~~ 反向处理 = 4	__ 反向处理 = __	__ 反向处理 = __	__ 反向处理 = __
9.	5	__	__	__
10.	~~2~~ 反向处理 = 5	2 反向处理 = __	2 反向处理 = __	2 反向处理 = __
11.	~~2~~ 反向处理 = 3	2 反向处理 = __	2 反向处理 = __	2 反向处理 = __
12.	2	__	__	__
13.	4	__	__	__
14.	4	__	__	__
15.	3	__	__	__
16.	3	__	__	__
	合计 63	合计 __	合计 __	合计 __

5. 简单的问题解决工作表

问题：

解决方案编号__________

如果你对下列问题的回答是否定的，那么更换一个解决方案。

1. 使用这个解决方案能否解决我的问题？ **能□** **否□**
2. 这个解决方案实际吗？ **实际□** **不实际□**
3. 哪些因素阻碍我使用这个解决方案？

使用这一解决方案的“路障”是什么？请列出来：

4. 我能否从路障中间穿过，或者绕过、钻过、攀过这些路障？ **能□** **否□**
5. 这个解决方案是否可以一直用下去？ **是□** **否□**
6. 列出这一解决方案的优势和劣势。

优势 **劣势**

7. 用下列数字来评估这一解决方案

		缺点很多						优点很多		
−5	−4	−3	−2	−1	0	+1	+2	+3	+4	+5

8. 这一解决方案具备付诸实施的条件吗？ **具备□　不具备□**

9. 付诸实施

6. 有用的信息和资料

网站

英国国家健康临床优化研究院（NICE）

www.nice.org.uk

这个网站提供了编号为 CG113 的针对焦虑症的指导文件，内有关广泛性焦虑障碍（GAD）的信息。进入网站的菜单，选择“Our guidance”（我们的指导），然后是“Guidance by type”（根据类别指导），接着是“Mental health and behavioral conditions”（心理健康和行为问题），然后选择“Anxiety”（焦虑）。或者在该网站的搜索栏内搜索“CG22”。

http：//www.nice.org.uk//CG113

米歇尔·杜拉斯教授

http：//uqo.ca/anxiete

米歇尔·杜拉斯教授是加拿大广泛性焦虑障碍的专家。他现在是魁北克大学赫尔（渥太华）分校（Université du Québec en Outaouais）的心理学教授，同时担任加拿大康卡迪亚大学（Concordia University）、魁北克蒙特利尔分校（University du Quebec a Montreal 1）的助理教授。大家可以从他的个人网站上找到很多有关广泛性焦虑障碍的有用信息，其中包括一些有用的可下载的资料。他的这些资料最终被魁北克大学赫尔（渥太华）分校的网站所收录，从该分校的网站上也可以看到这些资料。

正念

网上有很多关于正念的资源。用搜索引擎就可以找到。为了缩小搜索范围，可以将这两个名字也添加到搜索框里：Professor Mark Williams（马克·威廉姆斯教授）、Professor Jon Kabat-Zinn（乔·卡巴-金教授）——两人都是世界知名的正念专家。

英国

英国认知行为疗法协会（British Association of Behavioural and Cognitive Psychotherapies，BABCP）

地址：Victoria Buildings

9-13 Silver Street

Bury BL9 0EU

电话：0161 797 4484

传真：0161 797 2670

Email：babcp@babcp.com　网址：www.babcp.com

该协会的网页上列出了一些经过该协会认证的认知行为治疗师。

英国心理学会（British Psychological Society）

临床心理学分会

地址：St Andrews House

48 Princess Road East

Leicester LE1 7DR

电话：+44（0）116 254 9568

传真：+44（0）116 227 1314

Email：enquiry@bps.org.uk

网址：www.bps.org.uk

MIND

地址：15-19 Broadway

London E15 4BQ

电话：020 8519 2122

传真：020 8522 1725

Email：contact@mind.org.uk

网址：www.mind.org.uk

Mind 是位于英格兰和威尔士的一家领先的心理健康慈善机构。该机构为公众提供有关“心理健康问题”的信息。

MIND Cymru

地址：3rd Floor，Quebec House

Castlebridge

5-19 Cowbridge Road

East Cardiff CF11 9AB

电话：029 2039 5123

传真：029 2034 6585

网址：www.mind.org.uk

英国恐惧症协会（National Phobics Society）

地址：Zion Community Resource Centre

339 Stretford Road

Hulme

Manchester

M15 4ZY

网址：www.phobics-society.org.uk

英国恐惧症协会是一个旨在为被焦虑症困扰的人们提供支持的慈善组织。该协会向人们提供相关的信息、支持和知识。

欧洲

欧洲行为和认知治疗协会（European Association for Behavioural and Cognitive Therapy，EABCT）在 29 个国家拥有 41 个分会。该协会致力于认知行为治疗的发展和推广。

网址：www.EABCT.com

北美

http：//www.academyofct.org/i4a/pages/index.cfm?pageid=1

http：//www.abct.org/home/

贝克认知治疗与研究协会（Beck Institute for Cognitive Therapy and Research）

地址：1 Belmont Avenue，Suite 700

Bala Cynwyd

PA 19004 1610

电话：（610）664 3020

传真：（610）664 4437

Email：beckinst@gim.net

网址：www.beckinstitute.org

认知治疗中心（Center for Cognitive Therapy）

地址：PO Box 5308

Huntington Beach

CA 92615 5308

网址：www.padesky.com

网址：www.MindOverMood.com

行为与认知治疗协会是一个非盈利机构。作为一个资源中心和支持网络，它的目标是提升公众在认知行为、认知治疗方面的意识，传播相关知识，推进相关研究。

澳大利亚

澳大利亚认知行为疗法协会（Australian Association for Cognitive Behavior Therapy）

网址：www.aacbt.org

跨国机构

认知治疗协会（Academy of Cognitive Therapy）是认知治疗领域的一些专家建立的一个非盈利机构，其使命是面向公众，为病人推荐医疗机构，提供与认知疗法相关的教育资源。

网址：www.academyofct.org

国际认知心理疗法协会（The International Association for Cognitive

Psychotherapy，IACP）

IACP 是一个专业从事科学的跨领域研究组织。它的使命是推动认知心理疗法的运用和发展。他们认为心理治疗是一种职业活动和科学的治疗方法。

网址：www.the-iacp.com

延伸阅读

该丛书中题材相近的其他书籍

Butler，G.，*Overcoming Shyness and Social Anxiety*（London：Robinson，1999）.

Espie，C. A.，*Overcoming Insomnia and Sleep Problems*（London：Robinson，2006）.

Gilbert，P.，*Overcoming Depression*（London：Robinson，1997）.

Fennel，M.，*Overcoming Low Self-esteem*（London：Robinson，1999）. 即将由上海社会科学院出版社出版。

有关忧虑的其他自助读物

Lampe，L.，*Take Control of Your Worry*：*Managing Generalised Anxiety Disorder*（Sydney：Simon & Schuster，2004）.

Leahy，R. L.，*The Worry Cure*：*Stop Worrying and Start Living*（London：Piatkus Books，2006）.

Tallis，F.，*How to Stop Worrying*（London：Sheldon Press，1990）.

van der Hart，W. and Waller，R.，*The Worry Book*：*Finding a Path to Freedom*（Nottingham：Inter-Varsity Press，2011）.

这本书立意于基督教角度，也是从心理学方面来认识忧虑。

正念

Zinn-Kabat，J.，*Full Catastrophe Living*（London：Piatkus Books，Ltd，2004）.

问题的解决

Nezu，A. M.，Nezu，C. M. and D'Zurilla，T. J.，*Solving Life's Problems*（New York：Springer，2007）.

基于 CBT 视角的自助读物

Butler，G. and Hope，T.，*Manage Your Mind*：*The Mental Fitness Guide*（Oxford：Oxford University Press，1995）.

Greenberger，D. and Padesky，C. A.，*Mind over Mood*：*A Cognitive Therapy Treatment Manual for Clients*（New York：Guilford，1995）.

针对治疗师和其他心理健康专业人士的学术作品和其他文章

本书主要资料和写作动力来自米歇尔·杜拉斯和梅丽莎·罗比肖著《广泛性焦虑障碍的认知行为疗法》(*Cognitive Behavioural Treatment for Generalised Anxiety Disorder*)(New York：Routledge，2006)。我们向心理治疗师和其他心理健康专业人士推荐这本书。其他参考资料，参见上文列出的米歇尔·杜拉斯的网站。

Bennett-Levy, J., Butler, G., Fennell, M., Hackmann, A., Mueller, M., and Westbrook, D., *Oxford Guide to Behavioural Experiments in Cognitive Therapy*（New York：Oxford University Press，2004）.

Davey，G. C. L and Wells，A.，*Worry and its Psychological Disorders*（West Sussex：John Wiley & Sons，2006）.

D'Zurilla，T. J. and Nezu，A. M.，*Problem-Solving Therapy*：*A Positive Approach to Clinical Intervention*（New York：Springer，2007）.

Westbrook，D.，Kennerley，H.，and Kirk，J.，*An Introduction to CBT*：*Skills and Applications*（London：Sage，2007）.

Wilkinson，A.，Meares，K. and Freeston，M.，*CBT for Worry and Generalised Anxiety Disorder*（London：Sage，2007）.

Wilkinson，D. J.，*The Ambiguity Advantage*：*What Great Leaders Are Great At*（New York：Palgrave Macmillan，2006）.

图书在版编目(CIP)数据

克服忧虑:第二版/(英)凯文·莫里斯,(英)马克·弗里斯顿著;扈喜林译.—上海:上海社会科学院出版社,2017
(心理自助 CBT)
书名原文:overcoming worry and generalised anxiety disorder(2nd edition)
ISBN 978-7-5520-2171-4

Ⅰ.①克… Ⅱ.①凯… ②马… ③扈… Ⅲ.①焦虑-心理调节-通俗读物 Ⅳ.①B842.6-49

中国版本图书馆 CIP 数据核字(2017)第 269405 号

Overcoming Worry and Generalised Anxiety Disorder: A self-help guide using cognitive behavioural techniques
ISBN 978-1-47210-742-8

First published in the United Kingdom in 2008 by Robinson.
Revised and updated edition published in 2015 by Robinson, an imprint of Little, Brown Book Group.

上海市版权局著作权合同登记号:图字 09-2016-191 号

克服忧虑

著　　者:(英)凯文·莫里斯,(英)马克·弗里斯顿
译　　者:扈喜林
责任编辑:周　霈　杜颖颖
封面设计:黄婧昉
出版发行:上海社会科学院出版社
　　　　　上海顺昌路 622 号　邮编 200025
　　　　　电话总机 021-63315900　销售热线 021-53063735
　　　　　http://www.sassp.org.cn　E-mail:sassp@sass.org.cn
照　　排:南京理工出版信息技术有限公司
印　　刷:上海新文印刷厂
开　　本:890×1240 毫米　1/32 开
印　　张:11.5
字　　数:272 千字
版　　次:2018 年 6 月第 1 版　2018 年 6 月第 1 次印刷

ISBN 978-7-5520-2171-4/B·237　　定价:48.00 元